电网企业应急救援队伍建设实践与能力评估

主 编 王 晖 张韶华

武汉理工大学出版社
·武 汉·

图书在版编目(CIP)数据

电网企业应急救援队伍建设实践与能力评估 / 王晖，张韶华主编. —武汉：武汉理工大学出版社，2022.11

ISBN 978-7-5629-6750-7

Ⅰ. ①电… Ⅱ. ①王… ②张… Ⅲ. ①电力工业-突发事件-救援 Ⅳ. ①TM08

中国版本图书馆 CIP 数据核字(2022)第 232129 号

项目负责人：王兆国　　**责任编辑**：雷红娟
责任校对：王兆国　　**版面设计**：正风图文
出版发行：武汉理工大学出版社
地　　址：武汉市洪山区珞狮路 122 号
邮　　编：430070
网　　址：http://www.wutp.com.cn
经　　销：各地新华书店
印　　刷：武汉乐生印刷有限公司
开　　本：787mm×1092mm　1/16
印　　张：19.25
字　　数：410 千字
版　　次：2022 年 11 月第 1 版
印　　次：2022 年 11 月第 1 次印刷
定　　价：89.00 元

编委会

主　编　王　晖　张韶华

副主编　张　波　安高翔　姚宗溥　袁　殷

参　编　金　伟　黄仕鑫　光文祥　易　明　方少林

郑龙志　程　鑫　张　莹　程　胜　辛　巍

胡少华　郝宗良　杨　慧　李　乐　赵柏涛

扈　毅　张　宁　崔　波　李培琰　安文福

李　翔　陶小飞　柏永昊　童　涛　朱晓莉

赵　明　程　迎　王　颜　张　帆　彭钟灵

张　凯　刘　庆　张志成　柳梦曦　甘　磊

肖　萌

前　言

“十四五”时期是中国由全面建成小康社会向基本实现社会主义现代化迈进的关键时期。伴随着“双碳”目标的提出，电力作为清洁、高效的二次能源，将在支撑社会经济发展，服务民生用能需求，构建清洁低碳、安全高效能源体系中发挥更加重要的作用，电力系统的稳定运行对人民生活和社会运转的影响进一步加大。但近年来，各种原因导致国内外电力事故频发，在突发灾害事件不能完全预测和控制的背景下，事故的应急救援就成为减少损失的最后手段。因此，开展电力应急救援队伍应急能力评估，对于有针对性地加强队伍应急能力，保证电力系统稳定运行及社会正常运转具有重大现实意义。

为有效提升电网企业应急救援队伍应急能力，本书深入研究国内外电网企业应急管理建设情况，对应急救援队伍建设管理工作进行全面分析和总结，并依据相关规范和救援队伍实际情况从静态评估和动态评估两方面提出“双碳”目标建设视阈下应急救援队伍能力评价指标体系及评估模型，最后以 H 省电力有限公司应急救援队伍为例进行能力评估，提出目前基干分队建设管理过程中存在的问题并给出相关建议，以期为推进电力应急救援队伍现代化建设提供思路和参考。

在本书的编写过程中，参考了大量专家学者、相关企业的研究和实践成果，并得到了国家电力行业有关专家、领导的精心指导，在此一并致谢！

鉴于编者水平有限，本书不足之处在所难免，恳请读者批评指正。

编　者

2022 年 3 月

目　录

1 导　　论

1.1 引　　言

端好能源的"饭碗",建设能源的强国。习近平总书记在 2021 年 12 月 8 日中央经济工作会上专门提出,要深入推动能源革命,加快建设能源强国。中央反复强调的"六保",其中就有"保粮食能源安全",这就说明能源与农业同源,都是"饭",在规律上有共性、有一致性,都属于初级产品供给保障的重中之重。

能源的"饭碗"端在自己手里,对我们这样一个 14 亿人口的最大的发展中国家,是一个重大的战略决策,是实现更高质量的发展、建设能源强国的应有之义。电力作为清洁、高效的二次能源,加强电力保障将会成为当前和未来较长一段时间内全面深化改革的重点,而电力企业应急救援基干分队作为电力保障的执行者,其能力的高低直接影响到电网企业应急救援的成败,重要程度不言而喻。因此,本书在借鉴和学习国内外电力队伍和其他类型如消防、地震等救援队伍评估经验和评估框架的基础上,结合我国电力实际发展情况建立电网企业应急救援基干分队应急能力评估指标体系,这对于推进我国电网企业应急救援基干分队建设、加强电力保障具有重要意义。

1.2 电网企业背景

"十四五"时期是中国由全面建成小康社会向基本实现社会主义现代化迈进的关键时期。电能以其原料广泛、输送快捷、转换方便、高效节能、无污染等优点,成为当今最基础、最实用的能源,被广泛应用于人类社会各个领域。随着国民经济和社会发展不断进步,我国更加注重发展的质量和效益,力求稳中求进,对电能的需求不断扩大,居民生活用电以及生产建设用电与日俱增。除此之外,以高端装备制造、高效节能环保、人工智能等产业为代表的战略性新兴产业也在带动用电量的持续快速增长,从《中国能源大数据报告(2021)》发布的 2011—2020 年中国全社会用电量图(图 1-1)可以看出,近年来我国社会用电量持续上升,电力企业发电压力增大,并且伴随着"双碳"目标的提出,电力将在支撑经济社会发展,服务民生用能需求,构建清洁低碳、安全高效的能源体系中发挥更加重要的作用。电力系统运行的稳定程度对人民生活和社会运转的影响进一步加大。

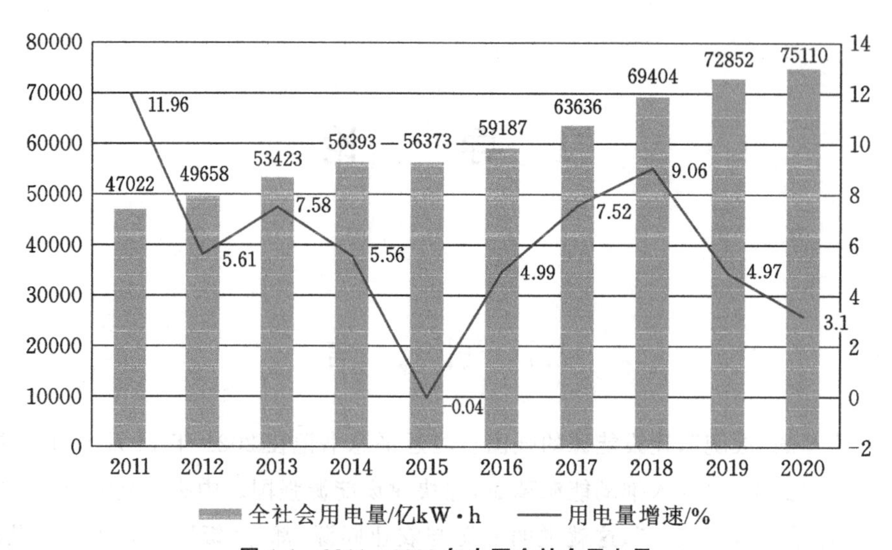

图 1-1　2011—2020 年中国全社会用电量

数据来源:《中国能源大数据报告(2021)》

目前我国在电力应急方面仍面临着严峻挑战,电力行业面临的极端风险更加突出,例如,2005 年强台风“达维”造成海南电网大批 35 kV 及以下配电设备受损,主网 110 kV、220 kV 线路大量发生永久性故障跳闸;2008 年南方暴雪直接造成 36740 条 10 kV 及以上电力线路、2016 座 35 kV 及以上变电站停运,10 kV 及以上杆塔倒塌及损坏 310321 基,导致 3330 多万户、约 1.1 亿人口停电;2021 年郑州特大暴雨导致郑州电力系统发生大面积故障等。这些电网突发事件都给人民正常生活和社会稳定运行造成了严重影响。在“碳达峰”“碳中和”目标下,高比例可再生能源电力系统是发展趋势。与现代电力系统高度的实时性、互联性及复杂性相伴而生的是其高度的脆弱性和发生电力事故后的危害性,现代电力系统易受极端天气影响。

图 1-2 和图 1-3 分别是 2008 年南方暴雪事故和 2021 年郑州暴雨导致的医院停电。

图 1-2　2008 年南方暴雪事故

图 1-3 2021 年郑州暴雨导致的医院停电

由于极端风险无法避免，电力生产安全事故不能有效杜绝，因此，电网应急救援基干分队建设是全面提升电力应急队伍综合实力、有效开展电力突发事件应急救援工作、减少自然灾害与生产事故造成损失的重要举措。根据《中华人民共和国国民经济和社会发展第十四个五年规划和 2035 年远景目标纲要》、《“十四五”国家应急体系规划》、《电力行业应急能力建设行动计划》(2018—2020 年)、《国家电网公司应急救援基干分队管理规定》等相关规定，电力行业应加强电力应急专业队伍建设，依托重点电力企业，建设多支具有不同专业特长、能够承担重大电力突发事件抢险救援任务的电力应急专业队伍，促进电力应急产业发展，着力提升人身伤亡事故、重特大设备事故和大面积停电事件的应急救援处置能力，最大程度减少电力突发事件造成的损失和影响，为实现电力高质量发展提供有力保障。

1.3 国内外研究现状

发达国家在突发事件应急管理领域的研究起步较早，有着深厚的理论基础，已形成相对成熟的管理与评价体系并应用于实际工作中。20 世纪 80 年代之前，对于如何应对各类突发事件还未形成一套完整理论，研究仅限于对突发事件发生后可能采取的措施。20 世纪 80 年代之后，针对应急管理相关课题的研究才逐渐开展。

1.3.1 美国应急能力评价研究

美国是世界上最早开展应急管理并率先对应急能力进行评价的国家。1979 年，美国将负责不同方向的灾害处理部门进行了整合，成立了对自然灾害、公共卫生等不同类型突发事件进行统一预防、抵御、处置、恢复工作的联邦紧急事务管理局。1992 年，美国发布了《联邦应急计划》，该计划是现今各类应急预案的雏形，也为后来编制各类应急预案提供了框架。1997 年，联邦紧急事务管理局(federal emergency management agency,

FEMA)和国际应急管理协会携手构建了一套应急能力评价指标体系,以供各地方政府对本地区的应急能力进行科学评价,评价结果由专家评分确定,该指标体系涵盖了突发事件预警到灾后恢复重建全过程的各个方面,并对各方面指标进行了细化,为后来的应急能力评价指标体系构建工作提供了思路。

联邦紧急事务管理局和联邦紧急事务管理委员会(national emergency management association,NEMA)联合开发了应急管理准备能力评估程序(capability assessment for readiness,CAR),1997—2000 年,美国全部 56 个州、地方和海岛都应用该程序完成了应急能力准备状况评估工作。该评估程序着重于应急管理工作中的 13 项管理职能、56 个要素、209 个属性和 1014 个指标,构成了政府、企业、社区、家庭联动的灾害应急能力系统。其中 13 项管理职能分别为:法律与职权、灾害鉴定和风险评估、灾害管理、物资管理、计划、指挥控制协调、通信和预警、行动程序、后勤装备、训练、演习、公众教育信息、财政管理。每个紧急事务管理职能分成若干个属性,每个属性又细分为若干个特征。

评分标准分为 4 种,分别为 3 分、2 分、1 分以及 N/A。其分数定义如下:

3 分:完全符合;

2 分:大致上都符合;

1 分:急需加强、改进;

N/A:不需评估。

将所有的评分取平均值,即可表示此项目的应急能力,并用红色、绿色以及蓝色 3 个区块来表示整个评估结果。红色区块代表 1～1.5 分(需要加强改进);绿色区块代表 1.5～2.5 分(符合规定),蓝色区块代表 2.5～3 分(非常完善)。另外各州在此基础上都有自己的能力评估标准,每隔一段时间实施一次评估,并且大都以评价表的形式进行(如佛罗里达州县级应急能力评估表),目的在于给 CAR 评估组成员提供一定帮助,以便加快评估速度。

美国政府对电网风险和应急能力评估方面的研究,在 2003 年美加大停电发生后又取得了新的突破,政府积极组织安全生产和应急领域的专家,在电力应急体系建设、电网风险评估等方面进行了大量的研究,为电力安全风险和应急能力建设评估建设奠定了丰富的理论基础。

1.3.2 日本应急能力评价研究

日本位于亚欧板块与太平洋板块交界处,火山、地震活动频繁,这导致各类自然灾害突发事件时常发生,因此,日本也是个十分重视自身应急能力建设与评价的国家。日本由安全保障会议和中央防灾会议委员会统一负责应急能力建设与评价工作,同时,日本也有一套适用于本国各大城市和地区的应急能力评价指标体系,该指标体系包含了风险评估、防灾减灾措施、通信保障、资金管理、规划实施、教育培训等方面的内容,并进一步细分为小指标，评价结束后，国家将各城市和地区的评价结果进行对比分析，从而找出缺点与不足。该做法被多个国家借鉴，并应用于自身的应急能力评价中。

日本应急能力评价项目主要包括：危机的掌握与评估；减轻危险的对策；整顿体制；情报联络体系；器材与储备粮食的管理；应急反应与灾后重建计划；居民间的情报流通；教育与训练以及应急水平的维持与提升。根据以上每一个项目设定具体问题进行评分，在回答时从：(a)是否实施方面，在有或无之间选择其一；(b)实施程度方面，应尽可能利用数字来进行客观的评估判断。

地方公共团体在客观地评估完自己的防灾与应急管理体制后，参考其结果制定方针，进而评估地区的防灾与应急管理对应能力。在制定评估地区性防灾能力计划方面，其主要项目分为九种：

(1) 评估掌握危险；

(2) 减轻危险；

(3) 体制配备；

(4) 信息联络体制；

(5) 建筑机械材料以及紧急储金的确保及管理；

(6) 工作计划制订；

(7) 居民共享信息；

(8) 教育训练；

(9) 重新评估。

根据以上项目再往下细分，然后设置问题。

1.3.3　澳大利亚应急能力评价研究

澳大利亚早在20世纪末就成立了应急管理署，几乎负责全部灾害的应急救援工作。应急管理署主要由总部和管理学院两部分组成，其中总部负责应急管理政策制定、资金落实、策划组织等方面工作；管理学院主要负责教育培训、理论研究等阶段工作。应急管理署不光负责本土灾害预防、准备、响应、恢复，还负责国外应急救援援助工作。澳大利亚电力市场公司(NEMMCO)主要在电网黑启动能力上组织应急能力评估工作，评估方式主要为问答式。应用发电机组重启能力、厂用电安全供电能力、发电机组安全停机能力等十项评价指标，作为评价NEMMCO电网的区域黑启动程序指标，最终通过应急能力评估，分析澳大利亚电力市场在黑启动方式上的优点和不足。

1.3.4　加拿大应急能力评价研究

加拿大在应急法规体系，组织、制度建设，应急协调联动机制等方面有着丰富的经验。加拿大政府在电力应急管理领域投入很大精力，将电网安全纳入国家关键基础设备保护计划，由国家公共安全和应急准备部组织监督电力供应企业应急准备工作，当地电网与政府建立了一套比较成熟的应急联动机制，并注重应急联动演练，在电网发生故障后，政企能够比较成熟地进行应急处置。同时，当地电力公司还建成了应对电网灾害事故的可靠性应对标准，能够快速、有序地进行应急响应。

1.3.5 国内应急能力评价研究

我国突发事件应急管理发展起步相对较晚，但经过国家与专业学者们的不懈努力，我国突发事件应急管理水平正迎头赶上时代前沿，并逐渐形成适合我国国情的应急能力评价体系。2003年以前，我国对于突发事件的应急管理手段极度缺乏，且局限于对单灾种自然灾害进行管理与应对。2003年“SARS”风波过后，我国加大了对突发事件应急管理领域的投入，关于各类突发事件的不同角度、不同方面的应急管理成果如雨后春笋般涌现，对突发事件应急能力评价的研究也开始扬帆起航。2008年相继发生的南方冰雪灾害、拉萨暴力犯罪事件和汶川大地震，暴露出了我国突发事件应急管理领域快速发展过程中存在的一些不足。为找出应急能力建设过程中存在的问题，关于应急能力评价方面的研究开始受到重视，之后突发事件应急管理研究更加注重综合性与全面性，研究质量获得了进一步提升。下面为电力企业应急能力评估情况：

根据《国家能源局综合司关于深入开展电力企业应急能力建设评估工作的通知》(国能综安全〔2016〕542号)和《关于深入推进应急能力建设评估工作的通知》文件要求，以国家能源局下发的《电建企业应急能力建设评估规范(试行)》为依据，以“一案三制”为核心，围绕预防与应急准备、监测与预警、应急处置与救援、事后恢复与重建四个方面对电力企业应急能力进行全面的建设与评估。

(1) 预防与应急准备

预防与应急准备主要包括8个二级指标，分别是：法规制度、应急规划与实施、应急组织体系、应急预案体系、应急培训与演练、应急队伍、应急指挥中心、应急保障能力。

(2) 监测与预警

监测与预警主要包括3个二级指标，分别是：监测预警能力、事件监测、预警管理。

(3) 应急处置与救援

应急处置与救援主要包括6个二级指标，分别是：先期处置、应急指挥、现场救援、信息报送、舆情应对、调整与结束。

(4) 事后恢复与重建

事后恢复与重建主要包括3个二级指标，分别是：后期处置、应急处置评估、恢复重建。

具体指标体系如表1-1所示。

表 1-1 电力建设企业应急能力建设评估规范指标体系

一级指标	二级指标
1. 预防与应急准备	1.1 法规制度
	1.2 应急规划与实施
	1.3 应急组织体系
	1.4 应急预案体系
	1.5 应急培训与演练
	1.6 应急队伍
	1.7 应急指挥中心
	1.8 应急保障能力
2. 监测与预警	2.1 监测预警能力
	2.2 事件监测
	2.3 预警管理
3. 应急处置与救援	3.1 先期处置
	3.2 应急指挥
	3.3 现场救援
	3.4 信息报送
	3.5 舆情应对
	3.6 调整与结束
4. 事后恢复与重建	4.1 后期处置
	4.2 应急处置评估
	4.3 恢复重建

应急能力建设评估内容见图 1-4。

评估方法：

应急能力评估以静态评估为主，动态评估为辅。评估范围包括电力建设企业及其所承揽的工程项目，项目现场采取抽查方式，抽查个数应不少于 2 个，且覆盖主要业务范围。

(1) 静态评估

① 静态评估的方法包括资料检查、现场勘查等；检查资料应包括应急规章制度、应急预案，以往突发事件处置、应急演练等相关资料和数据信息；现场勘查对象应包括应急装备、物资、信息系统等。

② 静态评估标准分 1000 分，其中一级评估指标中预防与应急准备 500 分(占 50%)，监测与预警 100 分(占 10%)，应急处置与救援 300 分(占 30%)，事后恢复与重建 100 分

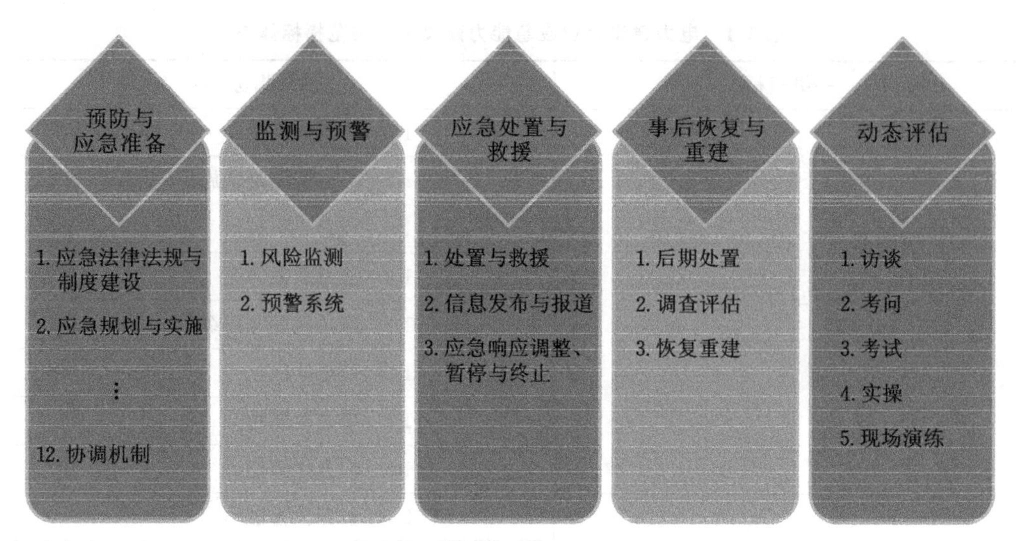

图 1-4 应急能力建设评估内容

（占 10%）。具体见表 1-2。

表 1-2 静态评估指标分值设置情况

一级指标	分值	二级指标	分值
1. 预防与应急准备	500	1.1 法规制度	50
		1.2 应急规划与实施	20
		1.3 应急组织体系	60
		1.4 应急预案管理	135
		1.5 应急培训与演练	80
		1.6 应急队伍	40
		1.7 应急保障能力	115
2. 监测与预警	100	2.1 监测预警能力	30
		2.2 事件监测	30
		2.3 预警管理	40
3. 应急处置与救援	300	3.1 先期处置	30
		3.2 应急指挥	85
		3.3 现场救援	100
		3.4 信息报送	45
		3.5 信息发布	30
		3.6 调整与结束	10

续表 1-2

一级指标	分值	二级指标	分值
4. 事后恢复与重建	100	4.1　后期处置	30
		4.2　应急处置评估	40
		4.3　恢复重建	30
合计	1000		1000

(2) 动态评估

动态评估的方法包括访谈、考问、考试、模拟演练等。

① 访谈。访谈对象为企业应急领导机构负责人,了解其对本岗位应急工作职责、企业综合预案内容、预警、响应流程的熟悉程度等。

② 考问。考问对象为部门负责人、管理人员、一线员工,抽选上述人员时应做到覆盖安全生产的重点岗位,主要评估其对本岗位应急工作职责、应急基本常识、关键的逃生路线、自保自救手段和措施、相关预案等的内容以及国家相关法律法规等的了解程度。

③ 考试。考试对象为管理人员、一线员工,抽选上述人员时应做到覆盖安全生产的重点岗位,主要评估其对应急管理应知应会内容的掌握程度。

④ 模拟演练。模拟演练主要针对应急领导机构负责人、部门负责人、一线员工,分别按相应职责评估其对监测预警、应急启动、应急响应、指挥协调、事件处置、舆论引导和信息发布、现场处置措施等应急响应及处置工作流程、技能的掌握程度。

动态评估总分 200 分,其中访谈部分 10 分(占 5%),考问部分 40 分(占 20%),考试部分 50 分(占 25%),模拟演练部分 100 分(占 50%)。

(3) 评估得分

评估时应依据评分标准进行打分,然后逐级汇总,并形成实得分,换算成综合得分。同一企业不同部门或单位(项目部)出现同一问题不重复扣分,单项分扣完为止;访谈、考问、考试人数多于 1 人时,应取平均分。

综合得分=(实得分/应得分)×100。

实得分为静态评估实得分和动态评估实得分之和。

应得分为静态评估应得分和动态评估应得分之和。

(4) 评估等级

根据评估综合得分分数,评估等级分为优良、合格、不合格。

优良:综合得分≥90 分;

合格:70 分≤综合得分<90 分;

不合格:综合得分<70 分。

(5) 评估报告

评估人员应根据评估情况撰写评估报告。评估报告应包括企业概况、静态和动态评估指标的查证情况(评估过程中发现的优势和不足)、企业应急能力评价、评估结论、主要问题及整改要求等内容,重点说明企业应急能力建设存在的问题和不足,提出整改要求和建议。

综上所述,虽然我国关于突发事件应急能力评价的研究起步较晚,但发展迅速,如今正逐渐形成一套适用于自身的突发事件应急能力评价流程与体系。目前我国关于对电力应急救援队伍能力评估的相关研究较少,大多数都是对电网企业和其他类型应急救援队伍应急能力评估进行相关研究。鉴于此,本书以电力应急救援队伍能力为研究对象,查阅《国家电网公司应急救援基干分队管理规定》等相关规定和资料,结合《电力建设企业应急能力建设实践与评估》,从静态评估和动态评估两方面建立电网企业应急救援队伍应急能力评价指标体系,以期为电力应急救援队伍的建设和管理提供参考和借鉴。

1.4 研究目的及意义

本书通过研究相关法律,结合我国应急救援基干分队实际建设情况,探索基干分队应急能力评估的研究视角、理论基础、评价指标体系和设计思路,具有一定的理论价值和实践意义。

1.4.1 理论价值

(1) 探索符合我国国情的评估指标体系

在“十四五”时期经济社会发展主要目标中,“防范化解重大风险体制机制不断健全,突发公共事件应急处置能力显著增强,自然灾害防御水平明显提升,发展安全保障更加有力”,是“国家治理效能得到新提升”目标中的一项内容。而目前对于应急救援基干分队应急能力评估的相关资料较少,且大部分都是关于对电网应急能力或其他类型相关队伍应急能力的评估,相比而言,应急救援基干分队作为电网应急能力的主要执行者和主导者,其能力的高低直接影响到电网应急救援的成败。在这样的背景下,结合我国电力系统以行政力量为主导的治理特征,以当前应急救援基干分队建设为基点,立足应急能力建设的现状和实情,构建出具有中国特色的应急救援基干分队应急能力评估体系。

(2) 尝试新的应急救援基干分队应急能力评估思路

目前对队伍应急能力评估,包括消防、地震等队伍应急能力的评估,大部分都是从应急预防、应急准备、应急响应和应急恢复四方面进行评估,但队伍应急能力涉及经济、政治、文化、社会、环境等诸多领域,是全方位、系统化的评估,是动态变化的评估。换句话说,队伍应急能力会随着当地经济、文化等情况发生动态变化。这些与能力相关的指标,却往往被研究者忽略。也就是说，应急救援基干分队应急能力建设没有与治理体制和机制建设有机结合起来，缺乏一套有效的指标来评估基干分队能力的显能和潜能。

"应急救援基干分队应急能力"评估是依据相关规范和实际情况，从静态和动态两方面进行的评估，充分考虑某一时间节点队伍应急能力的变化情况，为应急救援基干分队应急能力评价和其他类型队伍的建设提供了一种新思路。

1.4.2　实践意义

应急救援基干分队应急能力研究，是国家电网应急能力现代化的基点和题中之义，建立一套符合中国国情的应急救援基干分队应急能力评估指标，具有极为重要的实践意义，有助于促进应急救援基干分队应急能力的提升。

一套科学合理的评估指标体系是正确认识应急救援基干分队应急能力现状，并进一步提升应急救援基干分队应急能力的前提要件。通过评估指标的设计和评估标准的厘定，人们得以将应急救援基干分队应急能力的应然状态和实然状态进行比较，从而更精确地判断应急救援基干分队资源是否得到合理的运用，甄别应急救援基干分队运行过程和管理方式中存在的风险和问题，挖掘应急救援基干分队建设中可能存在的潜力和发展空间，确定应急救援基干分队应急能力改进的方向和侧重点，进而最大程度地提升应急救援基干分队的应急能力。通过评估结果的横向比对，还可以发现不同应急救援基干分队在建设管理模式、方法技术等方面存在的差异和共同点，在尊重和了解不同应急救援基干分队的地缘、文化、宗教、历史等特色的基础上，拓宽应急救援基干分队之间沟通交流、互通有无的基本界面，形成共驻共建的氛围。

2　电网企业应急管理体系概述

2.1　引　　言

随着我国电力需求的快速增长，我国电力系统已发展成世界上电压等级最高、规模最大的交直流混合电网，一旦其遭到各种灾变（包括稳定破坏、自然灾害及人为破坏等）的冲击，将可能引发大面积停电或电网解列，给国民经济、人民生活甚至国家安全带来严重损害。

本章从电网企业突发事件的概念解析开始，到“电网企业应急管理、电网企业应急救援、应急救援基干分队”，逐步拓展、层层推进。根据电网自身运行特点，分析电网企业突发事件的危害及特点，介绍电网应急管理的主要内容及指导原则，概括电网企业应急救援相关步骤，从而引出应急救援的主要执行者——应急救援基干分队。

2.2　电网企业突发事件

2.2.1　概念

各国应急管理法案对于突发事件定义不一，“突发事件”一词比较有代表性的相关定义是欧洲人权法院对“公共紧急状态”的解释，即“一种特别的，迫在眉睫的危机或危险局势，影响全体公民，并对整个社会的正常生活构成威胁”。我国国务院于2006年1月8日发布的《国家突发公共事件总体应急预案》中对突发事件的定义是：突然发生，造成重大人员伤亡、财产损失，生态环境破坏和严重社会危害，危及公共安全的紧急事件。综合当今人们对突发事件的认知，根据《中华人民共和国突发事件应对法》的相关界定，突发事件是指突然发生，造成或可能造成严重社会危害，需要采取应急处置措施予以应对的自然灾害、事故灾害、公共卫生事件和社会安全事件，通常伴有突发性、破坏性、不稳定性等特点。在日常生活与生产中，突发事件形态多样，起因复杂，变化诡谲，一旦发生，往往令人猝不及防，且其作用范围蔓延迅速，在给日常生活生产造成巨大生命财产损失的同时，还伴随着各种程度的次生灾害，对社会和谐稳定、经济平稳发展以及周边生态环境造成极大影响。

在电力行业，对电网企业突发事件的定义为：突然发生，造成或者可能造成人员伤亡、电力设备损坏、电网大面积停电、环境破坏等危及电力企业、社会公共安全稳定，需要采取应急处置措施予以应对的紧急事件。根据国家能源局电力安全监管司的发布数据统计，从2016—2021年(2021年数据截至10月份)电力人身伤亡事故起数和死亡人数图(图2-1)中可以看出，虽然近年来我国电力企业事故起数和死亡人数有所降低，但不可否认的是事故仍然给社会和人民造成了巨大危害。

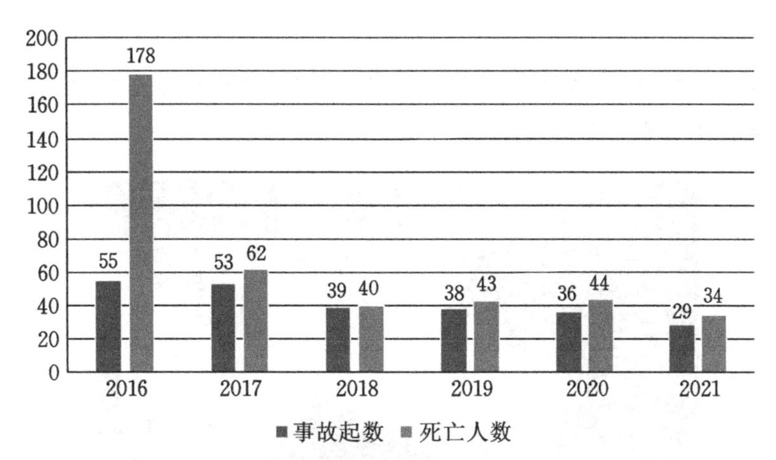

图 2-1　2016—2021 年电力人身伤亡事故起数和死亡人数

数据来源：国家能源局电力安全监管司。

2.2.2　电网企业突发事件类型

电网企业由于其生产特点以及所处的环境特点，面临的突发事件主要包括4种类型：

(1) 自然灾害方面：我国发生的灾害种类多，发生频率高，热带气旋平均每年登陆我国10次以上，崩塌、滑坡、泥石流等地质灾害发生比较频繁。其中西北、西南地区主要面临地震、地质灾害，南方主要面临雨雪冰冻及洪水灾害，东南沿海省份福建、浙江主要面临台风灾害，华北地区主要面临旱灾，东北地区主要面临大雪灾害。

以2008年中国南方大停电为例：

2008 年中国南方大停电

事故后果：20多天的低温雨雪冰冻自然灾害天气，使我国南方地区十几个省(区市)的电力系统运行受到严重影响。灾害共造成全国169个县停电，国家电网公司区域80个县停电，南方电网公司区域89个县停电。截至2008年2月15日，全国范围受灾损坏停运电力线路共36056条，变电站共1933座，给国家电网公司、南方电网公司和部分地方电力公司造成重大损失。灾情影响最为严重的是华中和南方地区，南方、华中、华东电网数千条线路倒塔(杆)、断线,特别是贵州、湖南、江西、广东、广西、浙江等地输电线路结冰严重,电力设施损毁惨重。例如,贵州 500 kV 电网基本瘫痪,220 kV 电网解列为 4 片运行,贵阳市南部地区一度全部停电,全省先后有 45 个县停电。江西东北部电网与主网解列,13 条 500 kV 线路只剩 1 条运行,500 kV 电网基本停运。湖南 500 kV 和 220 kV 变电站有 1/3 停运,电网结构遭严重破坏。其中,湖南郴州市,冰雪灾害造成全市整个电网遭受毁灭性打击,省网 12 条 220 kV 线路全部损坏,56 条 110 kV 线路损坏 54 条,28 座 110 kV 变电站损坏 26 座,16 座 220 kV 变电站全部损坏,倒塌电塔 718 座,倒杆 23707 根,断线 1.5 万公里,损坏变压器 2338 台,导致整个郴州市全部中断电力供应。图 2-2 为 2008 年湖南省暴雪大停电事故。

图 2-2　2008 年湖南省暴雪大停电事故

事故原因:

一是电力系统部分区域内的发电方式过于单一化,大的区域应该采用多种基础资源。任何灾害的出现往往具有链状衍生性(如煤炭的供应会影响发电等),因此在区域性的电力供应系统中,发电系统的建设应具有多样性,火电、水电及核电要根据各区域的实际情况,按一定的比例搭配使用。因为不同发电厂采用不同的基础能源,就可以避免各行业间的过分依赖,导致在灾害发生时出现"孤岛"效应。依据中国核能行业协会发布的数据,截至 2021 年 12 月 31 日,在我国已经建成 17 座核电站,主要分布在东部沿海 8 个省份,分别是辽宁、山东、江苏、浙江、福建、广东、广西、海南,中部、西部尚无核电站投产,此次的雪灾说明了国家在中部省份选址建核电站非常必要。所以,今后在我国的电站建设中,应进行发电多元化合理布局,以在应急机制中发挥重要作用。

二是电力系统的设防标准有待提高和完善。本次雪灾中大量的铁塔、杆路倒塌,线路毁损严重,客观上讲,主要是因为灾害天气,雪灾引发的覆冰大大超过了原有电力传输系统的设计能力。雪灾发生后,国家电网公司汇集专家对辖区内雪灾受损情况进行"会诊”,发现冰灾对电网的危害和后果主要有倒塔、断线、导线舞动、覆冰闪络和脱冰跳跃等,而倒塔和断线造成的危害最大,会直接造成电力中断。

(2) 事故灾难方面:主要面临设备损坏事故以及人身伤亡事故。下面以某停电事故为例:

停电事故

事故过程:某地 500 kV 变电站因与其相连的某双回线之第二回线路运行中发生差动保护装置误动作,而导致 2 台开关跳闸。随后,此双回线之第一回线路差动保护装置“过负荷保护”动作,又导致该变电站另外 2 台开关跳闸,而对侧变电站安全稳定装置拒动。事故发生后,公司紧急停运部分机组,迅速拉限部分地区负荷,稳定系统电压。此后不久,该地多条 22000 kV 线路故障跳闸,1 座 500 kV 变电站及部分 220 kV 变电站出现满载或过负荷,一些发电厂电压迅速下降。该公司有 2 个区域电网的潮流和电压出现周期性波动,电压急剧下降,系统出现振荡。由于受振荡影响,部分发电机组相继跳闸停运。公司紧急切除某地区部分负荷,拉停部分 220 kV 变电站主变压器。上级公司下令区域电网与某相邻电网解列,区域电网外送功率迅速大幅降低。之后,电网功率振荡平息。

图 2-3 为电网运行故障造成的停电事故。

图 2-3 电网运行故障造成停电事故

事故原因:这次事故的原因主要有以下四点:第一,运行方式欠妥;第二,继电保护及安全自动装置等二次设备管理不到位;第三,电网结构不强,过于依赖远切、联切等安全稳定控制装置;第四,高低压电磁环网未能打开,引起故障跳闸。

资料来源:国家能源局安全监管局及豆丁网 2010 年电力事故案例。

(3) 社会安全方面:主要面临群体性事件,比如职工集体上访、地方居民围攻电网企业办公及生产场所,以及电力设备设施被盗窃及破坏等事件。下面以某盗窃破坏电力设备为例:

破坏电力设备是指破坏正在使用中的电力设备,足以危害公共安全的行为。发生的破坏电力设备案件中,绝大多数是属于犯罪分子盗割输电线及电器设备中的铜线、银芯,当废品卖,牟取蝇头小利。但是,他们作案方式一般较简单原始,往往可能造成触电伤亡的后果。图 2-4 为某电力设备。

图 2-4　某电力设备

在某起盗窃破坏电力设备的案例中,彭某、罗某、李某峰、邱某盛先后结伙或伙同他人,于 2006 年 8 月至 2007 年 5 月间,盗割多处各种型号的电缆线。其中彭某参与 9 次,盗割电缆线价值人民币 44800 余元;罗某参与 9 次, 盗割电缆线价值人民币 34000 余元;李某峰参与 9 次,盗割电缆线价值人民币 40700 余元;邱某盛参与 2 次,盗割电缆线价值人民币 18300 余元。邢某芹明知是他人犯罪所得的赃物,仍向被告人彭某等人以人民币 8000 余元的价格收购价值人民币 10800 余元的 YJV-10 KV-3×240 mm^2 电缆铜线 20 m,并转售牟利。

据此,法院依法以破坏电力设备罪判处彭某有期徒刑六年,判处罗某有期徒刑七年,判处李某峰有期徒刑六年六个月,判处邱某盛有期徒刑三年六个月,以销赃罪判处邢某芹有期徒刑十个月,并处罚金人民币 1000 元。

对这种严重危害城市运行和居民生活保障的犯罪行为,国家依法以破坏电力设备罪或者盗窃罪追究刑事责任。《刑法》第 118 条规定,破坏电力设备尚未造成严重后果的,处三年以上十年以下有期徒刑;造成严重后果的,处十年以上有期徒刑、无期徒刑或者死刑。

资料来源:新民网。

(4) 网络安全方面:主要面临网络攻击事件。下面以 2015 年乌克兰停电事故为例:

2015 年乌克兰停电事故

2015 年 12 月 23 日,乌克兰至少三个区域的电力系统遭到网络攻击,伊万诺-弗兰科夫斯克地区部分变电站的控制系统遭到破坏,造成大面积停电,电力中断 3～6 h,约 140 万人受到影响。

在 2015 年的网络攻击事件中,黑客运用了线上攻击和线下攻击 2 种手段,同时对乌克兰电网主控系统、SCADA 系统以及用户服务反馈系统进行攻击,结合乌克兰电网官方和相关安全组织披露的信息,整体攻击过程如图 2-5 所示。

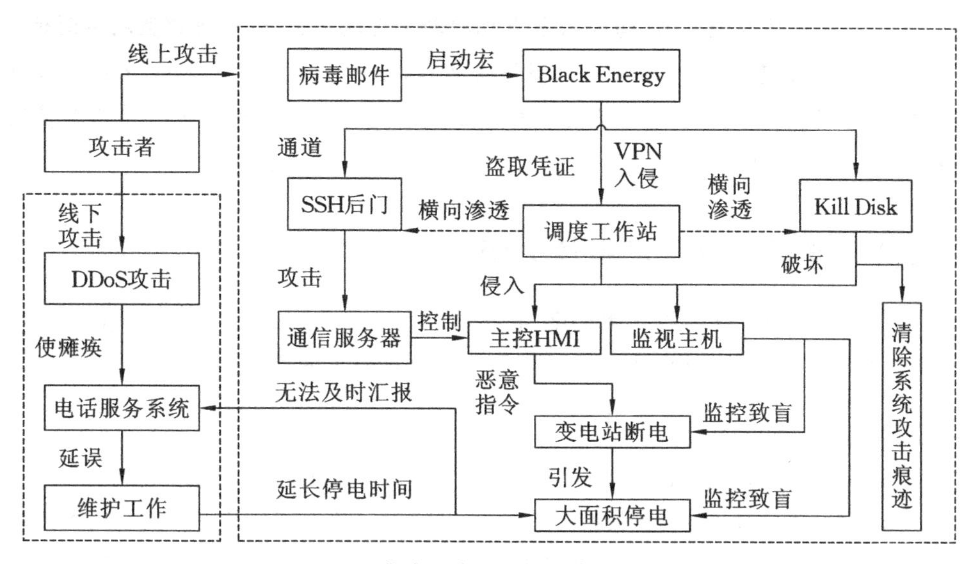

图 2-5 乌克兰电网网络整体攻击过程

① 线上攻击:隐藏在 Office 表格文件(.xls 格式)中的预先设定的病毒通过邮件被定向发送至目标计算机,缺乏防范意识的用户启动文件中的恶意宏设置,Black Energy 木马通过对 Rookit 驱动程序的释放和对系统关键进程(svchost.exe 和 main.dll)的注入开启本地网络端口并下载相应组件,利用认证漏洞以虚拟专用网(virtual private network,VPN)从外网侵入目标工作站和服务器系统,通过 SSH 后门以 Https 协议建立与通信服务器间的联系。通过对攻击残留痕迹的分析发现,早在事故发生前 6 个月黑客便已侵入乌克兰电网系统。在潜伏期间,逐步盗取授权凭证,升级管控权限并在系统中横向渗透。当寻找到 SCADA 系统后,通过绕过身份认证和利用已盗取的权限,获得对 SCADA 的控制权。在特定时间,通过人机控制界面(human machine interface,HMI)对目标变电站下达恶意指令使其跳闸,继而引发递推式系统失稳。随后,攻击者在串行接口网关设备植入恶意固件以保证即使恢复对调度工作站的控制,对变电站的远程控制命令也无法传达。同时 Kill Disk 组件攻击 SCADA 监视主机并使得其监控致盲,使得工作

人员丧失了对电网的实时监控能力。之后 Kill Disk 清空系统日志，永久粉碎、覆盖相关文件，导致关键数据实质性丢失，为安全机构事后分析设置障碍。

② 线下攻击：利用分布式拒绝服务(distributed denial of service，DDoS)组件攻击乌克兰电网的电话服务系统，“洪流”式的自动拨号引发系统长时间阻塞，干扰工作人员对实际停电事故的掌握和维修工作的开展，以达到最终延长停电时间的目的。

据相关分析，此次乌克兰电网遭到黑客攻击，至少反映出三方面的问题：

其一，安全防护体系存在漏洞，网络隔离不足。乌克兰各类公司间为了发、输、配电业务的通信和控制便利，通过互联网连接，控制类与非控制类系统未进行物理隔离。

其二，网络安全监测不力。恶意网络攻击病毒入侵手段隐蔽，有的病毒潜伏期长达半年。此次黑客成功入侵电网，乌克兰电力机构却未发现攻击行为，可谓监测不到位。

其三，网络和信息安全意识淡薄。事件发生前，国际安全机构曾对乌克兰电力机构发布预警信息，但未引起重视。黑客通过邮件伪装而成功诱骗乌克兰电力工作人员运行恶意程序，说明其电力工作人员网络安全意识淡薄。

2.2.3 电网企业突发事件分级

根据电网停电范围和事故严重程度，我国将电网企业突发事件分为特别重大安全事故、重大安全事故、较大安全事故以及一般安全事故四个状态等级。

2.2.3.1 特别重大安全事故

特别重大安全事故主要包括：

(1) 造成 30 人以上死亡(含失踪)，或危及 30 人以上生命安全，或 1 亿元以上直接经济损失，或 100 人以上中毒(重伤)，或需要紧急转移安置 5000 人以上的安全事故。

(2) 造成区域电网减供负荷达到事故前总负荷的 30%以上，造成城区减供负荷达到事故前总负荷的 50%以上；或因重要发电厂、变电站、输变电设备遭受毁灭性破坏或打击，造成区域电网大面积停电，减供负荷达到事故前的 20%以上，对区域电网安全稳定运行构成严重威胁。

2.2.3.2 重大安全事故

重大安全事故包括：

(1) 造成 10 人以上、30 人以下死亡(含失踪)，或危及 10 人以上、30 人以下生命安全，或直接经济损失 5000 万元以上、1 亿元以下的事故，或 50 人以上、100 人以下中毒(重伤)，或需紧急转移安置 3000 人以上、5000 人以下的事故。

(2) 造成跨区电网或区域电网减供负荷达到事故前总负荷的 10%以上、30%以下，或造成城区减供负荷达到事故前总负荷的 20%以上、50%以下。

2.2.3.3　较大安全事故

较大安全事故包括：

(1) 造成3人以上、10人以下死亡(失踪)，或危及3人以上、10人以下生命安全，或直接经济损失在100万元以上、5000万元以下的事故，或10人以上、50人以下中毒(重伤)，或需紧急转移安置1000人以上、3000人以下的事故。

(2) 造成跨电区电网或区域电网减供负荷达到事故前总负荷的5%以上、10%以下，或造成城区减供负荷达到事故前总负荷的10%以上、20%以下的事故。

2.2.3.4　一般安全事故

一般安全事故包括：

(1) 造成3人以下死亡(失踪)，或危及3人以下生命安全，或直接经济损失在100万元以下的事故，或10人以下中毒(重伤)；或需紧急转移安置1000人以下的事故。

(2) 造成跨电区电网或区域电网减供负荷达到事故前总负荷的5%以下，或造成城区减供负荷达到事故前总负荷的10%以下的事故。

2.2.4　电网企业突发事件特征

与常规事件相比，电网企业突发事件具有以下几个主要特点：

(1) 不确定性。每个单位会根据其发展规划，设定其某个阶段的发展目标，并制定该阶段的工作任务，而该阶段的工作任务被视为常规事件。所以在事件发生之前人们会对常规事件的发生时间、事件目标、执行单位、运作流程等有一个较为明确的认识和把握。但是，电网突发事件具有明显的不确定性，具体包括情景的不确定性和应急响应结构的不确定性。情景的不确定性表现为发生时间的不可预期性、发生地点的地形地质复杂性、致灾因子的多样性、灾害状况的差异性、天气条件的变动性；应急响应结构的不确定性是由情景的不确定性引发的，地点的复杂性和天气条件的变动性引起运输方式的不确定性，地点的复杂性和灾害状况的差异性引起应急主体的不确定性，时间、地点、致灾因子、灾害状况、天气条件的不确定性共同影响应急资源种类与数量的不确定性。另外，电网突发事件的不确定性还表现为情景信息的不完备性。由于电网突发事件应急救援工作时间紧迫，情景收集经常会面临地形复杂、天气状况恶劣、技术设备失灵、基础数据缺失等因素的困扰，以致于情景特征值无法以精确的数据来描述，只能以概率的形式来描述，这无疑增加了突发事件的不确定性。

(2) 复杂性。电网突发事件的复杂性包括四个方面：情景、应急主体、应急资源以及应急过程的复杂性。引发电网突发事件的原因包括台风、暴雨、雷电、冰雪、磁暴、火灾等，这导致电网突发事件情景中的致灾因子具有复杂性；电网系统包括发电站、变电站、配电站、杆塔和输电线路等类型众多的电力设施和电力设备，而且每种设备元件具有型号多样性和结构复杂性，这造成了电网突发事件情景中承灾体的复杂性。电网突发事件应急主体由电网突发事件应急小组成员、领域专家、应急供电人员、运输人员和各种应急抢修任务的抢修人员等组成，而且应急资源种类繁多、数量巨大，这明显使得突发事件应急救援呈现出较大的复杂性。另外，电网突发事件还极易导致社会涉电群体性突发事件、卫生抢救突发事件、电力服务突发事件等次生突发事件，这也增加了演变的复杂性。情景的复杂性、应急主体和应急资源的复杂性以及突发事件演变的复杂性共同决定了应急过程的复杂性。这表现为应急供电、应急抢修、物资调度、人员调配等任务需要同时开展，并且需要不同部门应急人员通过多种通信方式进行信息的上下交流和平行扩散，共同协作完成电网突发事件应急工作。

(3) 紧迫性。大多数电网突发事件演变复杂，社会经济影响较大，而且应急救援涉及的人员众多、资源巨大、过程复杂。为了防止电网突发事件进一步发展演变并导致次生灾害的发生，最大程度地减少电网突发事件造成的损失，应急救援人员需要及时、快速、科学、高效地开展应急救援工作，并在最短时间内达到应急响应目标与效果。

(4) 衍生性。电网企业突发事件的发生会给社会造成不同程度的危害，电网是一个完整的系统，往往电网企业突发事件的发生会具有连带效应。由于电网的紧密联系决定了局部的突发事件可能导致更大范围内的连带反应，并且蔓延速度快，如果不及时有效地采取措施，必定会造成事故的进一步恶化。由于电力突发事件引发次生或衍生事故，导致更大的损失和危机。

从以上突发灾害的几个特征我们可以看出电网企业突发事件会给人民和社会带来巨大的影响，不过事件都具有双面性，虽然每次突发事件的发生都会对社会和人民的生活带来巨大的损失，但是每次灾害也都促进我国加强公共卫生和应急组织管理体系的建设，警示世人随时做好防御灾难的准备，为以后积极地应对突发事件提供应急保障。现代电网规模随着社会经济的发展不断扩大，许多跨地区、跨国家的大电网和超大电网在世界范围内相继出现。电网输送电能，本身就具有一定的危险性，电网内部以及电网之间联系紧密，并且由于电力的发、输、配、用的同步性特征，任意环节被破坏，原有的电网平衡系统都会被破坏，从而影响整个电力系统的安全稳定运行。因此做好对电网企业突发事件的应急管理是至关重要的。

2.2.5 电网企业突发事件危害

电网企业突发事件的爆发会给整个社会带来很不利的影响。电网系统在上游连接发电系统，中间衔接配电系统，最后将电能运送到供电系统，这几个大环节中如果一个环节出现问题，都可能导致整个电网故障，轻则电网负荷波动，重则引发区域电网瘫痪。我国电网还处在发展中，部分电网架构不合理、灵活性差、容纳事故的能力有限，有时候很小的事故就可能迫使电网立即停电整顿，甚至引发大范围电网故障，同时日益发展的社会经济等也对电网的正常运营提出了很高的要求。近年来，我国工业蓬勃发展，国民经济增长一直保持世界领先，诸多增长的背后需要强有力的电网来支持，电网系统自身的薄弱性越来越明显；新增线路逐步增多，职工数也不断增加，人员的增加给管理带来麻烦；电网工作人员的素质急需提高，但又没有足够的基础培训等方面的设施，这使得人员问题也逐步凸显。

目前全球气候不断恶化，温室效应、沙漠化等全球性问题影响着全球各个地方，电网的上游发电系统、中游变电系统和下游供电系统在自然灾害面前都非常脆弱，而且自然灾害很有可能造成连锁事故，引发较大范围的电网故障。暴雨雪、地震、冰冻等灾难性气候一旦发生，电力系统是最先受到破坏的。2008 年汶川大地震、2021 年郑州特大暴雨都给国家经济和人民生命安全造成了严重的损失，社会安定受到破坏，我国电网系统也遭到了前所未有的破坏，以致城市恢复和重建以及居民生活都受到严重影响。表 2-1 为近年来冰雹强台风灾害造成的电网损失情况。

表 2-1　近年来冰雹强台风灾害造成的电网损失情况

灾害	损失情况
江苏盐城冰雹龙卷风灾害	2 条 500 kV 线路跳闸，倒塔 1 基； 4 条 220 kV 线路跳闸，倒塔 7 基； 8 条 110 kV 线路跳闸，倒塔 17 基； 7 条 35 kV 线路跳闸，倒塔 45 基； 46 条 10 kV 线路跳闸； 10 kV 及以下线路倒杆 1267 基； 400 V 低压线路倒杆 2841 基； 停电台区 1911 个； 停电用户 13.5 万户； 损失负荷 7.35 万千瓦
福建“莫兰蒂”强台风灾害	4 条 500 kV 线路跳闸； 25 条 220 kV 线路跳闸； 96 条 110 kV 线路跳闸； 3 条 35 kV 线路跳闸； 1253 条 10 kV 线路跳闸； 5 座 220 kV 变电站损坏； 38 座 110 kV 变电站损坏； 2 座 35 kV 变电站损坏； 配变停运 28632 台； 停电用户 164.8 万户

经济社会发展对电网系统提出了更高的要求。我国煤炭、能源等各行各业的发展离不开电力供应,我国社会生产的发展离不开电力供应,我国经济水平的提高离不开电力供应,同时,电力供应也受到煤炭资源、能源、社会发展水平的影响,因此国家对电力运营提出了高要求,要求电力运营要顺应社会水平及社会经济发展,解决社会各方面的电力供需问题。电力供需的发展影响城市规划、社会发展、经济前进,对国家的重要性可想而知。那么,电力系统的故障和突发事件,也会严重影响国家各行各业的各个方面。近些年,我国人民生活水平日益提高,人民生活对电力的依赖性越来越强,除了人民生活,企业发展、工厂生产等都依赖电力支持,社会各界对电网的高度依赖也给电网保障很大压力。

电力的重要性在前面已经详细叙述,电网系统一旦出现故障,影响范围广、危害大,作为清洁能源,电网对社会的重要性不言而喻。但是我国对电网突发事件的处理仍然不够完善,在专业应急救援队伍这方面建设仍有不足。除了我国,美国、俄罗斯等对电网突发事件的处理也存在弊端,美国 2003 年大停电事故、莫斯科 5.25 停电事故等都说明各国对电网突发事件的处理有不足,因此提高电网应急能力、建设合格的多功能电力应急救援队伍、保障电力系统安全稳定运行已成为各个国家提高电网安全的工作之一。

美国 2003 年大停电事故见图 2-6。

图 2-6　美国 2003 年大停电事故

目前我国各省市电网企业应急管理水平参差不齐,准备欠妥、应急混乱等现象依然存在,应急工作中的各种问题很是突出。从制度角度来看,主要是我国整体电网应急管理法制不够完善,应急预案层次不清,应急处置没有合理的依据等。例如,我国电网对于气象灾害方面特别是极端气候方面缺乏中长期预报,或者预报的与实际有较大偏差,影响到实际应急准备与应急抢险的过程。诸多原因使得我国电网企业对突发事件处理不是很得当,对突发事件的应对措施也比较欠缺,我国电网正常运行面临严峻考验。

2.3 电网企业应急管理

系统的应急管理研究是近几十年才逐步发展起来的。应急管理理论研究与实践起源于古巴导弹危机,并伴随着对各种政治、军事危机事件的处理而不断发展。应急管理早期的研究主要集中于计量、类比分析,测试变量之间的相关度,后开始逐步加强对概念、一般原理、模型理论建构的研究,这使应急管理研究向着完整的学科建设过渡。时至今日,应急管理研究开始走向理论完善阶段,结合管理学、社会学、公共关系学等学科领域最新的理论成果,并大量利用信息理论、决策理论、系统科学等方法,逐步走向成熟。

我国的应急管理体系,是在立足国情、借鉴国内外经验教训的基础上形成并发展完善起来的。2003 年成功应对"非典"疫情后,党中央、国务院做出全面加强应急管理工作的重大决策,从上至下全面推进应急管理体系建设,电力应急管理体系就在这样的大背景下应运而生。2004—2007 年,我国电力应急管理体系进入探索期,初步建立了体系雏形,包括成立领导小组、设置应急组织,以及健全应急保障、后期处置、突发事件报告规范、追责制度等。2008 年南方雨雪冰冻灾害、汶川地震、北京奥运会保电等诸多重大事件,促使电力应急管理进入一个快速成长阶段,这一时期电力应急预案体系更加全面、体制机制更加完善。2011 年,国家出台了第一部专门规范电力安全事故应急处置和调查处理的行政法规,之后又出台了一系列制度规范,为电力应急工作提供了法律依据和保障。2015 年,国务院办公厅印发《国家大面积停电事件应急预案》(简称《预案》),对有效指导各级政府开展大面积停电等电力突发事件处置应对工作、最大程度减少损失、维护国家安全和社会稳定具有十分重要的意义。《预案》明确了"县级以上地方人民政府负责指挥、协调本行政区域内大面积停电事件应对工作",以防范应对大面积停电事件为核心的电力应急管理属地特性正式确定下来,电力应急属地化进程有序推进。我国电力应急组织与管理体系建设发展历程见表 2-2。

表 2-2 我国电力应急组织与管理体系建设发展历程

标志性文件	年份	所处阶段
《国家电网公司处置电网大面积停电事件应急预案》	2004	电力应急体系建立
《国家处置电网大面积停电事件应急预案》	2007	应急体系建设的初步探索期
《关于加强电力应急体系建设的指导意见》	2012	应急体系建设的高速发展期
《国家能源局综合司关于深入开展电力企业应急能力建设评估工作的通知》	2016	综合协调应急管理期
《电力行业应急能力建设行动计划(2018—2020)》	2018	综合全面应急管理期
	2019—	电力应急管理体系和能力现代化

应急管理是保护社会和社会大众的，例如，一些突发事件对社会影响较大，对人民造成巨大危险性，危害国家安全，对生态环境造成严重破坏，对于这类突发事件必须进行很好的管理，这样才能促进社会生活全面、协调发展。应急管理是一个动态连续的过程，经典的应急管理一般包括四个阶段：预防阶段（事前准备阶段）、准备阶段（提前打好应急基础）、响应阶段（事中控制阶段）和恢复阶段（事后恢复总结阶段）。我国应急管理无论是理论研究还是实践运用都还处在起步阶段，尚缺乏应急管理系统模型、风险评估、危机预警和预防等实务性内容。本章将系统性地总结国内外应急管理理论的核心内容，介绍我国应急管理机制的现状，并针对电网自身特点对电网危机的特征与产生根源进行理论分析。电力应急关键环节与主要工作见图 2-7。

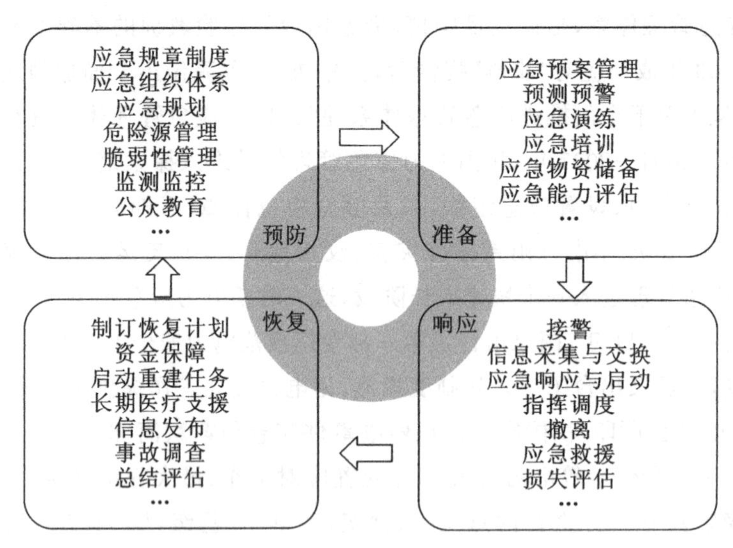

图 2-7　电力应急关键环节与主要工作

2.3.1　电网企业应急管理定义

应急的概念是指针对突发事件采取一系列应对活动的过程，包括进行应急准备和预防，对突发事件进行检测并预警，应对突发事件开展救援工作、进行灾后重建和恢复等，尽量将灾害损失降到最低。突发性、不确定性、危害性是电网突发事件最重要的特点。目前还没有针对电网突发事件完全有效的预防措施和解决办法。电网突发事件通常是在一定区域内突然发生的。电网是存在于自然环境和社会环境中的综合系统，它的灾害特点不同于单纯的自然灾害，也不同于单纯的社会系统灾害。

电网应急管理主要应用于电网系统突发重大灾难事件，目的是提高资源利用率，尽量降低突发事件造成的影响和危害，不断完善和优化决策，预警、管理并控制电网突发事件。本书主要研究电网重大突发灾难的预防、准备、响应和恢复，以提高电力系统应急管理能力。

2.3.2　应急管理指导原则

应急管理主要有如下指导原则：

(1) 快速反应原则。由于现代社会的事件往往是偶然的，快速的发展和扩散效应是显而易见的，所以要求政府必须第一时间做出正确的反应。直接的反应时间在很大程度上决定了应急管理的成功或失败。

(2) 基于事前的原则。减少应急工作的最高境界是避免危机的发生。因此，危机管理的重点应该是在事前，应该是预防性的手段。

(3) 专业处理各种复杂关系的关键工艺的原则。强调要充分利用专家、科学知识和职业技术的力量。

(4) 社会动员原则。依靠公民社会的自身力量来实行社会的管理活动，是充分调动全社会的力量参与的一个重要因素。能否充分调动全社会的力量参与是影响应急管理成败的一个重要因素。

2.3.3　电网企业应急管理体系

应急管理体系是有关突发事件应急管理工作的组织指挥体系与职责，突发事件的预防与预警机制、处置程序、应急保障措施、事后恢复与重建措施，以及应对突发事件的有关法律、制度的总称。《“十四五”国家应急体系规划》中对国家应急体系规划提出总体目标：到 2025 年，应急管理体系和能力现代化建设取得重大进展，形成统一指挥、专常兼备、反应灵敏、上下联动的中国特色应急管理体制，建成统一领导、权责一致、权威高效的国家应急能力体系，防范化解重大安全风险体制机制不断健全，应急救援力量建设全面加强，应急管理法治水平、科技信息化水平和综合保障能力大幅提升，安全生产、综合防灾减灾形势趋稳向好，自然灾害防御水平明显提升，全社会防范和应对处置灾害事故能力显著增强。到 2035 年，建立与基本实现现代化相适应的中国特色大国应急体系，全面实现依法应急、科学应急、智慧应急，形成共建共治共享的应急管理新格局。表 2-3 为“十四五”时期应急体系安全主要指标。

表 2-3　“十四五”时期应急体系安全主要指标

序号	指标	预期值	属性
1	生产安全事故死亡人数	下降 15%	约束性
2	重特大生产安全事故起数	下降 20%	约束性
3	单位国内生产总值生产安全事故死亡率	下降 33%	约束性
4	工矿商贸就业人员十万人生产安全事故死亡率	下降 20%	约束性
5	年均每百万人口因自然灾害死亡率	<1	预期性
6	年均每十万人受灾人次	<15000	预期性
7	年均因自然灾害直接经济损失占国内生产总值比例	<1%	预期性

目前我国应急管理体系的框架是“一案三制”，其中“一案”指应急预案，“三制”指应急工作的应急管理体制、应急管理机制和应急管理法制。应急预案：是应急管理的重要基础，是中国应急管理体系建设的首要任务；应急管理体制：国家建立统一领导、综合协调、分类管理、分级负责、属地管理为主的应急管理体制；应急管理机制：是指突发事件全过程中各种制度化、程序化的应急管理方法与措施；应急管理法制：在深入总结群众实践经验的基础上，制订各级各类应急预案，形成应急管理体制机制，并且最终上升为一系列的法律、法规和规章，使突发事件应对工作基本上做到有章可循、有法可依。图 2-8 为电网企业应急管理体系建设框架。

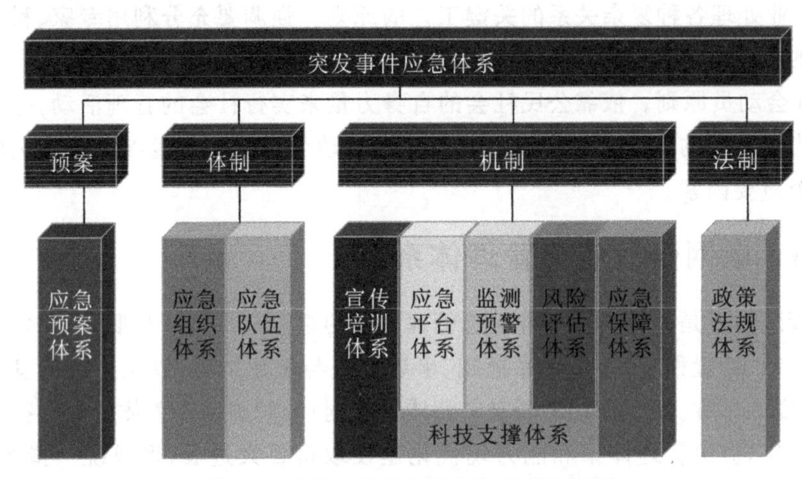

图 2-8　电网企业应急管理体系建设框架

2.3.3.1　应急预案体系

应急预案，是电网企业根据发生和可能发生的突发事件，事先研究制订的一整套应对突发事件的方法与措施。如图 2-9、图 2-10 所示，电网企业应急预案体系由总体预案、专项预案、部门预案、现场处置方案构成，应满足“横向到边、纵向到底、上下对应、内外衔接”的要求。“纵”，就是按垂直管理的要求，从国家到省、市、县都要制订应急预案，不可断层；“横”，就是所有种类的突发事件都要有部门管，都要制订专项预案、部门预案和现场处置方案。上下预案之间要做到互相衔接，逐级细化。预案的层级越低，各项规定就要越明确、越具体。避免出现“上下一般粗”现象，防止照搬照套。

总(分)部、各单位设总体预案、专项预案，根据需要设部门预案和现场处置方案，明确本部门或关键岗位应对特定突发事件的处置工作。市级供电公司、县级供电企业设总体预案、专项预案，根据需要设部门预案和现场处置方案；公司其他单位根据工作实际，参照设置相应预案；公司各级职能部门、生产车间，根据工作实际设现场处置方案；建立应急救援协调联动机制的单位，应联合编制应对区域性或重要输变电设施突发事件的应急预案。

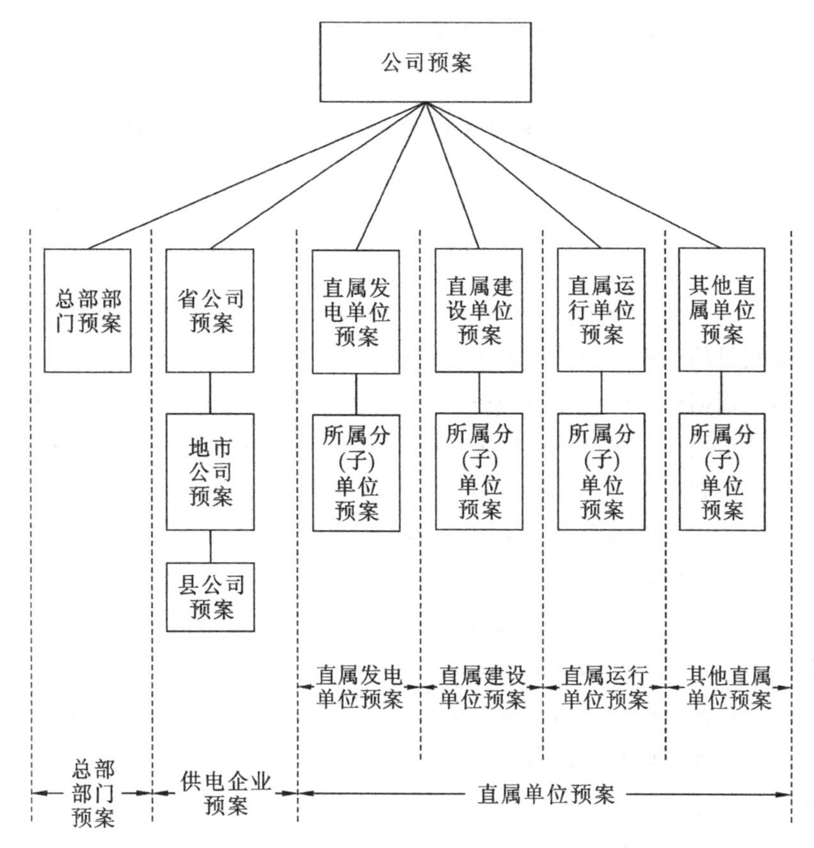

图 2-9 电网企业应急预案体系

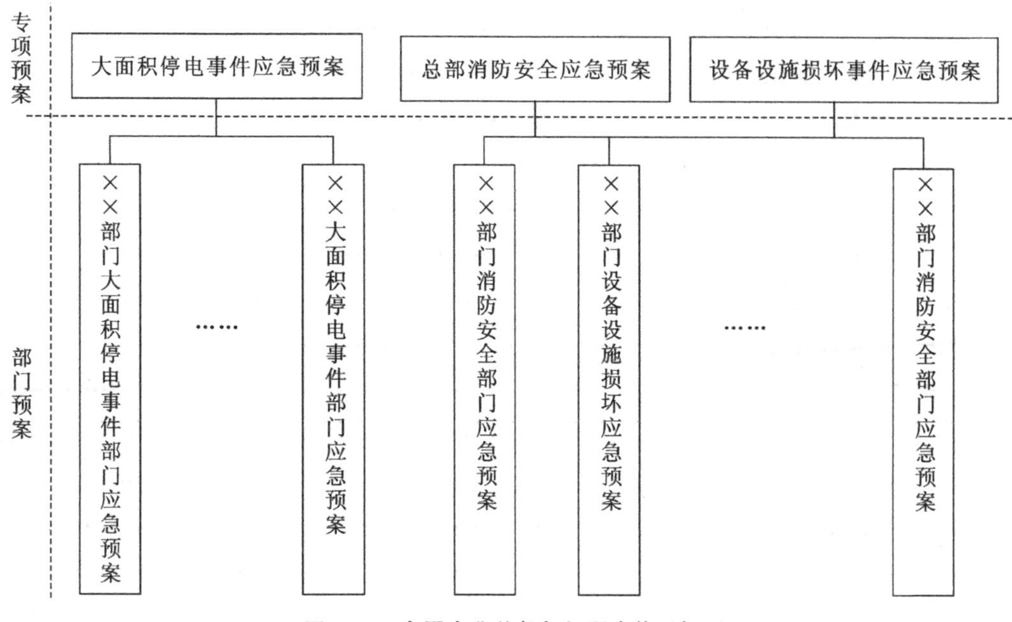

图 2-10 电网企业总部部门预案体系框图

应急预案中应主要包括总则(编制目的、编制依据、适用范围、工作原则)、危险源分析和危害程度分析、应急指挥机构及职责、事件分级、监测与预警、应急响应、信息报告与发布、后期处置、应急保障和预案管理十部分,下面为某公司大面积停电事件应急预案目录:

目　　录

2.3.3.2　应急管理体制

体制这个概念在政府管理实践中是指国家机关和企事业单位关于机构设置和管理权限划分的制度。对于应急管理而言,应急管理体制作为“一案三制”的前提要素,是为有效预防和应对突发事件,避免、减少和减缓突发事件造成的危害,消除其对企业生产带来的负面影响,而建立起来的应急管理的组织体系及其运行规范。《中华人民共和国突发事件应对法》第四条中对我国应急管理体制的核心内容做了明确规定,即“统一领导、综合协调、分类管理、分级负责、属地管理为主”的基本原则。

(1) 统一领导:在应对处理突发事件的各项工作中,必须坚持由各级人民政府统一领导,成立应急指挥机构,实行统一指挥。各有关部门都要在应急指挥机构的领导下,依照法律、行政法规和有关规范性文件的规定，开展各项应对处置工作。

(2) 综合协调：在突发事件应对过程中，参与主体是多样的，既有政府及其组成部门，也有社会组织、企事业单位、基层自治组织、公民个人和国际援助力量。必须明确有关政府和部门的职责，明确不同类型突发事件管理的牵头部门和单位，同时，其他有关部门和单位提供必要的支持，形成各部门协同配合的工作局面。

(3) 分类管理：每一大类突发事件应由相应的部门实行管理，建立一定形式的统一指挥体制，不同类型的突发事件依托相应的专业管理部门，由该部门收集、分析、报告信息，为政府决策机构提供有价值的决策咨询和建议。

(4) 分级负责：因各类突发事件的性质、涉及的范围、造成的危害程度各不相同，应先由当地政府负责管理，实行分级负责。对于突发事件的处置，不同级别的突发事件需要动用的人力和物力是不同的。无论是哪一种级别的突发事件，各级政府及其所属相关部门都有义务和责任做好监测和预警工作。地方政府平时应做好信息的收集、分析工作，定期向上级机关报告相关信息，对可能发生的突发事件进行监测和预警。分级负责原则明确了各级政府在应对突发事件中的责任。

(5) 属地管理为主：出现重大突发事件时，地方政府必须在第一时间采取措施进行控制和处理，及时、如实向上级报告，必要时可以越级报告。当出现本级政府无法应对的突发事件时，应当马上请求上级政府直接管理。

我国早已初步形成了以中央政府坚强领导、有关部门和地方各级政府各负其责、社会组织和人民群众广泛参与的政府应急管理体制。电网企业建立健全以事发地电网企业党委、政府为主，有关部门和相关地区协调配合的领导责任制，建立健全应急处置的专业队伍、专家队伍。省级层面电网企业成立了以公司主要领导为组长，其他领导班子成员为副组长，助理、副总师、机关部门负责人和各相关单位行政一把手为成员的应急领导小组，形成了主要领导全面负责、分管领导具体负责、专业部门分工负责的职责明确、组织有序、指挥有力的应急领导组织体系。公司各基层单位也都建立了“分级负责、专业管理、组织有序、运转高效”的应急管理组织机构。预案修编、制度建设、信息监测、预警发布、队伍管理、演练培训等日常管理工作有序进行，遇到突发事件时，根据处置需要转变为专项应急工作组，组织开展应急处置工作，形成了高效的应急工作机制。

2.3.3.3 应急运行机制

主要是要建立健全监测预警机制、信息报告机制、应急决策和协调机制、分级负责和响应机制、公众的沟通与动员机制、资源的配置与征用机制、奖惩机制等。以某公司为例，该公司建立了省级应急指挥系统，该系统覆盖所属公司及水电厂等二级单位。

该电力企业还组织完成了应急培训基地工程建设，完成了教学训练楼、心理素质训练场、体能素质训练场、水域应急技能训练场等场地建设，并购置无人直升机、两栖特种车辆、现场破拆设备、应急监控系统、水上器材等新型应急设备，可以进行体能训练、心理训练、拓展训练、现场急救与心肺复苏、现场破拆与导线锚固、水面人员救援、指挥营地搭建等应急救援专业技能的培训。另外该省电力企业建设投运省级应急培训基地，针对基层应急救援基干分队队员和骨干抢修人员，依托培训基地每年分期分批组织开展应急培训，重点针对应急供电、综合救援、现场紧急救援、后勤保障等专项应急技能进行培训，积极开展应急管理培训班和应急技能培训班，显著提升了公司系统应急队员的应急技能。

该公司采取无脚本现场演练、无脚本桌面推演等方式，常态化推进应急演练，重点突出多单位联动、多部门协调、多工种参与的特点，分片分区组织开展跨区联动应急演练；编制应急演练题库，分层级制订并落实年度应急演练计划，综合应急处置能力显著提升。

2.3.3.4 应急管理法制

应急管理法制主要是加强应急管理的法制化建设，把整个应急管理工作建设纳入法制和制度的轨道，按照有关的法律法规来建立健全预案，依法行政，依法实施应急处置工作，要把法治精神贯穿应急管理工作的全过程。

电网企业建立了法律法规库，具体如下：

(1) 国家及部门层面：《突发事件应对法》(主席令〔2007〕第 69 号)、《安全生产法》(主席令〔2014〕第 13 号)、《电力法》(主席令〔1995〕第 60 号)、《生产安全事故报告和调查处理条例》(国务院令第 493 号)、《电力安全事故应急处置和调查处理条例》(国务院令第 599 号)、《电力监管条例》(国务院令第 432 号)、《国务院办公厅关于印发国家大面积停电事件应急预案的通知》(国办函〔2015〕134 号)、《国家突发公共事件总体应急预案》(国发〔2005〕11 号)、《生产安全事故应急预案管理办法》(国家安监总局 88 号令)等；

(2) 电力监管机构：包括《电力突发事件应急演练导则(试行)》、《电力企业综合应急预案编制导则(试行)》、《电力企业专项应急预案编制导则(试行)》、《电力企业现场处置方案编制导则(试行)》(电监安全〔2009〕22 号)和《电力企业应急预案评审和备案细则》(国能安全〔2014〕953 号)、《电力企业应急预案管理办法》(国能安全〔2014〕508 号)等；

(3) 地方法规文件(以湖北省为例)：有《湖北省突发公共事件总体应急预案》、《湖北省生产安全事故报告和调查处理办法》(省政令〔2014〕第 354 号)、《湖北省突发事件应对办法》(省政令〔2014〕第 367 号)、《湖北省大面积停电事件应急预案》(鄂政办函〔2016〕88 号)等法规预案。

2.3.4 应急管理主要内容

电网应急管理的目的主要有两个：一个是避免突发事件的发生，这可以由分析可能导致突发事件的原因并对此加以限制来达到这一目的；另一个目的是针对未来可能的一些突发事件，要建立起应对突发事件的管理组织和制度并逐步进行完善，使得能够在严格的条件下(譬如在有限的时间内)处理突发事件使之恢复常态。

下面将从电网应急预防、电网应急预警、电网应急响应和电网事后恢复四个方面介绍应急管理的主要内容。突发事件情景结构与内容模拟图见图 2-11。

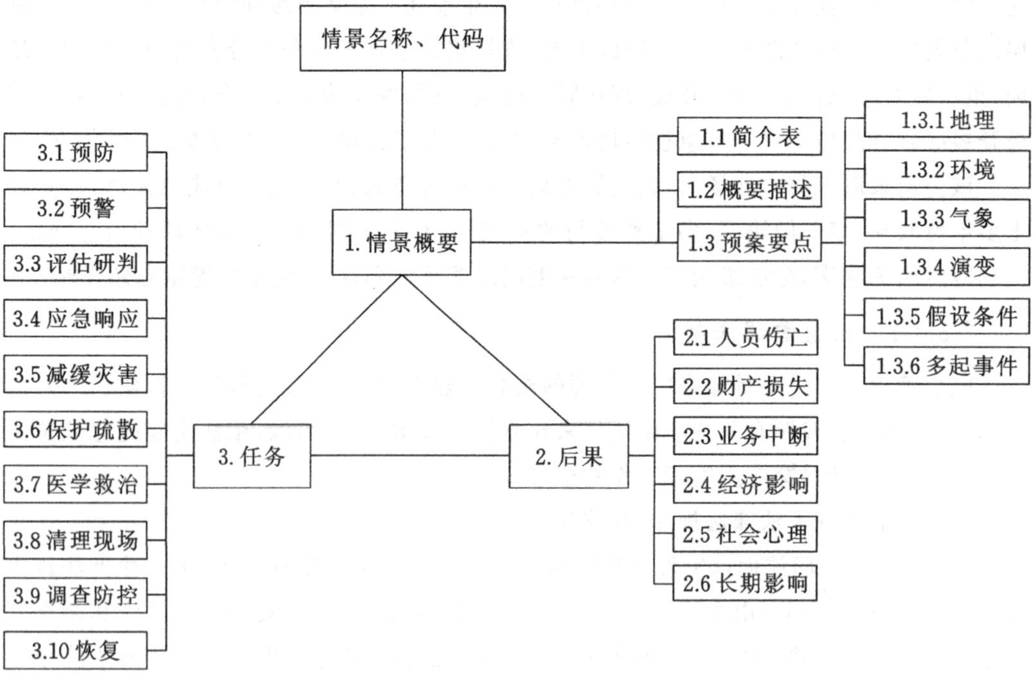

情景名称、代码
1. 情景概要
1.1 简介表
1.2 概要描述
1.3 预案要点
1.3.1 地理
1.3.2 环境
1.3.3 气象
1.3.4 演变
1.3.5 假设条件
1.3.6 多起事件
2. 后果
2.1 人员伤亡
2.2 财产损失
2.3 业务中断
2.4 经济影响
2.5 社会心理
2.6 长期影响
3. 任务
3.1 预防
3.2 预警
3.3 评估研判
3.4 应急响应
3.5 减缓灾害
3.6 保护疏散
3.7 医学救治
3.8 清理现场
3.9 调查防控
3.10 恢复

图 2-11　突发事件情景结构与内容模拟图

2.3.4.1　电网应急预防

电网应急预防是为了将突发事故、自然灾害和其他紧急情况尽可能地减少或消除掉而采取的一些预防和控制的活动，以此降低这些事件对人类的生命和财产所带来的危害。预防应急管理包含两方面的含义：第一，预防突发性事件，实行安全管理，采取安全技术手段，尽可能地防止突发事件发生，以达到本质安全；二是在假设安全事件不可避免的情况下，事先采取一定的措施进行预防，将事件所带来的影响和后果尽可能地减轻和减少。从长远的角度来看，要减少灾害和事故造成的损失，关键是要采取高效、低成本的预防措施。

(1) 应急预案编制管理

一是国家能源局已经牵头编制完成《电力企业应急预案编制导则》《水电站大坝运行安全应急预案编制导则》征求意见稿，由于国家相关预案编制导则修订工作尚未完成，目前相关文件仍在完善中。二是推动地方政府编制大面积停电事件应急预案。按照《国家大面积停电事件应急预案》《应急管理部 国家能源局关于进一步加强大面积停电事件应急能力建设的通知》要求，积极推动省、市、县三级大面积停电事件应急预案修订工作。三是紧抓电力企业应急预案编制备案工作不放松，目前主要电力企业均已建立以总体应急预案、专项应急预案和现场处置方案组成的应急预案体系，内容涵盖自然灾害、事故灾难、公共卫生和社会安全4类突发事件。同时,国家能源局组织建立了电力企业应急预案评审专家库,并多次对专家进行培训,规范专家行为,保障应急预案评审质量。同时,将应急预案编制和备案情况纳入电力企业督查检查范围,督促电力企业按照国家能源局的有关要求编制并备案应急预案,督促电力企业深入开展应急培训并定期组织演练,切实提升应急管理能力。同时主要电力企业在境外项目建设和运营管理中均已编制了电力应急预案及操作手册,在境外项目建设和运营管理中明确了电力突发事件信息报送流程和要求。

典型案例:应急预案编制与备案

2017年3月,《云南省大面积停电事件应急预案》发布后,云南省大面积停电事件应急指挥部办公室发布了《云南省大面积停电事件应急预案操作手册》,并安排州、市、县预案编制工作,截至2020年,所属州市全部编制发布了预案。

中国电建集团应急预案体系由综合应急预案、专项应急预案、现场处置方案、各子公司应急预案组成,公司编制了《中国电力建设股份有限公司突发事件应急预案》总体预案和《安全生产事故和自然灾害应急预案》《地震灾害应急预案》《环境污染和生态破坏事故应急预案》《水电站垮坝事故应急预案》《群体性事件应急预案》《突发新闻媒体事件应急预案》《网络信息系统安全事故应急预案》《境外突发事件综合应急预案》《海外项目安全生产事故和自然灾害应急预案》等12项专项预案,形成了完整的应急预案体系。各子企业认真落实公司要求,成立应急预案编制工作小组,结合应急能力建设工作,在开展风险评估及应急资源调查的基础上,结合电建股份应急预案模板规范修编应急预案全面完善应急预案体系。

近几年,北京、上海、天津、西安、济南等地成功开展了大面积停电事件应急演练,检验了各地应急预案的科学性和实效性,特别是福建省已率先完成省市县三级大面积停电事件应急演练。通过近几年加强对电力应急预案编制、演练工作的管理,从多个角度推动建立电力应急预案的持续改进机制,不断提高应急预案的针对性、实用性和可操作性,在面对突发事件时,电力行业真正做到有章可循、有法可依。下阶段按照国家能源局的统一部署和电力行业的实际情况,重点推进地市级政府大面积停电事件应急预案编制和演练,力争实现地市级预案编制完成率100%,各省、自治区、直辖市及新疆生产建设兵团至少要开展一次地市级应急演练,增强应对处置大面积停电事件的能力。全国主要电力企业都开展了以迎峰度夏、防洪度汛、跨省跨区协调联动、大面积停电处置、反恐怖防范等为主题的应急演练,应急演练更注重实战化和基层化,面向班组、面向全员,多部门、多单位参与的综合应急演练都开展了专项评估。一些电力企业重点开展桌面演练流程技术和虚拟现实技术应用,提升应急演练的质量和实效,提升先期处置和自救互救能力。

典型案例:电力应急智慧预案系统

某公司应急培训基地依托应急演练平台圆满完成了第七届世界军人运动会供电保障综合应急演练活动,取得良好效果。应急演练平台以计算机软硬件技术、情景构建技术、可视化展现技术和智能辅助决策技术为基础,通过预案体系库、事件情景库、处置科目库、前端可视化系统等业务应用,快速构建面向特定情景、各类专项预案的网络化多级模拟演练视图,实现针对电力突发事件应急演练集情景展现、指挥决策、多级联动、现场处置、信息反馈为一体的综合智能化应用。

(2) 电力应急体制建设

电力企业作为应急工作的责任主体,在相关部门的监督指导下做好电力应急工作,持续完善包括应急管理领导小组、专项应急救援指挥小组、所属单位应急管理领导(指挥)机构、现场应急救援指挥部、技术支撑机构、应急专家组、专兼职应急救援队伍等的应急组织体系。电力企业基本形成了主要领导全面负责、分管领导具体负责、专业部门分工负责的职责明确、组织有序、指挥有力的应急领导组织体系,企业各基层单位也都建立了“分级负责、专业管理、组织有序、运转高效”的应急管理组织机构。预案修编、制度建设、信息监测、预警发布、队伍管理、演练培训等日常管理工作有序进行,遇到突发事件时,根据处置需要转变为专项应急工作组,组织开展应急处置工作,形成了高效应急工作机制。

典型案例:电网企业电力应急组织体系建设

电网企业方面,国家电网公司成立了应急技术中心,为应急管理和应急处置提供技术服务,省市县各级单位配置专兼职应急管理人员。国家电网公司印发了《国家电网公司应急指挥中心建设规范》,目前已建成国家电网公司总部应急指挥中心及 30 个网省公司应急指挥中心,并于 2009 年开展了“迎峰度夏”暨华东区域应急指挥中心“防汛抗台风”联合演练,确保已经建成投运的公司系统应急指挥中心能够发挥应有作用、互联互通,有效应对各类突发事件;中国南方电网有限责任公司建立了规范的应急指挥机构,构建了从指挥决策到现场执行的应急指挥体系和网络。

发电企业方面,中国华能集团有限公司各基层单位均成立了涵盖工程参建单位、常驻外包队伍的应急组织机构;中核集团的电力应急准备与响应实施三级管理,由中核集团总部,所属电力专业化公司、直属单位及成员单位构成,并实行应急组织与常规机构相结合的兼容体制。

电力建设企业方面,中国电力建设集团有限公司建立了本部、子企业、子企业二级单位、项目部、兼职应急救援队伍五级安全应急组织体系,并配备了相应的专兼职应急管理人员;中国能源建设集团有限公司各工程项目设现场应急救援指挥部,并根据项目实际需要建立相应的兼职应急救援队伍。

资料来源：中华人民共和国中央人民政府-央企在线。

（3）电力应急管理机制建设

各地区、各有关部门结合应急处置工作实际，不断完善隐患排查、监测预警、信息报告和共享、处置联动、舆论引导、恢复重建等方面的工作机制。特别是为适应国家区域发展战略需要，京津冀、泛珠三角等地区积极推进跨区域应急合作机制建设。电力企业积极参与社会重特大突发事件应急救援，加强与社会有关方面和电力用户协调联动，及时了解各方需求，做好应急准备。在防灾抗灾工作中，电力企业得到了道路交通、武警消防、新闻媒体等单位的大力支持。

典型案例：电力企业应急管理评价指标体系

国家电网公司结合2018年应急重点工作，已初步建立了应急能力综合评价指标，主要包括应急预案修订完成率、应急能力建设评估工作完成率、应急演练完成率、突发事件应急处置工作情况等指标。

（4）电力应急法律制度体系建设

电力行业认真贯彻总书记“11·29”重要讲话精神、《突发事件应对法》《中共中央 国务院关于推进安全生产领域改革发展的意见》（中发〔2016〕32号）、《国家大面积停电事件应急预案》《关于推进电力安全生产领域改革发展的实施意见》等法律法规和文件要求，立足电力应急管理工作实际，加强电力安全生产规章制度标准规范顶层设计，增强规章制度标准规范的系统性、可操作性。建立健全电力安全生产规章制度标准规范立改废释工作协调机制，加快推进规章制度标准规范制修订工作。完善电力建设工程、危险化学品等高危作业的安全规程。建立了以强制性标准为主体、推荐性标准为补充的电力安全标准体系。

典型案例：电力应急管理标准体系

能源行业电力应急技术标准化委员会制定了《电力应急技术标准体系框架》，已发布《电力应急指挥中心技术导则》《电力企业应急能力建设评估规范》等多项行业标准。能源行业电力应急技术标准化委员会将进一步健全应急标准体系，认真落实能源局下达的标准制订计划，完成后续行业标准的补充编制发布等工作。

预案演练方面，有《电力企业应急预案管理办法》《电力企业应急预案评审与备案细则》《电力突发事件应急演练导则（试行）》《大面积停电事件省级应急预案编制指南》；信息报送方面，有《关于做好电力安全信息报送工作的通知》；灾害应对方面，有《关于加强电力行业地质灾害防范工作的指导意见》《关于进一步加强电力防震减灾工作的通知》

《关于电力系统防范应对台风灾害的指导意见》《关于电力系统防范应对低温雨雪冰冻灾害的指导意见》;重要电力用户监督管理方面,有《关于加强重要电力用户供电电源及自备应急电源配置监督管理的意见》《重要用户供电电源及自备应急电源配置技术规范》;重大活动保电方面,有《重大活动电力安全保障工作规定(试行)》;应急能力建设方面,有《关于深入开展电力企业应急能力建设评估工作的通知》《电力企业应急能力建设评估规范》《电力行业应急能力建设行动计划(2018—2020 年)》,2019 年印发了《应急管理部 国家能源局关于进一步加强大面积停电事件应急能力建设的通知》(应急〔2019〕111 号),对于未来一段时期加强大面积停电事件应急能力建设具有重要的指导意义。

典型案例:电力应急管理规章制度

华能集团以企业标准的形式组织编制印发了《水电站大坝安全管理应急预案编制大纲》,修订了《突发事件应急管理办法》《安全生产责任制》《安全生产奖惩办法》等制度,指导和帮助各基层单位编制、完善相关应急预案,明确应急管理责任,规范应急管理工作。华能集团在全系统启动安全生产责任制巡查评估工作,并制定了《责任制巡查评估标准》(简称《评估标准》)。在制定《评估标准》时,充分考虑应急管理工作的重要性,针对预案管理、应急演练、队伍建设、物资储备等制定了评估标准。

2.3.4.2 电网应急预警

电网应急预警是在发生自然灾害、意外事故等各类突发事件之前采取的行动,目的是提高处理事故和自然灾害的能力,并提高其他类型的应急行动速度和效果。应急处理过程中存在着一个比较重要的过程就是应急准备过程,在该过程中提前做好各项准备工作以应对未来可能发生的突发事件以及灾害,并迅速采取有效的行动,其中包括建立应急队伍建设的一个应急政策指引、该计划的准备、应急物资准备和维护计划的演习,目标是保持必要的应急反应能力。

(1) 强化自然灾害监测预警

国家能源局充分发挥气象部际联席会议作用,利用部际气象监测预警平台,提高重特大自然灾害监测预警能力。各主要电力企业主动加强与气象、水利等部门的沟通合作,与电力系统运行特点相结合,精准发布预警信息。

(2) 提高电网防灾抗灾能力

主要电网公司深入开展了电网风险研究,推进重要城市和灾害多发地区关键电力基础设施防灾建设。加强城市电网重要变电站(配电站)、电缆沟道等电力设备设施的运行维护,开展事故预想,做好突发事故情况下配网负荷转移预案,强化在线监测能力建设,防范设备老化及故障、外力破坏等引起的停电事故。积极配合政府部门持续开展电力设施周边环境治理。

典型案例:自然灾害监测预警

国家电网公司优化覆冰、山火、雷电、舞动、台风和地质灾害等六大监测中心功能,建设自然灾害监测预警平台,加强对电网运行环境和设备监测分析,提高重特大自然灾害监测预警能力,规范发布预警信息;加强与政府气象、水利、地质等专业部门沟通合作,促进灾害信息集成融合。

某省公司进行了平台建设的总体策划和全面布局,针对"山火、台风、雷电、覆冰"等主要灾害,公司建设了电网灾害监测预警系统,自建气象监测装置,并通过气象服务项目接入气象数据。建成了电网灾害综合监测预警平台、电网设备与环境智能监测及评价平台、电网数值气象预报平台和卫星数据综合接收处理平台,为电网防灾减灾体系奠定了良好的软硬件基础,项目整体成果已在公司防灾应急工作中发挥了重要作用。除了继续进行平台的技术研究外,公司还进一步集成灾情监测、应急指挥、调度、营销、资产、物资、宣传等专业系统数据,以"应急一张图"的形式实现"灾前防、灾中守、灾后抢"全过程的可视化形象展示,为应急指挥决策提供全面、快速、准确的信息支撑。

(3) 强化人身伤亡事故风险预控能力

全国各主要电力企业均已开展安全生产风险分级管理和隐患排查管理双重预防机制。国家能源局牵头制定了《发电企业安全生产风险管控工作导则》征求意见稿。一些电网和发电企业加强信息化建设,利用物联网、大数据等技术实现风险和隐患全过程动态识别和预警,重点加强对可能发生重大以上人身伤亡事故的人员密集作业区、高危作业场所、重点作业环节的风险评估和现场管控。

典型案例:风险管控系统建设

华电江苏能源有限公司句容发电厂以《发电企业安全生产风险管控体系建设导则》为指导,基于物联网技术、无线通讯技术、大数据分析技术及现代软件技术,选取风险管控重点薄弱区域——储煤场,建立了火电厂煤场风险管控大数据分析系统。该系统从人、机、环、管四个方面分别选取关键的有代表性的安全生产指标,对煤场区域工作人员实时定位、结合危险位置进行人员密度风险分析;对设备运转情况、故障情况,对煤场区域环境的温度、湿度、粉尘浓度等情况进行实时监测和大数据统计;对煤堆自燃不易检查的死角进行视频监控、烟气浓度监测和大数据统计。通过建立风险分析模型,构建煤场区域安全风险热力图,对句容电厂煤场安全风险进行分析评估和可视化展示,对安全生产情况进行综合评价、分析,强化了区域风险隐患预警能力和管控能力。

(4) 加强水电站大坝安全应急管理

大多数大中型水电企业都配置了应急管理机构,设置了应急领导小组和应急办,牵头负责水电站大坝安全应急管理工作，定期与地方政府召开防汛联席会议，建立了与地方政府的协调联动机制。大坝安全监察中心牵头组织编制了《水电站大坝运行安全应急预案编制导则》。水电企业都建立了防洪度汛、溃坝等大坝安全应急预案，大坝安全监察中心也通过注册登记现场检查等日常工作，督促电力企业建立完善大坝安全应急预案。

典型案例：水电站（大坝）安全与应急管理平台

截至2020年，国家能源局以大坝安全监察中心为依托研发了水电站大坝安全管理平台，目前在国家能源局注册、备案登记运行的水电站大坝有超600座，大多为高坝大库，这些水电站的总装机规模约2.57亿kW，总库容超过4658亿立方米，超过全国水电总装机容量的72%，全国水库总库容的52%。平台可以汇聚各水电站及其上下游梯级水电站工程的基本参数和水情、工情、灾情信息和流域的风险源，完善安全在线监测、风险预测预警、预案修编演练、应急资源调配和应急辅助决策等功能，通过数据共享和联动，实现水电站和流域事件综合态势一张图，既要立足应急响应、突发事件的应急处置，又要满足平时电力企业应急预防与准备工作的监督管理，提升水电站大坝安全和突发事件管理的快速协同处置能力，创新政府水电站安全监督管理和应急管理的新技术、新手段，提升大坝安全和应急管理水平。该平台建设仍在大力推进中，已经取得初步成果。目前已经完成或正在开展网站首页、流域、GIS、应急预案、预测预警（含台风、地震和降雨预警）、应急资源等模块的开发；完成了在GIS上展示大坝、流域水系，实现大坝多维度筛选功能；实现了台风、地震、降雨的实时预测预警，可以根据经验公式实现地震烈度分区的实时计算，实现台风路径的预测及影响范围的估算和24 h、48 h和72 h降雨的预测预报。

中国三峡集团在金沙江下游攀枝花段—长江三峡段设立了较为完善的水文气象监测系统。水文气象监测系统依托计算机网络和数据库，建立包括气象信息采集与处理、气象信息数据库、气象预测、气象应用工具集、气象信息发布、气象预报业务工作平台等子系统在内的完整的气象业务工作平台。实现信息收集、处理、储存、天气分析、预报制作、会商、分发以及情报服务等功能；实现气象情报资料检索查询、气象报表制作和对预报产品的客观评价等功能。在智能水电厂一体化管控平台的基础上建立水调自动化系统，开发出支撑水调应用需求的通用、规范、适应未来发展的水调系统。实现平台建模、数据采集、洪水预报、数据服务、水务计算、中长期预报、数据通信、二维GIS应用、实时调度、数据处理、WEB发布、发电计划、防洪调度、节能考核和第三方数据接口等功能。

资料来源：国家能源局网站。

2.3.4.3 电网应急响应

电网应急响应是针对各种突发性自然灾害和意外事故所采取的行动。目的是将人员的伤亡尽可能地降至最低,避免财产的损失以及减少对环境的破坏。应急响应行动的开展要使得恢复工作便于进行。一旦发生事故,要立即采取应急响应并展开应急救援行动,如进行事先预警并安排通知,采取措施进行工程抢险并疏散人群,开展外部救援并收集信息以选择应急决策方案,其目的就是对受伤的人员展开全力抢救,将人员所受到的威胁尽可能地降低,对事故和灾难所带来的影响尽可能地控制并加以消除。应急响应包括初级反应阶段和扩大紧急阶段这两个阶段。主要是反应初期的紧急救援力量能使灾害得到有效控制。但是,如果紧急事件响应超过企业的能力,应要求更高强度的紧急救援活动,要达到能够最终将突发事件所带来的影响加以控制这一目的。

(1) 应急指挥协调联动机制

主要电力企业已建立了与当地政府有关部门和相关行业之间的应急协调联动机制。国家统筹、区域协调、跨省联动的大面积停电事件应急指挥协调联动机制正在推进建设中,南方能监局和广东应急指挥中心组织推进大湾区城市群大面积停电事件应急协调机制。2019 年,国家能源局有序推进大面积停电事件应急预案编制和应急演练,已有 31 个省级政府完成预案编制、32 家省级电网企业完成预案演练。

资料来源:国际电力网《2019 年电力行业形势分析及 2020 年展望》。

(2) 电力应急专业队伍建设

电力行业坚持专精结合、平战结合的原则,根据自身应急工作特点,建立不同专业特长、能够承担重大电力突发事件抢险救援任务的电力应急专业队伍,并加强队伍管理和专业培训,目前已基本形成"专业队伍为骨干、兼职队伍为辅助、职工队伍为基础"的应急队伍体系。国家能源局及派出机构、部分地方政府和电力企业建立了多层面的电力应急专家队伍。同时,部分地方政府和电力企业组织社会应急资源,建设电力应急抢险救援后备队伍。国家电网公司结合实际,组织山东、四川电力公司与具有相应资质和能力的社会应急救援力量开展合作,已与蓝天救援队、IRATA(国际工业绳索技术行业协会)等专业救援力量进行应急救援交流,共享社会救援力量基础信息。

国家电网公司、中国南方电网公司、中国华能集团有限公司、中国大唐集团有限公司、中国华电集团有限公司、国家电力投资集团有限公司、中国电力建设集团有限公司、中国能源建设集团有限公司、国家能源投资集团有限责任公司等重点电力企业根据自身应急工作特点,建立不同专业特长、能够承担重大电力突发事件抢险救援任务的电力应急专业队伍,并加强队伍管理和专业培训。

典型案例:电力应急专业队伍建设

国家电网公司围绕"一带一路""京津冀""长三角""长江经济带"等发展战略,结合抗震救灾、抗冰抢险、防台抗台、防汛抗洪,以及高空、危化品、水电救援等工作需要,依托各省电力公司等单位,已建设具有不同专业特长、能够承担重大电力突发事件抢险救援任务的电力应急专业队伍和应急救援基地。按照标准配备应急装备,提高现场处置和协同作战能力。

华能集团结合电力生产、建设实际,建设多支具有不同专业特长的电力应急专业队伍,现已成功开展了果多超标洪水、瑞丽江一级电站进水口边坡滑坡、2018年金沙江上游堰塞湖、澜沧江上游电站库岸大型地质灾害等多次应急抢险及应对工作,小湾电厂应急抢险队伍还参加了云南鲁甸地震引发泥石流形成堰塞湖的抢险。

中国电建集团组建了专兼职应急救援队,其中成都院组建了一支由地质、施工、水工、结构、导流、监测、无人机、遥感科学、数字信息、桥梁与隧道、水文与水资源等专家组成的急救援队伍,配备队员个人装备、卫星电话、医疗急救装备、无人机等专业应急救援装备,经过AHA急救培训、院前急救培训、CERT培训等专业培训。救援队有对突发地质灾害开展应急监测预警、调查评估、避险撤离和抢险救援的能力。

(3) 社会应急救援力量储备

部分地方政府和电力企业组织社会应急资源,建设电力应急抢险救援后备队伍。国家电网公司结合实际,组织山东、四川电力公司与具有相应资质和能力的社会应急救援力量开展合作,已与蓝天救援队、IRATA(国际工业绳索技术行业协会)等专业救援力量进行应急救援交流,共享社会救援力量基础信息。

(4) 应急专家队伍建设

国家能源局及派出机构、部分地方政府和电力企业建立了多层面的电力应急专家队伍。在国家能源局统一指导下,相关专业机构组织专家开展了专业咨询、培训演练、课题研究等工作。

典型案例:电力应急专家领航计划平台

国家能源局、应急管理部联合发文,明确要求建立国家级电力应急专家库,中国能源研究会以此为基础,确定了电力应急专家领航计划的工作思路,提出了国家电力应急专家库建设组织机构的建议,明确了电力应急专家的主要任务、专家入库条件(专家申报条件)及流程、专家库的专业划分、专家库人员数量、专家库的更迭换届等内容。

(5) 应急物资储备与调配

强化应急管理装备技术支撑,优化整合各类科技资源,推进应急管理科技自主创新,依靠科技提高应急物资装备的科学化、专业化、智能化、精细化水平。电力行业不断健全应急物资储备管理体系,基本形成覆盖各大区域的应急物资储备库,实现了应急物资的合理储备和快速供应。同时,建立了物资保障服务机制,有效提高了应急支援效率。电网企业利用现有资源,在山东、四川、湖北、河南、广东等多个地区设置了电力应急物资储备库,满足了跨省、跨区域应急处置需求。

典型案例:应急物资储备体系建设

近年来,国家电网公司应急物资储备体系建设取得良好成效。应急物资储备达到一定规模,地市级以上单位共有应急物资储备仓库525个,储备了救灾、抢修工器具、电网抢修材料和设备等多种物资;储备和管理制度进一步完善,建立健全了应急物资定额编制、采购入库、应急调拨、资产处置等全过程的管理制度。公司应对青海玉树地震、甘肃舟曲特大山洪泥石流灾害,以及江西、四川洪灾期间,应急物资供给及时到位,充分发挥了保障功能。国家电网公司要求下一阶段着重优化应急物资储备的种类和数量,进一步健全快速、灵活、有效的应急物资采购配送机制;加强应急物资维护和保养,强化退库归档管理;提高储备管理信息化水平,建立应急物资协调联动调拨机制,进一步夯实应急物资储备基础,提升保障能力。

资料来源:国务院国有资产监督管理委员会网站。

根据国家应急产业规划,开展了电力应急装备发展调研工作,重点解决应对极端条件下的关键应急装备,依托电力企业和国家级电力应急培训演练基地推进装备研发和示范应用,打造几项具有电力特点的典型关键装备。

典型案例:电力应急装备

某公司针对应急指挥、应急供电、应急照明、应急通信、单兵装备等需求,充分发挥所属产业单位作用,研发出消防机器人、充电方舱、应急通信方舱、集装箱救援单元等应急抢险类产品。

(6) 应急指挥平台系统建设

在信息指挥系统建设方面,国家应急平台体系初步形成,国务院应急平台和省级政府应急平台、有关部门应急平台实现了互联互通。

全国各主要电力企业分别建立了应急救援综合信息网络系统和信息报告系统,并实行各级应急管理办公室24小时值班,明确发生重大安全生产事件和紧急突发事件的上报和处理程序。各电力企业还加大了应急管理信息平台建设,国家电网公司、南方电网公司系统依靠调度通信系统,整合网络通信资源,搭建起坚强的信息平台。同时,大部分电力企业还进一步规范了系统内部信息获取、分析、发布、报送程序,建立了相应的通讯应急预案,保证各级应急机构之间的信息资源共享和信息畅通,为应急决策提供相关应急支持。

全国县级以上地方各级政府均已建立综合应急指挥平台,各主要电力企业依托电力调度系统和生产管理系统建立了电力应急指挥平台,部分电力企业和地方政府之间实现了一些基础功能的互联互通,目前仅限于视频和音频传输。

典型案例:应急指挥平台系统建设

国家电网公司结合公司泛在电力物联网建设,优化完善总(分)部、省、地、县四级应急指挥中心,提升技术装备水平,满足各专业应急指挥需求。利用整合"互联网+"、大数据及云端技术,深化应急指挥信息系统(四期),研发了应急APP,与四级应急指挥中心实现随时信息交互,为应急指挥提供信息支撑和辅助决策。目前已建成国家电网公司总部应急指挥中心及30个网省公司应急指挥中心,并于2009年开展了"迎峰度夏"暨华东区域应急指挥中心"防汛抗台风"联合演练,确保已经建成投运的公司系统应急指挥中心能够发挥应有作用、互联互通,有效应对各类突发事件;中国南方电网有限责任公司建立了规范的应急指挥机构,构建了从指挥决策到现场执行的应急指挥体系和网络。

南方电网公司应急指挥平台顺利建成并正式启用。应急指挥平台有三大特色:一是实用性强,平台紧密结合日常应急管理、预警响应、处置联动等业务,系统操作简单,流程清晰,易于扩展;二是纵横覆盖,平台横向集成了电网调度、生产运行、营销管理和气象预警等多项业务,纵向覆盖南方区域分省公司和各个地市级单位;三是展示灵活,平台具有基于电子地形图的信息汇集调用和可视化的沙盘操作演示。

某省公司应急指挥中心建设包括公司总部应急指挥中心和10个单位应急指挥中心,总部和各单位应急指挥中心将实现互联互通,同时具备与各级政府应急指挥平台互联功能。进一步整合公司现有系统资源,实现应急信息管理、应急资源管理、应急值守、应急指挥、应急演练等功能,满足公司系统应急管理日常工作以及突发事件应急指挥的需要,全面提升公司系统应对突发事件处置能力。目前公司新办公大楼应急指挥中心及各供电单位应急指挥中心建设已完成,正在实现实用化应用。

水电水利规划设计总院在"中国数字水电"的基础上,开展了四川大渡河、雅砻江流域梯级水电整体安全与应急平台建设工作,目前平台已初步建成。未来会在此基础上,进一步开展"流域水电安全与应急信息平台"的建设工作。平台的整体架构包括标准体系、数据中心、决策系统和应用支撑系统,建成后将实现"日常管理""流域梯级水电潜在风险源管理"和"突发事件应急管理"三大功能。目前平台相关的各类研究和建设工作正在有序推进。

资料来源:中华人民共和国中央人民政府-央企在线。

(7) 强化大面积停电先期处置能力

国家电网公司试点研究建立大面积停电先期处置的社会资源征用和费用补偿机制,突破了关键技术难点,推进了国家政策导向,为在国家电网公司系统内扩大试点范围打下了良好基础。

典型案例:大面积停电先期处置综合应用项目

建设情况:建设大规模源网荷友好互动系统,是应对目前特高压直流故障带来的电网安全风险所面临问题的新方式。总体思路是运用“互联网+”技术,与电力用户签订合作协议,将参与互动的分散性海量电力用户可中断负荷单元集中起来进行精准控制,实施灵活调节,从电源调控转变为负荷调控与电源调控兼顾,实现电网与电源、负荷友好互动,达到电力供需瞬时、短时和时段平衡。

目前某公司已经在开展源网荷系统前面三期建设的基础上,开展第四期项目客户侧施工调试,实现280万kW可中断负荷毫秒级精准控制能力。该公司将继续深入推进系统建设,进一步提升当地电网应对特高压输电通道闭锁风险的能力,有效抵御省内乃至区域电网可能发生的大面积停电事件。

2.3.4.4 电网事后恢复

电网事后恢复是采取行动使得生产和生活恢复正常,以此能够创造出人们生产和生活所需的物品,将事故和灾害带来的损失尽可能地降低。在一次事故或灾难发生后应立即开展应急工作,使得事故区域能够尽快恢复到相对安全的状态并逐步恢复到常态。恢复工作要立即展开,包括调查事故发生的原因、对实施方案进行评估以及对事故现场进行清理等。需要注意的是,在恢复过程中要避免新的紧急情况出现。开展长期恢复工作要重新规划受影响的区域,开展重建并进行发展。对开展紧急救援的一些经验和教训我们要积极学习、总结,并持续改进以进一步开展预防和缓解措施,从而提高应急管理能力。

(1) 灾后评估机制建设与完善

国家能源局和主要电力企业配合国家民政部门、地方政府积极完善电力突发事件灾害评估机制,进一步健全评估标准体系,规范评估内容、程序和方法。

典型案例:灾后评估机制建设

中国南方电网公司编制了《应急能力建设评估工作规范》,该规范分为应急准备评估和应急处置后评估两个部分。其中应急处置后评估结合实际工作经验,从事前准备、事中处置、事后恢复三个阶段,明确了应急预警、准备落实、先期处置、应急响应、专业处置、资源保障、信息报送、应急联动、恢复重建、总结评估等16个方面共150个评估项目。

某省公司按照《应急能力建设评估工作规范》的要求,坚持“一灾一评”,针对近年来发生的“威马逊”“彩虹”“天鸽”“山竹”等台风灾害,均在应急处置结束后,对事前、事中、事后等应急处置开展全过程评估;经过评估,全面掌握了应急处置工作的落实情况和实施效果,并针对发现的问题进行跟踪整改、闭环管理,实现了应急处置工作的持续改进。

(2) 加强系统恢复能力建设

国家电力调度中心已牵头修订电网黑启动方案,开展备调场所选址适应性调整,实施备调技术,支持系统全面升级,开展主、备调度机构同质化工作。

(3) 重要电力用户应急能力建设

全国大部分县级以上地方各级政府按照国家有关规定,确定了本地区重要电力用户名单。国家能源局各派出能源监管机构积极主动配合省级政府有关部门督导重要电力用户按照规定配置自备应急电源,并配合开展大面积停电应急演练。全国主要电网企业对重要电力用户进行了供电风险分析,对重要电力用户自备应急电源安全使用提供了指导。

(4) 加强新型业态应急能力建设

有关院校和专业咨询机构开展了新型业态组织应急管理问题研究,探索适合新型业态发展需要的电力应急管理机制和措施。

典型案例:电力市场新兴主体的社会化应急业务运营项目

华北电力大学计划选取典型增量配电试点,开展应急能力业务的实地调研。已经初步选定湖南湘潭试点、郑州航空港试点、地方电网存量转增量的贵州兴义试点,拟组织专家开展实地调研。完成面向全国所有持有电力业务许可证(供电类)的增量配电网应急业务的书面调研提纲及问卷调查表,整理发布增量配电网应急能力情况专项监管报告。在2020年1—6月份研讨建立增量配电网应急能力信息平台的可行性,构建增量配电网-能源派出机构-国家能源局的三级信息网络,确保管理工作无死角。

2.3.5 应急管理主要成效

2.3.5.1 集中统一的电力应急管理体制基本完善

电力行业按照统一领导、综合协调、属地为主、分工负责的原则,明确了行业主管部门和各级政府部门工作职责,完善国家指导协调、地方政府属地指挥、企业具体负责、社会各界广泛参与的电力应急管理体制。国家能源局履行电力行业应急管理职责,组织、指导和协调全国电力应急管理工作,指导地方电力管理有关部门加强电力应急管理工作;派出能源监管机构依据国家规定职责和国家能源局授权,成立了由主要负责人任组长的突发事件应急响应工作领导小组,加强对辖区电力应急工作的协调,同时接受地方政府的业务指导;地方政府电力管理等有关部门落实属地应急指挥处置责任,全国各地方政府正在积极推进建设省、市两级地方政府电力应急管理机构,目前成立了大面积停电应急组织机构,建立健全了省市县三级联动处置大面积停电事件组织体系。

典型案例：地方政府电力应急组织体系建设

广东省政府高度重视电力应急工作，率先在全国成立第一个电力应急管理常设机构——广东省电力应急指挥中心，由分管副省长担任第一召集人，省政府副秘书长、南方能源监管局局长，省经济和信息化委、南方电网公司分管负责人担任召集人，省委宣传部、省发展和改革委等职能部门、电力企业相关负责人为成员。

广东省电力应急指挥中心主要负责广东省电力应急信息沟通、业务协调、指令传达、应急宣传、培训和演练等工作，承担广东省电网大面积停电事件应急处理工作，并配合有关业务主管部门做好电力应急的相关事务性工作；实现了省政府应急指挥平台、省电力应急指挥平台、南方电网公司应急指挥平台互联互通以及珠三角地市政府应急指挥平台与当地电网企业应急指挥平台互联互通。政府部门、监管机构、电力企业和重要行业之间应急处置协调能力不断增强，建立了电力与通信行业、电力与供水行业应急联动工作机制，电力与铁路、电力与林业、电力与交通等部门联动协调取得初步成效。在电力应急处置中，大力推行现场指挥官制度，电力应急现场指挥水平逐步提升。

电力企业作为应急工作的责任主体，在相关部门的监督指导下做好电力应急工作，持续完善包括应急管理领导小组、所属单位应急管理领导（指挥）机构、技术支撑机构、应急专家组、专兼职应急救援队伍等的应急组织体系，地市级以上电网企业、大中型发电企业和电力建设企业均已配备了专兼职应急管理人员。

2.3.5.2 预防为主的电力应急管理机制基本建立

电力行业结合应急处置工作实际，坚持关口前移，全面做好突发事件预防工作，建立了覆盖“预防与应急准备、应急预警、应急响应管理、抢修复电和应急信息管理”应急全过程的应急工作机制，健全了我国“中央统筹指导、地方就近指挥，分级负责、相互协同”的抗灾救灾应急机制。国家能源局成立了重大突发事件应急响应工作领导小组，制定重大突发事件应急响应工作制度，提高了发生突发事件的应对能力；主要电力企业均已落实主要负责人是安全生产应急管理责任人的工作责任制，明确了主要负责人以外其他相关负责人的应急管理责任，落实了相关岗位人员应急责任考核制度；同时加强预警信息共享机制建设，建立应急会商制度，以现代科技手段提升监测预警能力。建立协同联动机制，开展跨省跨区电力应急合作，形成应急信息、资源区域共享；完善灾后评估机制，科学指导灾后恢复重建工作。推进电力应急领域金融机制创新。

典型案例：电力应急管理责任制度

国家电网公司成立了覆盖总部、分部、省、地市和县公司层面的应急指挥和管理机构。应急工作由分管安全部门归口管理，相关职能部门按照“谁主管，谁负责”的原则具体实施。公司应急管理已实现常态化、专业化、规范化和标准化。依托联研院，成立了公司应急技术中心，为公司应急管理和应急处置提供技术服务。省、地（市）、县各级单位均配置专兼职应急管理人员；部分单位开展应急处置和应急值班；各单位信通公司已按照《应急指挥中心运行管理办法》配置专门运维人员，为应急处置、演练等提供信息通信技术保障。

中国长江三峡集团公司应急组织机构由应急管理领导小组、综合协调机构（应急管理领导小组办公室）、日常工作机构（相关职部门）、突发事件应急指挥部、其他职能部门、各单位应急管理机构、应急专家组组成。应急管理领导小组统一领导中国三峡集团的突发事件应对工作，根据突发事件应对工作需要，成立中国三峡集团突发事件应急指挥机构，组织突发事件应对工作，或者派出工作组指导有关工作，同时接受政府指令和调动，指挥、调度中国三峡集团资源参与社会应急救援，并负责突发事件信息上报和应急救援情况通报。

中国电建集团建立了公司、子企业、子企业二级单位、项目部、兼职应急救援队伍五级组成的安全生产应急组织体系并配备相应的专兼职应急管理人员，成立了由董事长任组长，公司领导、高级管理人员和各部门负责人等组成的应急管理领导小组，其主要职责是：统一领导公司各项应急管理工作；研究应急管理重大决策和部署；审批应急预案，决定实施应急预案，发布应急工作指令。领导小组下设由分管安全领导担任主任的应急办公室，成员由安全总监、各部门负责人组成，负责落实领导小组的各项应急管理工作安排和日常应急管理工作。下属子企业及其二级单位、项目部也成立了相应的以第一责任人为组长的应急领导小组和应急办公室，并根据人员变化及时进行调整，确保相关人员到位履职。

2.4 电网企业应急救援

应急救援是指在发生事故和灾害以后，由有应对技能的专业组织和专业人员，对灾害事故的相关受影响单位进行紧急救助，以控制事态的发展，最大限度减少事故灾害所造成的后果及影响的过程。

电网企业应急救援，一般来说包括电力系统抢修保障和抢险救援，其救助的对象通常是会造成不良影响及严重后果的电力安全事故或灾害。这些事故或灾害大多具有突发性、复杂性和不确定性，危害性极强，处置难度大，往往给社会带来巨大的影响。应急救援处置最大程度地挽救人们的生命和财产的安全，加强应急救援处置，尽可能减少事故灾害造成的损失，是人类发展过程中应对各种自然灾害事故的必然要求。尤其是近年来，在世界上任何一个国家，各种类型的事故灾害都很普遍而且频繁。人类的发展史就是一部与自然灾害相抗衡的奋斗史，各种类型的自然灾害层出不穷。自然灾害影响全世界的经济发展动力，并且对我国人民的生命财产安全以及社会稳定造成了很大的影响。根据国外研究，一般情况下没有危机管理处置机制时政府进行危机处置的效率，是有危机管理处置机制的情况下政府进行危机处置效率的三分之一，而发生特别重大的事故时，这一比例可能仅为三百分之一。

无论在任何一个国家，政府的执政能力在公共危机发生后都是一次考验，而考验的主要内容就是如何最大程度保护人民群众的生命财产安全。目前各种自然灾害事故、社会冲突等国家治理风险层出不穷，如何在有限的时间里进行最大化的救援，从而有效地减少灾害所造成的损失，是评价一个政府的应急救援体系是否健全有效的关键所在。增强应急救援能力的重要任务中人民群众最关注的就是如何有效提高灾害发生后的应急救援和灾害处置能力。随着社会的发展，自媒体时代的来临，每一次应急救援过程中的细枝末节都有可能被媒体进一步扩大化，所以在灾害应急救援过程中政府展现出来的应急救援体系的能力将直接决定政府形象和公信力。目前，政府应急救援队伍的责任和压力将进一步加大，专业性也有待进一步提高。目前各级应急救援体系还不够完善，应急救援后勤保障不到位，需要进一步建立和完善计划制订，部门联动响应，统一协调指挥，动员各种应急救援队伍协同作战，保障后勤供应等机制。

下面为某变电站内涝应急处置救援案例：

案例背景：

2013年10月7日，正值国庆长假的最后一天，第23号强台风“菲特”凌晨在浙闽交界处登陆。110 kV横河变电站，紧邻大山和梅湖水库，始建于1997年6月，近20年来，周边后续建造的公共设施及房屋建筑均高于变电站地平面。受强台风“菲特”影响，连续暴雨产生的大量积水和山体洪水同时涌向地势相对较低的户外布置式的横河变电站，横河变电站内涝严重，危及全站设备安全。

案情概要：

1. 应急预案启动

2013年10月6日，某市防汛指挥办公室发布台风预警信号。根据公司应急管理工作要求，全体员工停止休假，迅速回归工作岗位。变电运维班依据变电运维应急处置预案，立即分派运维人员奔赴各变电站现场值班，并对容易出现内涝的110 kV担山变电站、110 kV坎墩变电站、110 kV横河变电站、110 kV长河变电站进行特巡，在每个变电站现场放置潜水泵2台、皮管100 m，沙袋50只。

2. 现场应急处置

2013年10月7日4时，横河变电站现场值守人员向变电运维班运维工组值班室报告：横河变电站户外场地开始积水，电缆沟内积水已达40 cm，值班值长立即向调度及变电运维班领导汇报。10月7日4时23分，变电运维班领导到达现场，对全站设备及户外场地、电缆沟积水情况进行全面检查，发现仅过半个小时，户外场地积水已达15 cm以上，根据横河变电站所处的特殊地理环境（紧邻大山和梅湖水库，地处低洼），分析事态发展可能发生的严重危害，立即组织人员对变电站大门和围墙四周渗水点用沙袋进行封堵，对电缆沟内的积水采用潜水泵进行强排水，并派专人看守潜水泵工作情况。经过近 2 h 的努力，横河变电站电缆沟水位呈缓慢下降趋势。

10 月 7 日 7 时 10 分，横河变电站户外场地水位突然快速上升，仅 30 min，场地积水达 45 cm（后经了解，为缓解邻市的受灾程度，由姚江向横河镇泄洪引起）。面对不断上涨的户外场地水位，现场应急物资条件已无法全面、有效控制，变电运维班负责人权衡利弊（若 10 kV 开关室进水或电缆沟水位高于线路电流互感器，横河变电站将面临被迫全站停电的严重后果），果断做出决策，确定“先保设备”的应急处置目标，立即实施应对措施：

(1) 将本来放置于户外电缆沟的水泵移至 10 kV 开关室内电缆沟，保证开关室内的电缆沟水位不高于线路电流互感器。

(2) 从 110 kV 长河变电站、110 kV 担山变电站增调潜水泵至 110 kV 横河变电站。

(3) 对 10 kV 开关室内、外渗水点进行查找并堵漏。

(4) 在 10 kV 开关室南北大门前堆放沙袋，防止户外场地水位进入开关室内。

(5) 切断 110 kV 户外场地检修箱电源，防止水位不断上涨引起短路。

(6) 将实际情况报告市公司防汛指挥办公室，要求协调应急消防车、沙袋等应急设备、物资，以应对不断上涨的水位。

(7) 指派专人每半小时向市公司防汛指挥办公室汇报一次横河变电站现场水位情况。

(8) 做好长时间防汛准备，合理安排值班力量和现场值班人员生活必需品。

通过采取上述积极有效的应对措施，横河变电站户外场地的水位虽不断攀升，最高达到 58 cm，但 10 kV 开关室内的水位始终保持在正常水平线以下。

3. 恢复正常运行

2013 年 10 月 9 日 8 时，变电站户外场地积水逐渐退去。奋战了 3 天 3 夜的变电运维班员工毫不松懈，立即对整个变电站进行防疫消毒，场地及电缆沟冲刷、清理，电缆孔洞重新封堵，在短时间内，迅速恢复变电站正常运行秩序。

案例启示：

在本次变电站内涝应急处置工作中，公司反应迅速，预案启动及时，领导指挥得当，现场负责人决策果断、正确，取得了较好的实效。但是，在应急处置预防和准备上还存在一些不足，如在变电站现场安放潜水泵 2 台、沙袋 50 只，应急物资配置不足；变电站潜水泵需要临时接入时，可供选择的就近电源点不多；变电站户外围墙年久失修，造成渗水点较多，未能有效利用围墙本体挡水的功能；连续值班并与外界无法接触时产生的生活垃圾处理不够及时。

针对存在的不足，特别是在应急预防和准备工作方面，改善变电站排水系统，进一步提高变电站内涝应急处置的成效，根据变电站实际地理状况，提出如下改进建议：

(1) 沿围墙内侧挖一条明沟，并在明沟的合适位置设集水井一座。

(2) 在二次电缆沟内挖沉降井，沉降井内设置固定式水泵(同时还需考虑以后加装移动式水泵的空间)，将沟内积水排至户外电缆沟或下水道。在排水泵旁边安装一个电源箱给排水泵提供电源。箱内设置 2 个用电回路，电源采用双回路供电；电源箱离地至少 80 cm。水泵管道要做好防小动物措施。

(3) 在开关室墙边直埋电缆处挖排水沟，并与户外电缆沟沉降井接通。做好电缆进、出沟口处封堵，防止水沿电缆孔进入室内。

(4) 站内排水体系原则上保持不变，对变电站内下水道进行疏通，封堵原有通向站外的多余排水管道口，防止强降雨或上游泄洪时，站外水位高于站内，导致洪水倒灌。

2.5 应急救援基干分队

2.5.1 队伍定位

应急救援基干分队是指公司系统“平战结合、一专多能、装备精良、训练有素、快速反应、战斗力强”的应急队伍。自 2011 年底开始国家电网公司已逐步在各省公司、部分地市公司及县公司组建了应急基干分队，参照《生产安全事故应急条例》中应建立专业应急救援队伍的单位，国家电网公司系统应急基干分队十分符合专业应急救援队的条件。

(1) 基干分队是该行业的一支先遣队伍，要求能够第一时间迅速到达现场，熟练开展人员抢救、灾情分析和研判。

(2) 基干分队是一支处置突发事件的核心队伍，可以为该单位应急处置提供临时电源供给、后勤和信息通信保障，为应急处置和领导决策提供专业依据。

(3) 需要履行社会责任，参与社会救援任务，为地震、地质灾害、自然灾害等各类综合应急救援提供电源保障。因此，目前的应急基干分队，就是一支电力行业的专职应急救援队伍。

依据《生产安全事故应急条例》相关规定，国家鼓励和支持生产经营单位建立提供社会化应急救援服务的应急救援队伍。因此，应急基干分队的发展不能向单一的电力事故应急抢险主力军方向发展，更不能向单位内部的专业抢修队伍发展。系统内的应急基干队伍目前不是专职队伍，人员大多来自各单位各专业岗位。从目前的情况来看，国家电网公司系统很多单位既有一支抢修队，也有一支应急基干分队；或者，有的单位把抢修队伍和基干队伍混编为一支队伍，以多部门、多方式组合为一支队伍。不论以上述哪种方式组建的队伍，都应明确划分抢修队伍(或其他生产队伍)和基干队伍的职责，明确责任和队员清单，基干分队人员可以是抢修队伍（或其他生产队伍）的一员，但应明确区分在应急事件和抢修工作中分别承担的工作任务和工作职责。队员应首先服从基干分队的调遣，当一个队员同时面临抢修任务和应急处置任务时，应首先考虑安排应急处置任务。

2011 年 6 月 20 日，从某公司获悉，该公司已于近日成立了一支专业化应急救援基干分队，全力打造“平战结合、功能多样、装备精良、训练有素、快速反应、战斗力强”的应急救援基干队伍，以有效开展对公司及社会有重大影响的各类突发事件的应急救援工作，减少事故灾害造成的损失，维护公司生产经营秩序，树立良好的社会形象。

自 3 月 31 日国家电网公司加强安全工作紧急电视电话会议召开后，该公司迅速贯彻会议精神，按照“6 月底前，各网省公司完成 30～50 人的应急救援基干分队组建，锻造一支能够承担‘急难险重’应急救援任务的突击队”的目标，着手组建应急救援基干分队。

该公司新成立的应急救援基干分队下辖输电支队和变电支队，其成员在分别掌握线路、变电专业技能的基础上，还要通过强化培训，熟练掌握应急供电、应急通信、消防、灾害灾难救援、卫生急救、营地搭建、现场测绘、高处作业、野外生存等专业技能，以及各种车辆、舟艇、机具、绳索的使用等应急救援技能。输电支队具备完成各电压等级线路倒杆塔及断线情况下的恢复重建能力和为灾区提供灾情勘察、人员救援、抢险队伍运送的能力；变电支队具备完成 110 kV 及以上电压等级变电站电气设备的恢复重建工作能力。

该应急救援基干分队的职责主要包括：根据该公司应急领导小组指派，以最快速度进驻灾害现场、实施抢修救援工作，迅速恢复重要输变配电设备的运行；及时掌握并反馈受灾地区电网受损情况及社会损失、地理环境、道路交通、天气气候、灾害预报等信息，提出应急抢险救援建议，为公司应急领导小组指挥决策提供可靠依据；开展突发事件先期处置，抢救公司员工生命；协助政府开展救援，提供应急供电保障；搭建现场指挥部，确保应急通信和信息畅通，为后续抢修队伍的进驻做好前期准备；在后续抢修队伍进驻后，根据需要可将基干队伍成员作为各抢修队伍的骨干力量，指导开展抢修工作等。

在队伍调配上，按照公司集团化运作要求，在发生跨网省的特别重大自然灾害、重大自然灾害、事故灾难等突发事件时，该公司应急救援基干分队将接受公司应急管理部门的统一调配，实施跨网省应急救援。由该公司应急领导小组根据应急处置需要，统一调配应急救援基干分队，实施该公司系统省内跨地区应急救援。如有需要，还将根据公司应急管理部门和省公司应急领导小组的统一调配，参加社会应急救援。

应急基干分队以支队为单元每年进行一次队伍测评，评估队员的年龄、体能、技能、专业分布等是否符合队伍结构的要求，并根据结果进行调整；以支队为单元根据现场救援工作程序和救援处置方案内容，每年至少应组织两次演练和拉练，并组织评估、修订完善救援现场处置方案。

2.5.2 队伍建设

电力应急救援队伍的成立主要基于以下两个方面的考虑:灾害或灾难的发生往往会造成电力、通讯、供水等中断,对现场救援和灾后重建会造成严重影响;全国电力基础设施设备具有数量大、分布广的特点,在国家应急救援队伍不能及时到达的情况下,地方电力企业应充分利用自身力量组织自救,能够更好地保障企业职工和电网的生命安全。

电力应急救援队伍的主要任务是针对服务地域内可能出现的与电力企业有关的或者需要启动电力应急处置预案的自然灾害或事故,开展应急处置工作。

2.5.2.1 人员组成

电力应急救援队伍的建设以提高应急"实战"能力为目标,整合电力抢修队伍力量,建立电力应急人才库,采取队伍人员"分散驻扎、集中处置"的管理模式,既考虑地域分散性又兼顾处置机动性,既强调技能培养也兼顾体能训练。队员在履行岗位职责参加本单位正常生产经营活动的同时,还应按照电力应急救援队伍的工作计划安排,参加技能培训和预案演练等活动。应急事件发生后,由电力应急救援队伍统一集中管理直至应急处置结束。例如,根据供电公司实际情况,从各供电所、变电站及办公场所选拔的企业职工中选拔应急队员,日常工作中作为本部门应急处置第一梯队进行应急救援,并根据现场情况向上级汇报及请求支援,电力应急指挥中心接到汇报及支援请求后,迅速组织集结应急救援队伍开展救援工作或者向上级单位请求支援。

2.5.2.2 人员要求

电力应急救援队伍的建设目的并不是要求所有队员都能全面掌握各种救援场景下的救援处置方案,因为不同救援科目对个人身体和心理素质条件要求并不相同。电力应急救援队伍应根据不同救援场景的需要,从身体素质、性格心理、学习能力、组织协调能力等方面设定具体详细的量化评价指标,对队员进行能力评估及专业分组。

所有队员都需要进行公共科目的学习,包括营地搭建、设备维保以及各救援科目的基础入门课程。根据公共科目的考核情况结合队员自身素质评价情况将队伍分为两个分队,一个分队侧重于技巧性和灵活性高的科目,如高空特种救援、隧道救援等;另一个分队则侧重于力量与耐力型的科目,如山火救援、危化品事故救援等。每个队内又进一步细分个人主要专业分工,并适时进行专业轮换学习。经过全面培养阶段和专业培养阶段的学习,每个队员都能对电力应急救援的所有科目内容有一个全面基本的了解,并且能够具备至少一个救援科目的专业处置能力,真正做到了"人职匹配"。

2.5.2.3 装备要求

各种救援装备是实现救援的重要保障。装备数量不足、装备维保不到位或装备应当报废而未报废等情况都有可能导致救援行动失败。针对当地突发事件类型,队伍应配置足额的应急救援装备,并按照救援需要分别存放,有效提高出动效率。电力应急救援队伍应根据自然地理条件和面临的灾害风险配备图 2-12、图 2-13 两类应急装备。

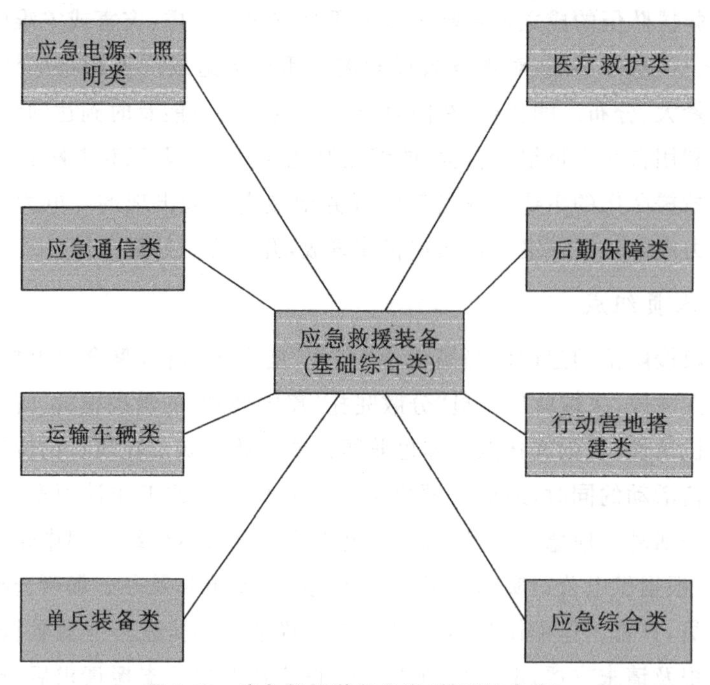

图 2-12　应急救援装备分类(基础综合类)

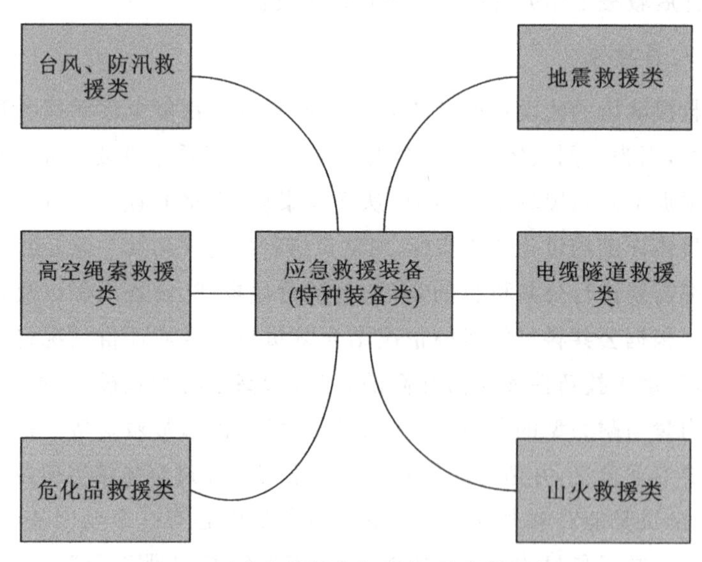

图 2-13　应急救援装备分类(特种装备类)

2.5.2.4　培训要求

应急救援培训要求主要包括师资队伍和课程体系两方面。

(1) 师资队伍。师资队伍是决定培训效果的重要环节。电力应急救援队伍的师资来源主要有以下两种：一是从培训人员和单位应急骨干中选拔优秀学员，人员采用借用、轮训方式，担任培训师；二是引入社会化应急培训资源，聘请省地震局等各领域内的专家团队和公司系统内优秀技术骨干人才担任培训师。

(2) 课程体系。电力应急救援队伍的课程设置应符合队伍的功能定位，符合服务区域的救援需求。电力应急救援队伍应具备的基本技能包括营地保障、高空特种救援、隧道救援及山火救援等。输、变、配电工作现场包含大量的高空作业，实际工作中高空作业人员可能因身体状况、设备使用、作业环境、自然条件等突发状况导致受伤，严重时会出现高空作业人员无意识、无行为自救能力的高空被困情况。应急救援基干分队把开展高空特种救援作为一个特色救援科目开展相关培训工作。例如，山东省内山地、林地较多，发生山火容易危及山区林地输电线路等电力设施和运维人员的安全，应急救援基干分队应针对性地开展山火救援训练。此外，针对沿海台风、危化品泄漏、电缆隧道抢修及救援等现实需要，开展相应的科目培训。

2.5.2.5　演练要求

应急演练是电力应急管理的重要环节，其不仅可以实现对应急指挥人员和处置人员进行培训，同时，其可以实现对应急预案实现测试和验证，从而为应急体系建立人员智力保障和技能基础，同时促进应急体系的不断完善和持续提升。建立多层次、多手段、覆盖面广的应急演练理论及技术支撑体系是世界各国应急演练的主要发展趋势。下面简单介绍一下国内外公共安全与电力应急演练体系的现状及特点。

一、美国应急演练体系概况

美国在应急演练方面的研究起步较早，特别是“9・11”事件后，美国对危机管理和突发事件应急救援更加重视，各种应急演练活动更是频繁开展，形成了比较健全的应急演练体系。关于电力系统突发事件管理的立法，建立了比较完备的公共安全方面的法律体系，为城市的防灾、救灾、灾后重建和恢复以及城市防灾机构的设置提供了法律依据。美国陆续制定了一系列法规和计划，著名的有《联邦应急计划》《洪水灾害防御法》等。在应急演练方面，《美国应急准备指引》(NPG)、《美国应急响应计划》(NRP)和“国土安全演练与评估项目”(HSEEP)的演练规则是美国应急演练体系的主要政策文件，为应急演练和评估提供了战略性指引。

大体上，美国的应急演练可分为讨论型演练和实操型演练，具体分类如下：

(1) 小型研讨会、专题研讨会与情景模拟游戏：介绍、展示和研讨应急策略、应急方法和现有应急预案，讨论和构建具体的演练政策，或在桌面演练基础上利用实际数据和正规的演练流程模拟现实的演练。

(2) 桌面演练：是目前美国应急模拟演练的主流，不仅可以提供协同的模拟训练环境、能够开展多种决策结果分析，还可以借助计算机、大屏液晶、三维模拟及电子地图等技术实现虚拟环境下多人参与的电脑模拟演练。

(3) 实操演练：用于检验机构内特定单一操作或功能的演练。

(4) 功能演练：针对应急预案的应急指挥、控制、决策和响应功能进行演练。

(5) 全面演练：用于试验、检测和评估应急管理计划或应急预案的主要功能。

(6) 国家应急演练项目演练：美国最高级别的应急演练，每年一次，要求各级政府和重要私营部门的最高领导参与。

美国电力行业中并不存在关于电力行业突发安全事故的统一分类标准，然而，为了让应急预案体系能够更有效地针对不同的突发安全事故，美国将不同的电力突发安全事故进行了界定，一般可以分为两大类：

(1) 人为事故。人为事故包含：计划事故、非计划事故、需求调整、避峰限电等。

(2) 非人为事故。非人为事故指完全没有预先征兆突然发生的，而且也是最难解决的事故，一般可分为如下几类：由电力设施或供电方引起的事故；由于老化、不适当操作等引起的设备故障或失效；供电方或用电方出现过载；劣质电力设备引起的事故；风暴等引起的树木桥接输电线路；人为非法故意破坏；天气等自然因素导致树木断裂压断供电线路等。

为了预防电力系统突发安全事故，应做好应急准备。美国电力行业存在三种方式的应急演练：桌面演练、功能演练、实战演练。除了进行一般意义的上述三种电力系统事故应急演练外，也会针对不同电力设施种类进行专门的应急演练，其中规模比较大、演练次数比较频繁的如核电设施突发安全事故的应急演练。

二、德国应急演练体系概况

目前，德国的大型应急演练主要是“跨州演练”，目的是为了增强各个州乃至整个国家的整体联动性，德国联邦和各联邦州都认识到，在异常的、重大的危险和灾害面前，只有采取全国性措施，才能有效应对新型的风险和危害。自 2004 年开始，联邦德国已开展了两年一次的国家层面危机管理演练，即“跨州演练”(LüKEX)。其主要特点如下：

(1) 流程标准

德国的“跨州演练”主要分为演练规划、演练准备、演练实施、演练评估四个阶段。其中，规划阶段的工作主要包括场景开发、确定演练参与方、同演练的核心参与方交换演练的原则性意见、起草演练协议等；准备阶段的工作重点是准备好所有重要的演练材料，如初始灾情、演练脚本和信息条以及通信计划等，还要对参演者提供指导，准备阶段通常持续 12 个月；演练实施即正式演练，通常持续 2～3 天。

(2) 组织规范

“跨州演练”的组织分为准备阶段的组织和演练导调组织两大类。准备阶段的组织在“指导委员会”指导下进行，由“跨州演练中央项目组”具体实施。“指导委员会”由各部委领导组成，通常每年召开4～5次会议，确定演练主题、参与方、演练时间安排以及演练目的等事项；“跨州演练中央项目组”由来自参与联邦州、企业与机关等部门的至少12名成员组成，通常根据项目需要，会集中或分散碰面6～8次，负责演练协议的签订、剧本的编写以及编写草案与详细方案等工作。演练开始后，“跨州演练中央项目组”通常会加入演练导调组织中去。在演练进行过程中，根据演练的参与情况和参与者的层级数量，领导组织和控制组织将分别由演练指挥、中央导调(ZüST)、分散式演练导调(DüST)和框架指挥小组(RLG)组成。

与此同时，德国十分重视应急演练和应急培训的相互结合。将应急演练较好地融入到多样化与实战型的应急管理培训中。

(3) 多样化

除了课堂讲授、专题研讨、案例展示等传统的教学方法，他们还广泛采用情景模拟、桌面推演、实地演练等培训方法。这种突出模拟演练的培训方法非常适合应急管理实践性强的特点。一般说来，模拟演练要比一些传统的培训方法更为有效。

(4) 注重实战

尽管是模拟，但它不是简单的、虚拟的角色扮演，而是完全按照实际政府应急管理模式进行的。参加培训的机构与人员都是各地、各部门应急管理行政指挥中心人员与策略执行中心人员。演练时的工作任务就是学员在应急管理中的工作职责，演练的流程就是正式应急管理工作流程，演练的场景也是针对风险较大的各种灾难。正是这种实战性，大大提升了模拟演练对学员工作的实效性，真正体现按需施教，学以致用，防止出现培训效果虚置现象。

三、日本应急演练体系现状

日本是一个地震多发的国家，台风等自然灾害时有发生，日本人民的应急意识普遍较高并且十分重视应急自救。日本具有非常强烈的危机意识，经常开展应急演练活动以完善防灾救灾机制、提高应急救援水平。

法律支撑方面，日本拥有一个以《灾害对策基本法》为龙头的庞大体系，共由52项法律构成，属于灾害应急对策的有《消防法》《水防法》《灾害救助法》等。这些法律法规为国家减灾救灾系统的合理配置与利用、科学管理等方面提供了基本的依据。在应急演练方面，又编写了专门的应急预案及指南和应急演练指南。

技术支持方面，为了准确迅速地收集、处理、分析、传递有关灾害信息，更有效地实施灾害预防、灾害应急以及灾后重建，目前，日本政府基本建立起了先进发达、完善的防灾通信网络体系，包括以政府各职能部门为主，由固定通讯线路(包括影像传输线路)、卫星通信线路和移动通信线路组成的“中央防灾无线网”；以全国消防机构为主的“消防防灾无线网”；以自治体防灾机构和当地居民为主的都道县府、市町村的“防灾行政无线网”，以及在应急过程中实现互联互通的防灾相互通信用无线网等。此外,还建立起各种专业类型的通信网,包括水防通信网、紧急联络通信网、警用通信网、防卫用通信网、海上保安用通信网以及气象用通信网等。

四、我国应急演练体系现状

针对重大动物疫情、大规模传热病、社会群体性事件、暴力犯罪、网络安全等方面的应急演练在我国不同层级的政府部门和相关单位得到组织与尝试。目前,国家和地方各级政府的相关法律法规、部门规章和预案都对应急演练的频次、内容等提出了多方面的要求。在实际应急管理工作中,政府和企事业单位对应急演练工作都十分重视,以北京市为例,据不完全统计,每年开展的各级各类应急演练活动至少有数千次。进一步规范应急演练活动,提高演练的真实性,最大限度地发挥演练的作用,已经成为各级应急管理部门普遍关心的重要问题。

2009年9月,国务院应急办出台了《突发事件应急演练指南》(简称国办《指南》),这是国内首个专门用于规范全国各领域应急演练活动的指导性文件,相应国家标准正在编制报批过程中。实际上,在国办《指南》出台前夕,国家电力监管委员会出台了《电力突发事件应急演练导则(试行)》,国家生产安全应急救援中心则几乎与国办《指南》同期出台了《安全生产应急演练指南(征求意见稿)》。国办《指南》出台后,许多地方政府和各行业部门陆续依据国办《指南》的架构,出台了各自的演练指南,但都没有结合自己行业或地域特点对国办《指南》进行全面细化,对演练策划的详细步骤、不同类型演练的区分与结合、演练评估的流程和方法、如何提高演练的系统性、演练与预案和实际应急处置行动的一致性等诸多重要问题没有阐述清楚。

我国政府在电网安全方面同样也实施了一系列举措,包括各项法律法规的制定,应急预案的设置以及电力系统事故应急处置的指导。

应急演练是检验电力应急救援队伍应急处置能力和应急准备水平的重要手段之一,在检验预案、磨合机制、完善准备、锻炼队伍等方面具有重要作用。电力应急救援队伍按照各类应急预案的要求定期组织开展应急演练,每两年至少组织一次大型综合应急演练,演练可采用桌面(沙盘)推演、验证性演练、实战演练等多种形式。通过演练对电力应急救援队伍进行应急能力评估,客观、科学地评估队伍应急能力的状况,分析存在的问题,提出改进意见,指导电力应急救援队伍有针对性地开展应急能力建设。

电力应急救援队伍应切实履行社会责任,积极参加国家各类突发事件应急救援,提供抢险和应急救援所需电力支持,为政府抢险救援及指挥、灾民安置、医疗救助等重要场所提供电力保障。另外,在参加各类救援行动过程中,必要时启动应急救援协调联动机制,与支援单位协调配合,开展应急救援与处置工作。

2.5.3　电力应急救援队伍现场救援案例

电力应急救援队伍是保证电力稳定供应，维护电力运转安全的主要执行者，在发生突发事件造成电力系统不稳定时，电力应急救援队伍第一时间赶往现场进行现场救援。下面是某特大山体滑坡电力应急救援案例：

2019年7月23日21时20分，某地发生了一起山体滑坡，造成21栋房屋被埋。截至7月25日上午9时26分，现场共搜救被困群众26人，15人遇难，11人生还，仍有30人失联。据现场专家估计，滑坡总体方量达200万 m^3。

灾害发生后，上级单位成立工作组赶赴现场指导救援保电工作，公司立即启动社会突发事件供电保障Ⅳ级响应，应急保电队伍立即赶赴现场，全力保障救援及临时安置点用电。

应急响应：

2019年7月23日21时25分，员工接到当地村民电话，21时30分，3名应急救援队员驱车赶往现场核实，发现发生了山体滑坡，3名应急救援队员进行现场勘察并上报上级，后续当晚10名应急救援队员赶往现场进行现场勘察，发现山体滑坡导致当地10 kV Ⅰ、Ⅱ回线停电，6211户用户用电受到影响，并立即汇报上级机关。

在得知现场情况的第一时间，上级单位成立工作组赶赴现场指导救援保电工作，公司立即启动社会突发事件供电保障Ⅳ级响应，上级单位应急指挥中心领导小组成员和公司应急保电人员立即赶赴现场参加救援和电力保障，解决临时安置用电事宜。

应急救援：

为保障现场供电，公司根据上级单位要求安排立刻调配抢修人员、发电机、灯塔等进驻现场。

2019年7月24日8时，一支由27名应急救援人员组成的供电保障队伍抵达现场并立刻搭建保供电指挥部，为现场的救援帐篷搭建应急照明灯。现场救援的保电工作紧张有序地开展起来。供电保障队伍作为先遣队，把所有供电设备抬到了现场，包括5台发电机、4台10 m灯塔、6桶(每桶25 kg以上)汽油，都被他们人工抬上了山。

2019年7月24日18时，救灾指挥部和所有救灾帐篷的应急用电、供电恢复正常，救援现场应急照明就位。针对现场用电的紧急性，保供电人员兵分三路，一路负责夜间巡视受损电网线路设备并隔离，一路负责调配应急发电机和发电车并拉到现场，一路负责现场救灾临时用电点的接电工作。

2019年7月24日，事故现场下起大雨，给救援带来了很大困难，员工在大雨中忙碌着，有的用可移动10 m灯塔给现场搜救提供照明，让搜救工作得以有序进行；有的冒着大雨调试帐篷的照明灯，全力保障救援及临时安置点用电；有的对周围10 kV供电设备进行特巡，防止二次灾害停电。公司现场应急工作组的红色帐篷就搭在总指挥部外，地下都是碎石,员工们连席地而睡的条件都没有。

7月25日11时左右,山体发生了泥石流,搜救人员、挖掘机等大型设备暂时撤离现场待命,搜救工作被迫暂停,13时,现场搜救基本恢复。

截至7月25日14时,共投入抢修人员445人次,抢修车辆97辆次,大型10 m高杆照明灯10台次,5 m照明灯5台次,应急发电车3台次,应急发电机6台次,充电方舱2台次。

7月26日01时50分,经过现场保电人员连续13 h的奋力抢修,因灾受损的供电线路全部恢复送电,受到影响的6184户用户供电已恢复正常。

应急保障:

除了大力保障现场救援电力,员工还从经济渠道保障受灾群众利益、直接参与救援。灾害发生后,当地保险公司第一时间成立重大灾害应急工作小组,启动大灾快速理赔机制,派出党员突击队、党员先锋队、服务队等多支党员队伍,迅速赶赴灾区开展救援查勘,积极配合现场指挥部开展救灾工作。

从上述案例可以看出,电力应急救援队伍作为电力应急救援的先遣队,对电力系统"急难险重"的突发事件发挥了重要作用。应急救援队伍第一时间赶往现场进行现场勘察并向公司反馈受灾地区电网受损情况及社会损失,方便公司应急指挥做出可靠性决策;应急救援队伍通过对受灾地区进行灾情研判,搭建保供电指挥部和应急照明灯等,为后续应急队伍的进驻做好前期装备;应急救援队伍对电力系统进行现场抢修,因灾受损的供电线路全部恢复送电,受到影响的6184户用户供电全部恢复正常,从而保证电力系统的稳定运行及社会的正常运转。

2.6 本章小结

本章首先阐述了电网企业应急救援队伍应急能力相关理论,从电网企业突发事件的概念解析开始,到对"电网企业应急管理""电网企业应急救援""应急救援基干分队"相关概念进行介绍,系统性地总结国内外应急管理理论的核心内容,并对应急救援队伍进行相关介绍,为下文应急救援基干分队建设与管理做好铺垫。

3　应急救援基干分队建设与管理

3.1　概　　述

随着国家应急体制、机制的改革，专业应急救援队伍在重大灾难和事故处置中的作用越来越凸显，近年来，国家电网公司高度重视应急救援基干分队建设，每年组织开展应急队伍培训和应急演练，加强应急装备投入。但是，系统应急基干分队离社会化专业救援队伍还有一定差距，各省级基干分队发展不同步，只有少数省级基干分队已具备专业队伍条件，能承担各类救援任务；大部分省级基干分队能承担本单位范围内一定程度的综合应急救援和社会化救援任务中的电力支援任务；个别省级基干分队仅能承担本单位的事故抢险和应急处置任务，不具备全面的综合救援能力。

因此，基于相关规范和需求，电网公司应系统规范建设管理应急救援基干分队，严格按照国家电网公司、各分部、网省公司和相关上级单位应急管理要求，落实安全管理、培训管理、装备保养、信息处理及考核奖励等相关制度的建设与实施，本章将从队伍职责分工、组建原则、队伍管理、装备配置、检查与考核共五个方面进行相关介绍。

3.2　职 责 分 工

3.2.1　公司总部管理职责

(1) 负责制定基干分队管理的规章制度，并组织实施；

(2) 负责监督、指导和评价各省公司基干分队的建设与管理工作；

(3) 负责指导、督促各省公司基干分队建立应急救援协调联动机制，组织各省公司基干分队开展应急培训和跨省联合演练；

(4) 负责调度和协调省公司基干分队开展跨省应急救援工作。

3.2.2　各级单位管理职责

各级单位管理职责如下：

(1) 负责贯彻落实公司基干分队管理规定和要求，编制并落实本单位基干分队建设与管理资金预算；

(2) 负责组织开展本单位基干分队的建设与管理工作，指导、监督基干分队开展应急技能培训、装备维护、演练拉练等工作；

(3) 负责指导、督促本单位辖区内基干分队建立应急救援协调联动机制，组织基干分队开展应急培训和跨地区联合演练；

(4) 负责调度和指挥基干分队开展突发事件应急救援工作，调度和协调本单位辖区内基干分队开展跨地区应急救援工作。

3.2.3 应急救援基干分队职责

应急救援基干分队职责如下：

(1) 经营区域内发生重特大灾害时，负责以最快速度到达灾区，抢救员工生命，协助政府开展救援，提供应急供电保障，树立国家电网良好企业形象；

(2) 及时掌握并反馈受灾地区电网受损情况及社会损失、地理环境、道路交通、天气气候、灾害预报等信息，收集影像资料，提出应急抢险救援建议，为公司应急指挥提供可靠决策依据；

(3) 开展突发事件先期处置，搭建前方指挥部，确保应急通信畅通，为公司后续应急队伍的进驻做好前期准备；

(4) 在培训、演练等活动中，发挥骨干作用，配合做好相关工作。

3.3 组建原则

应急救援基干分队作为电力应急救援的“特种兵”和“先遣队”，将高效处置对公司及社会有重大影响的各类突发事件的应急救援工作，有效减少事故灾害造成的损失。《国家电网公司应急救援基干分队管理规定》中明确要求各省级公司均应设置一支省级基干分队，并应结合实际，在所辖偏远地区和突发事件多发地区设置地市供电公司或县级供电公司层面的基干分队，作为省公司基干分队的有效补充。其中省级基干分队由省公司分管安全部门负责组建和归口管理，省公司基干分队挂靠在省送变电公司、省检修公司、重点城市供电公司或应急主管机构，分队定员应不少于50人，设队长1人、副队长2人，其内部一般分为综合救援、应急供电、信息通信、后勤保障四组，各组根据人员数量设组长1～2人；地市和县级供电公司基干分队由所在单位分管安全部门负责组建和归口管理，上级分管安全部门负责监督，一般挂靠在灾害易发、多发地区供电单位、运行检修单位或工程施工单位，其中地市供电公司基干分队定员20～30人，设队长1人、副队长1～2人，公司基干分队内部一般分为综合救援、应急供电、信息通信、后勤保障四组，各组根据人员数量设组长1～2人，县级供电公司基干分队定员10～15人，设队长1人、副队长

1人。人员主要从挂靠单位选取，如确有需要亦可从其他基层单位选取少量人员，但需满足队伍快速集结出发的要求。基干分队队员应具备如下素质要求：

(1) 具有良好的政治素质，遵守纪律，较强的责任心，团队意识强；

(2) 年龄23～45岁(具有特殊技能的人员年龄可适当放宽)，身体健康，心理素质良好，无妨碍工作的病症，能适应恶劣气候和复杂地理环境；

(3) 具有中技及以上学历，从事电力专业工作3年以上，业务水平优秀；

(4) 具有较强的应急工器具、装备操作使用能力。

另外各省公司应合理利用各种资源，优化辖区内基干分队建设规划。对于启动应急响应后省公司基干分队可迅速到达的地市，原则上不再设立地市供电公司层面的基干分队；对于启动应急响应后地市供电公司基干分队可迅速到达的县(区)，原则上不再设立县级供电公司基干分队。但是在组建队伍之初，各单位经验不足，对应急基干分队组建存在一定的理解误区，导致个别省、市、县责任区域队员专业与实际承担应急任务不对应和任务重叠现象，给应急处置和救援工作带来一定影响。

例如：某公司组建了一支专业的信息通信专业基干分队，但其公司基干分队中也存在一个信息通信保障小组，小组组员与信息通信专业基干分队人员不一致，这就导致了资源上的浪费。原则上，该公司可组建应急信息通信抢修队伍，不应单独组建信息通信专业基干分队。此外需要注意的是，公司基干分队信息通信保障小组的人员应从信息通信专业骨干成员中选取。资源分配不足的问题也依然存在，比如：当地目前仍有6家直属发电企业，基本没有单独组建专业基干分队和装备配置，却单独建立了应急抢险队伍，与所辖地市供电应急基干分队没有整合，地市供电应急基干分队对发电单位的特殊性缺乏针对性的培训和拉练，装备配置也没有考虑发电单位。公司系统针对单独发电单位应急救援专业特点开展的应急救援培训仍然很少，而发电单位的各发电站地域条件恶劣，灾害发生的可能和造成的影响从某种意义上大于供电单位，公司系统的队伍组建需要首先满足本系统救援任务。因此，在不浪费资源和成本的情况下，需要对地市应急基干分队进行队伍组合完善。

3.4　队伍管理

各地区电力公司须在总体规划框架之下，突出应急救援基干分队“平战结合、一专多能、装备精良、训练有素、快速反应、战斗力强”的特点，结合公司实际，优化调整公司应急救援基干分队年龄组成。在统筹使用好各年龄段队员的基础上，充分吸纳专业年轻骨干，优先选调有专业特长、技能特长的公司职工，充分考虑专业结构、知识结构、经历结构、气质结构等方面的搭配，实现队员优势叠加、短板互补，增强分队的整体能力；通过建立队员“后备库”，将三年轮换的退役队员组建成应急基干分队后备库，以备发生重大突发事件时如有现役队员缺位能及时补充，增强队伍抗风险能力；在平时，老队员以师带徒形式，通过拉练、日常培训等加强交流互动，结合冬培夏练、三级轮训、省市县培训梯次，逐级提升应急救援能力，解决“青黄不接”问题，逐步提升全员技能水平；邀请行业及社会应急专家，集中组织应急基干队员进行综合理论培训，提升全队应急文化认同，对不满足培训需求的队员及时调整计划；在每期培训结束后进行技能考评，强化培训效果，并建立基干分队动态考核机制，实行末位淘汰制及正向激励机制，对多次基干分队内部排名末位者进行劝退。

3.4.1 人员管理

应急救援行动中人是进行行动和救援的实施主体，任何后续的应急救援行动都离不开基干分队的人员，因此应急救援基干分队在人员管理方面应做到公正、公平、有效。

在人员台账方面，各级分管安全部门应于每年一季度组织开展本单位基干分队人员信息的审查和更新工作，发布基干分队队员名单，建立本单位基干队员身份信息卡，并报上级分管安全部门备案，做到核实无误；在人才储备方面，各级分管安全部门应做好基干分队队员的人才储备工作，建立基干分队队员考察、选拔、培养、更新、使用的常态化工作机制；在人员管理方面，基干分队成员平时正常参加所在单位日常生产经营活动，挂靠单位应保证至少三分之二队员在辖区内工作，并随时接受调遣参加应急救援，其中基干分队成员应保持 24 h 通信联络畅通；在队伍评估方面，基干分队每年进行一次队伍评估，评估内容包括队员的体能、技能、年龄结构、专业分布等是否满足要求，并根据结果进行调整，每个队员服役时间原则上不应少于 3 年；基干分队队员参加应急演练、拉练、培训以及应急救援工作期间，应着应急服装，随身携带个人身份信息卡，并由挂靠单位给予一定的经济补贴。其中基干分队人员服装主色调为橘红色，带国家电网公司标识和荧光带（详细请见 3.3.4 节），个人身份信息卡应记录姓名、年龄、单位、职务、专业特长、过往病史、过敏药物、血型、单位联系方式等。表 3-1 为某供电公司应急救援基干分队队员档案表。

表 3-1　应急救援基干分队队员档案表

填表时间：　　　　　　　　　　　　　　　　　　　　评定等级：

<table>
<tr><td rowspan="6">1.基本信息</td><td>姓名</td><td></td><td>性别</td><td></td><td>出生年月</td><td></td><td>民族</td><td></td></tr>
<tr><td>政治面貌</td><td></td><td>身份证号</td><td colspan="5"></td></tr>
<tr><td>单位</td><td colspan="7"></td></tr>
<tr><td>家庭住址</td><td colspan="7"></td></tr>
<tr><td>联系电话</td><td colspan="2"></td><td colspan="2">应急联系电话</td><td colspan="3"></td></tr>
<tr><td>电子邮箱</td><td colspan="7"></td></tr>
</table>

续表 3-1

2.健康信息	血型		身高		体重	
	遗传病史					
	有无心脏病		有无糖尿病		有无高血压	
	药物过敏史		是否色弱/色盲		有无高原反应	
3.专业信息	岗位/部门		职务		应急救援角色	
	当前专业		当前专业从业时间			
	技能等级			职称等级		
	资格证书					
4.学历信息	参工学历		学校		专业	
	最高学历		学校		专业	
5.工作履历	时间段	工作单位			岗位	
6.应急参培信息	时间段	地点/机构	培训班名称		等级	
7.参与的典型应急救援、抢险事件	时间	地点	事件及参与的主要工作			
8.其他	驾驶证类别					
	特种作业证					
	应急技能特长					

3.4.2 培训演练

3.4.2.1 培训

(1) 培训计划

各级公司应根据本单位可能承担的应急救援任务特点，于每年一季度定期制订本单位基干分队培训计划，明确应急培训内容、培训对象、培训方法及培训要求，并报上级分管安全部门备案，由上级分管安全部门监督实施。应急技能培训应充分利用国家电网公司应急培训基地和各省公司应急培训基地、技能培训中心等资源进行，初次技能培训每人每年不少于 30 个工作日，以后每年轮训应不少于 10 个工作日，培训科目应包括但不限于表 3-2 中的类别和科目。

表 3-2　基本培训类别和科目

类别	培训科目
应急理论	应急管理理论、规章制度
	灾难体验、紧急避险常识
基本技能	体能训练
	心理训练
	拓展训练
	疏散逃生
	现场急救与心肺复苏
	安全防护用具使用
	高空安全降落
	起重搬运
专业技能	现场处置方案编制
	舆情应对与品牌维护
	灭火消防
	特种车辆驾驶
	现场破拆与导线锚固
	山地器材运输
	水面人员救援、器材运输
	救援营地（帐篷、后勤保障设施）搭建
	野外生存
应急装备操作技能	现场低压照明网搭建
	应急指挥车、通信车、海事卫星通信与单兵使用
	冲锋舟、橡皮艇操作技能
	危险化学品、高温等环境特种防护装备使用

表 3-3 为某电力公司应急救援队伍年度应急培训计划。

表 3-3　某电力公司应急救援队伍年度应急培训计划

序号	单位	培训项目	主要培训内容	培训对象	培训期次	计划完成时间	计划人数	计划天数	备注
1	××公司	应急管理知识培训	对近三年国家最新应急管理走向、理念、方法等内容开展培训	相关领导、各级管理人员	1	4月	80	1	
2	××公司	应急基干分队业务与技能实训	应急理论、单兵救援、负重越野、高空施救、配电安装、车辆驾驶及物资转运、指挥部单间、配网抢修	应急救援基干队员	1	7月	30	15	
3	××公司	应急预案培训	对新修订的应急预案开展培训	应急管理人员	1	8月	30	1	
4	××公司	高空施救初级技能培训	开展高空施救技能培训，对绳索、防坠设备、救援方法开展培训，并实操	应急救援基干队员	1	9月	60	10	

（2）资格认定

根据《应急救援基干分队培训及量化考评规范》，应急救援基干分队的培训、考评应符合 AQ/T 9008—2012《安全生产应急管理人员培训大纲及考核规范》关于应急培训和考评的要求，纳入公司及各级单位安全生产应急培训及考评计划，统筹组织实施。应急救援基干队员的技能等级分为初级、中级和高级三个等级。各级人员应掌握的能力参见附录 1 及附录 2。

（1）初级资格认定，需满足以下条件之一：

a）掌握附录 1 中的基础知识、专业知识、相关知识，掌握基本技能、综合素养（职业道德、企业文化），并经考评合格。

b）获得县（区）级政府组织的应急技能竞赛个人前 1/3 名次的人员，可以直接获得初级资格认定。

c）获得市级公司应急技能竞赛个人前 1/3 名次的人员，可以直接获得初级资格认定。

d）获得 GBZ 3-02-03-08 国家应急救援员五级/初级工职业技能资格的人员，可以直接获得初级资格认定。

（2）中级资格认定，需满足以下条件之一：

a）掌握附录1中的中级人员的能力种类，并经考评合格。

b）已获得初级资格认证，掌握附录1中十项专业技能任意四项，掌握综合素养（沟通技巧与团队建设、电力应用文），掌握相关技能（应急值班管理），并经考评合格。

c）获得地市级政府组织的应急技能竞赛个人前1/2名次的人员，可以直接获得中级资格认定。

d）获得省级公司应急技能竞赛个人前1/2至1/3名次的人员，可以直接获得中级资格认定。

e）参加国家电网公司级或省级政府组织的应急技能竞赛个人比赛的人员，可以直接获得中级资格认定。

f）获得GBZ 3-02-03-08国家应急救援员四级/中级工职业技能资格的人员，可以直接获得中级资格认定。

（3）高级资格认定，需满足以下条件之一：

a）掌握附录1中的高级人员的能力种类，并经考评合格。

b）已获得中级资格认证，掌握附录1中十项专业技能中任意八项，掌握综合素养（技能培训与传授技艺），掌握相关技能（应急救援基干分队管理、应急演练组织与管理能力），并经考评合格。

c）获得省级公司应急技能竞赛个人前1/3名次的人员，可以直接获得高级资格认定。

d）获得国家电网公司级或省级政府组织的应急技能竞赛个人前1/2名次人员，可以直接获得高级资格认定。

e）获得GBZ 3-02-03-08国家应急救援员三级/高级工及以上职业技能资格的人员，可以直接获得高级资格认定。

其中国家应急救援员是从事突发事件的预防与应急准备，受灾人员和公私财产救助，组织自救、互救及救援善后工作的人员，应急救援员共设5个等级，且不可跨级考，分别为五级初级工、四级中级工、三级高级工、二级技师及一级高级技师，其中应急救援员分为4个专业方向，分别为陆地搜救与救援、危险化学品应急救援、矿山（隧道）救援及水域搜索与救援。

国家应急救援员是维护社会发展和人类抗击危害不可或缺的职业，需具备一定的求助能力、沟通能力、组织能力及医疗救护能力。日常生产、生活中发生突发事件及自然灾害时，掌握各种逃生、避险、防护、自救、互救和各种专业救援技能，对于灾害的避免，减灾及灾后恢复，最大程度地保障生命及公私财产免受损失，具有非常重要的意义。表3-4为初级应急救援员线上课程教材。

表 3-4　初级应急救援员线上课程教材

应急救援员(初级)教材					
第一篇　应急管理基础知识					
第 1 章	绪论	第 2 章	应急管理基础知识	第 3 章	我国应急管理体制
第 4 章	应急预案编制与演练	第 5 章	应急法律法规		
第二篇　应急救援员职业基本要求					
第 6 章	应急救援员概述	第 7 章	应急救援员的职业要求		
第三篇　灾害与事故基础知识与应对					
第 8 章	自然灾害基础知识与应对	第 9 章	事故灾难基础知识与应对	第 10 章	公共卫生事件基础知识与应对
第 11 章	社会安全事件基础知识与应对	第 12 章	应急避难基础知识		
第四篇　应急救援员救援技能					
第 13 章	基础救援装备基础知识与使用	第 14 章	救援行动		
第五篇　灾害与事故基础知识与应对					
第 15 章	医疗防护	第 16 章	检伤分类	第 17 章	基础医疗救援
第 18 章	应急救援中心的心理援助				

(3) 培训基地

电力应急基地是集电力应急人才、电力应急研究、电力应急咨询、电力应急抢险综合于一体的应急教育培训、科研与救援一体化基地。为满足电力行业应对突发事件的需要，以促进电力应急产业聚集发展为目标，进一步加快应急队伍建设，弥补应急人员应急知识技能短板，国家能源局批复了以中国安能建设集团有限公司为依托的国家电力工程应急救援中心及基地，两个国家级电力应急培训演练基地分别为国家电网公司四川应急基地和南方电网公司广东应急基地。以国家级应急基地为依托，为全国电力应急救援和应急管理工作人员开展事故灾害救援实训演练提供基础支撑。如开展以自救互救为核心的应急技能和理论培训，开展疏散逃生、应急避险等专项应急演练，强化人员自救互救能力。同时支撑电力行业应急“监测预警、灾情勘察、现场指挥、队伍执行、装备水平”能力的提升，也是通过此项工作为国家综合性救援力量建设发挥好力量作用。下一步，能源局将结合国家电网公司四川应急基地和南方电网有限公司广东应急基地运行工作，不断完善应急基地各项功能，打造国内领先、国际一流的综合电力应急基地。

典型案例:国家级电力应急培训演练基地

中国安能建设集团有限公司根据防灾减灾救灾工作部署,围绕国家能源局《国家能源局综合司关于国家级电力应急培训演练基地的复函》(国能综函安全〔2020〕18号)需要,结合我国水电站分布,以"中心+基地+救援队"的模式进行国家电力工程应急救援中心及基地建设。电力工程应急救援中心设在中国安能集团总部。电力工程应急救援基地,按照"立足重点区域、突出电站大坝、辅助电网机组、兼顾电力产业"的思路,分批次建造电力工程应急救援基地。

国家电网公司已于2011年建成山东和四川两个国家电网公司级应急培训基地。国家电网公司已将新的应急基地建设纳入年度应急重点工作任务,将组织国家电网山东公司、四川公司等单位深入调研,制定基地建设标准,完善建设方案,拟在福建、湖北、上海、北京等地建设专项的应急培训演练基地。国家电网公司将进一步细化应急演练培训基地建设标准,组织山东和四川应急培训基地完善应急基地提升方案,安排配套资金,落实建设项目,确保2020年底能够完成国家级应急培训基地建设任务。目前,国家电网四川应急基地积极组织开发了应急理论、电网应急抢修、心理素质拓展训练、特种设备操作、应急避险与逃生等多个培训课目,组织编制了《应急救援基干分队培训手册》《突发事件应急管理》《突发事件应急法律制度》等多种培训教材,并采取"专兼结合、内外结合"的方式建设培训师资体系。

南方电网公司2018年开始在广东清远市建设南网首个综合应急基地。综合应急基地按照《关于南方电网公司应急基地建设的指导意见》进行规划与设计,已建成多功能指挥演练厅、抢修救援实训厅、新闻舆情模练室、医疗救护实训室、防灾技术研发室等多间专业化实训场所,可同时满足多名应急队员驻扎并开展实训、操练、应急装备运维等工作。云南电网公司建成南方电网公司首个电力应急救援培训演练基地。该基地结合云南省山区地震多发,冰灾、山火等区域性灾害多的实际,建成了电力应急指挥、电力抢修技能、作业安全体感、电力应急推演、作业安全体感5个实训室,并配套建成了电力应急通信指挥演练、电网灾害视景仿真及演练评价、电网全数字仿真等系统。该基地配备了遥控飞行器、紫外成像仪、电力安全高压体感设施、高空应急救援演练设备、旁路布缆车等培训设施,具备单项培训、组合培训、专项演练、综合演练等功能,能开展指挥、预案推演、体能、自救、互救、抢修等分层、分类、分专业培训。

中广核新能源公司于2018年启动了基地建设规划,完成了应急基地方案设计,并在天津开工建设,目前已经完成课程设计和系统建设、传统风电和光伏的应急培训演练基地硬件建设、应急配套信息系统的软件开发、应急教材的编制及师资队伍的建设,并将目标设定为把基地打造成新能源领域的行业示范基地。

(4) 培训通知

电网企业应急救援队伍根据公司培训计划，依据技能需求情况及时间要求，提前发布培训通知，通知内容应包括培训时间、培训地点、培训人员名单、培训内容、培训要求及联系人、联系方式等。

关于举办××公司应急救援技能培训的通知

为加强××公司应急体系建设，强化应急救援基干分队及各单位应急抢修队伍队员的应急技能，提升应对自然灾害及突发事件的应急处置能力，提高公司应急管理水平，公司计划于××月××日举办一期应急技能培训班，现将具体事项安排如下：

一、培训时间

××年××月××日—××日

二、培训地点

××实操场地

三、参加培训的人员

应急基干队员(名单详见附件1)

四、培训内容

1.宣贯《××公司输电线路高空应急救援技术手册》；

2.救援指挥部搭建培训；

3.高空救援培训；

4.应急破拆工器具的使用培训。

五、培训要求

1.各单位必须高度重视此次培训，提前做好工作安排，认真组织相关人员参加培训；

2.请参加培训人员提前10 min进场，培训期间请遵守培训纪律，不得迟到、早退，听从教练员安排，保持良好秩序；

3.培训期间，参培人员原则上不得请假，确有特殊原因需要请假，需提交书面申请到××部门。

联系人：××　　　电话：××

邮箱：××

附：应急基干队员培训名单

××公司 ××部门

××年××月××日

(5) 培训总结报告

培训组织部门应根据培训情况撰写总结报告,主要包括以下内容:本次应急培训背景介绍、培训情况说明及应急培训的主要收获和经验。

下面为某公司应急基干队员应急技能培训项目总结报告。

××公司应急基干队员应急技能培训项目总结报告

一、培训背景

作为传统的高危行业,电力企业在企业管理的一些领域,如企业安全生产方面,危机意识可以说相当强。但由于行业的特殊性,加上产品的相对独立和“无形性”,处于供求关系强势地位的电力企业对于社会关系、公共事务的处理往往不是主动型和迅速型的,危机意识还需进一步加强。所以,对于电力企业来说,需要将危机理念进一步拓展、延伸和深化,并加入到企业文化、企业理念的整体建设中。电力企业要培养全员的危机意识,渗透到每一个员工的心灵深处,这样员工才能在日常的工作中,自觉地防微杜渐,时刻警觉任何隐患和潜在的危机,在危机爆发时,能够临危不乱,应对自如。

为强化和提高一线作业人员及应急救援基干分队队员的综合素质和应急救援专业技能,提升××公司(以下简称公司)应急基干队员应急救援能力。结合《××公司应急工作管理规定》的要求,公司在××月××日至××日开展了为期××天的应急救援技能培训。

二、培训概况

本次培训对象为公司输电运检人员、应急救援基干队队员。要求参加培训的学员身体健康,年龄在45周岁以下。针对学员工作实际以及在应急救援工作中面临的普遍问题,提出了以下三点培训目标:

1. 掌握应急救援指挥部搭建、高空救援、破拆救援等相关知识;

2. 掌握团队协作能力、配合能力、指挥能力;

3. 掌握符合《××公司输电线路高空应急救援技术手册》标准的绳索救援技能以及《××企业应急救援装备使用手册》《××企业应急管理知识手册》的相关知识技能。

围绕培训目标,公司制订了详细的培训计划,采用集中培训、现场演练、团队协作、实操考核等多种培训方式,科学规划培训行程,激发学员学习热情,引导学员深入思考,加深学员对应急救援技能的实用印象,顺利完成了“救援指挥部搭建”“高空救援”“破拆技能”“考试考核”共四大模块的培训内容,总计培训时长达到56学时。

培训课程安排如下:

序号	培训模块名称	培训内容			培训教师	培训方式	课时
		类别	培训科目	科目内容			
模块一	救援指挥部搭建	技能训练	帐篷搭建	1. 5米×8米帐篷搭建； 2. 3米×4米帐篷搭建； 3. 照明插座综合布线； 4. 办公设备布置	××	讲授/实操	8
			发电机操作及配电箱布置	1. 发电机开启前注意事项； 2. 发电机开启流程； 3. 配电箱内配置； 4. 开关安装； 5. 布线工艺要求	××	讲授/实操	4
模块二	高空救援	技能训练	陪同下降救援	1. 上升下降通过绳结； 2. 绳索通道建立方法； 3. 被困人员连接方法； 4. 被困人员重力转移技能及方法； 5. 带人下降注意事项； 6. 地面接应人员配合事项	××	讲授/实操	12
			下方释放救援	1. 攀爬下方保护技能； 2. 上方救援人员保护站建立方法； 3. 被困人员安全连接； 4. 被困人员重力转移方法 ； 5. 上方救援人员与下方释放救援人员配合事项； 6. 下方救援人员释放注意事项； 7. 其他救援人员配合事项	××	讲授/实操	12
模块三	破拆技能	技能训练	破拆工具使用	1. 汽油油锯使用； 2. 电动液压剪使用； 3. 电动破碎镐使用； 4. 雷达生命探测仪使用	××	讲授/实操	8
			破拆救援方案制定	1. 坍塌建筑物侧面打开救援通道方案； 2. 坍塌建筑物上部打开救援通道方案； 3. 木质结构坍塌救援方案	××	讲授/实操	4
模块四	考试考核	综合运用	综合救援技能评估（团队）	1. 救援指挥部搭建； 2. 下方释放救援； 3. 破拆技能	××	综合实训/考核	8
合计							56

培训教材选用：

《××公司输电线路高空应急救援技术手册》

《××企业应急救援装备使用手册》

《××企业应急管理知识手册》

三、培训回顾(图 3-1、图 3-2)

图 3-1　培训照片(1)

图 3-2　培训照片(2)

四、成果总结

本次培训针对公司应急救援中的内容做了丰富的课程安排，对于公司应急处置的针对性和实用性较强。短短××天的培训，不仅使学员对应急救援有了最基本的认识，也促进了公司一线作业人员及应急救援基干分队队员之间的交流与学习。本次培训增强了应急队伍的应急管理意识，加深了应急队伍对应急救援装备的认知，熟悉了应急装备的使用，强化了应急队伍的应急技能，提升了公司应对自然灾害及突发事件的应急处置能力，提高了应急管理水平，为处置突发事件提供了有力保障。

(6) 典型案例

基干分队队员通过培训后必须熟练掌握应急供电、应急通信、消防、灾害灾难救援、卫生急救、营地搭建、现场测绘、高处作业、野外生存等专业技能，熟练掌握所配车辆、舟艇、机具、绳索等应急装备和工器具的使用方法，并结合所处地域自然环境、社会环境、产业结构等实际情况，研究掌握其他应急技能，并且基干分队应针对本单位易发、频发突发事件特点，开展应急救援安全风险辨识，制定应急供电、应急通信、消防、现场急救、营地搭建、现场测绘等专项应急救援技能的标准化工作手册，并加强标准化工作手册的学习和培训。以下是 2020 年某公司应急救援基干分队夏季集训具体情况：

2020 年 9 月 17 日至 27 日，某公司开展为期 10 天的夏季集训工作，参加本次集训的队员涉及多支应急基干队伍，合计 50 余人。

本次集训主要以水上应急理论培训、水上救援训练、素质拓展训练项目为主，旨在提高应急队伍高效应对突发事件应急处置能力，以提升基础专业技能、个人能力素质、应对突发事件处置能力等方面为突破口，强化专业能力、提升技能水平，完善多科目、多层次协同救援，进一步提升队伍的综合应急处置能力。

(1) 开班仪式

9月17日上午举行了开班仪式，省公司××部门、相关应急管理人员及所有参训队员参加。

(2) 水上救援培训

为进一步提升电力应急救援基干队伍水上救援能力，本次集训特邀了地区水域救援专家进行水上救援培训。通过水上救援理论知识及技能培训，为接下来的水上救援训练打下了训前基础，同时进一步夯实和提升了水上救援相关技能。

(3) 水上救援训练

由专业教练教授水上有动力橡皮艇操艇技术、水上无动力橡皮艇操艇技术(图3-3)、桨板救援技术(图3-4)，另外进行了翻船自救训练及游泳训练(图3-5、图3-6)。通过理论和实操培训相结合，掌握水上应急救生技能，培养个人基本救生能力和团队协作精神，快速提升队员的水上救援综合处置能力。见图3-5和图3-6。

图3-3　橡皮艇操艇技术讲解

图3-4　桨板救援讲解

图3-5　翻船自救训练

图3-6　游泳训练

(4) 素质拓展训练

体能是应急工作的基础,公司应急基干分队始终坚持加强体能训练。集训过程中,队员每天早上六点半准时开展各项体能训练。同时,在集训中积极开展丛林越野、篮球竞赛等多项训练,旨在进一步提高队员们的身体素质,为应急工作储备扎实的体能基础。见图 3-7 和图 3-8。

图 3-7　体能训练

图 3-8　丛林越野

(5) 横渡系统及绳索相关训练。

(6) 总结会

9 月 27 日,公司应急基干分队组织召开了集训总结会,会上大家畅所欲言,队员们纷纷表示本次集训虽然很累,却很充实。集训中学到了各项实用的应急技能,特别是水上救援相关技能得到了较好较快的提升,同时结合本次集训谈到了自身存在的不足,并有针对性地提出了下一步改进的方向和目标。针对集训过程中出现的问题提出了自身的建议。多名队员表示通过本次集训加强了各队伍间的联络,提高了队伍的联动能力,提高了应急处置效率。

最后,公司××部门充分肯定了队员们本次集训取得的成效,对各位队员在集训期间肯吃苦、能吃苦的精神给予了充分肯定,通过集训发现了队伍存在的不足,提高了队伍应急联动能力,检验了队伍的综合应急处置能力,对队伍下一步的集训和训练相关的工作具有较强的实用和借鉴作用。

公司××部门还从队伍装备、后勤保障、应急处置等方面提出了相关的要求,为应急队伍后续发展指明了方向,要求大家按照既定目标,进一步提升队伍的综合应急处置能力,提高应急处置效率,为省内应急队伍的发展贡献更大的力量。

资料来源:浙江日报和美篇专栏。

3.4.2.2　演练

应急演练指针对突发事件风险和应急保障工作要求,由相关应急人员在预设条件下，按照应急预案规定的职责和程序，对应急预案的启动、预测与预警、应急响应和应急保障等内容进行应对训练。

全国主要电力企业都开展了各种形式的应急演练，应急演练更注重实战化和基层化，面向班组、面向全员，多部门、多单位参与的综合应急演练都开展了专项评估。一些电力企业重点开展桌面演练流程技术和虚拟现实技术应用，提升应急演练质量和实效。

各级公司应根据本单位可能承担的应急救援任务特点，于每年一季度定期制订本单位基干分队演练计划，报上级分管安全部门备案，由上级分管安全部门监督实施。基干分队应按要求参加本单位或上级单位组织的应急演练，每年参加或组织开展的应急演练不应少于 2 次，并根据演练情况撰写演练评估报告。

(1) 应急演练目的与原则

① 应急演练目的

a. 检验突发事件应急预案，提高应急预案针对性、实效性和可操作性。

b. 完善突发事件应急机制，强化政府、电力企业、电力用户相互之间的协调与配合。

c. 锻炼电力应急队伍，提高电力应急人员在紧急情况下妥善处置突发事件的能力。

d. 推广和普及电力应急知识，提高公众对突发事件的风险防范意识与能力。

e. 发现可能发生事故的隐患和存在的问题。

② 应急演练原则

a. 依法依规，统筹规划。应急演练工作必须遵守国家相关法律、法规、标准及有关规定，科学统筹规划，纳入各级政府、电力企业、电力用户应急管理工作的整体规划，并按规划组织实施。

b. 突出重点，讲求实效。应急演练应结合本单位实际，针对性设置演练内容。演练应符合事故/事件发生、变化、控制、消除的客观规律，注重过程、讲求实效，提高突发事件应急处置能力。

c. 协调配合，保证安全。应急演练应遵循“安全第一”的原则，加强组织协调，统一指挥，保证人身、电网、设备及人民财产、公共设施安全，并遵守相关保密规定。

(2) 应急演练分类

① 综合应急演练

综合应急演练是由多个单位、部门参与的，针对综合应急预案或多个专项应急预案开展的应急演练活动，其目的是在一个或多个部门(单位)内针对多个环节或功能进行检验，并特别注重检验不同部门(单位)之间以及不同专业之间的应急人员的协调性及联动机制。

其中，社会综合应急演练由政府相关部门、电力监管机构、电力企业、电力用户等多个单位共同参加。

② 专项应急演练

专项应急演练是针对本单位突发事件专项应急预案以及其他专项预案中涉及自身职责而组织的应急演练。其目的是在一个部门或单位内针对某一个特定应急环节、应急措施或应急功能进行检验。

(3) 应急演练形式

① 实战演练

实战演练是由相关参演单位和人员，按照突发事件应急预案或应急程序，以程序性演练或检验性演练的方式，运用真实装备，在突发事件真实或模拟场景条件下开展的应急演练活动。其主要目的是检验应急队伍、应急抢险装备等资源的调动效率以及组织实战能力，提高应急处置能力。

a. 程序性演练

程序性演练根据演练题目和内容，事先编制演练工作方案和脚本。演练过程中，参演人员根据应急演练脚本，逐条分项推演。其主要目的是熟悉应对突发事件的处置流程，对工作程序进行验证。

b. 检验性演练

检验性演练的演练时间、地点、场景不预先告知，由领导小组随机控制，有关人员根据演练设置的突发事件信息，依据相关应急预案，发挥主观能动性进行响应。其主要目的是检验实际应急响应和处置能力。

② 桌面演练

桌面演练是由相关参演单位人员，按照突发事件应急预案，利用图纸、计算机仿真系统、沙盘等模拟进行应急状态下的演练活动。其主要目的是使相关人员熟悉应急职责，掌握应急程序。

除以上两种形式外，应急演练也可采用其他形式进行。

(4) 应急演练规划与计划

① 规划

各级政府、电力企业、电力用户应针对突发事件特点对应急演练活动进行 3—5 年的整体规划，包括应急演练的主要内容、形式、范围、频次、日程等。

从实际需求出发，分析本地区、本单位面临的主要风险，根据突发事件发生发展规律，制定应急演练规划。各级演练规划要统一协调、相互衔接，统筹安排各级演练之间的顺序、日程、侧重点，避免重复和相互冲突，演练频次应满足应急预案规定。

② 计划

在规划基础上，制订具体的年度工作计划，包括：演练的主要目的、类型、形式、内容，主要参与演练的部门、人员，演练经费概算等。表 3-5 为某供电公司年度应急演练计划表。

表 3-5 某供电公司年度应急演练计划表

序号	主办单位名称	演练项目名称	主要演练内容	演练类型	参演人数	演练场次	完成时间	备注
1	××公司	地震紧急避险、疏散演练	模拟××地区发生地震，××公司立即组织办公大楼内所有人员开展紧急避险、自救互救和应急疏散等演练	实战	100	1	5月	××部门
2	××公司	电力服务及电力短缺事件演练	模拟××地区由于用户电力服务不当，导致××出现电力短缺及电力服务事件，开展应急演练工作	桌面+实战	20	1	6月	××部门
3	××公司	交通事故及人身伤亡应急演练	模拟××公司出现交通事故造成人员受伤，开展应急救援演练	实战	8	1	7月	××部门
4	××公司	网络、信息与通信系统突发事件应急演练	模拟××公司网站被挂马、网站首页被篡改、黑客入侵、信息泄露等各类网络、信息与通信系统突发事件，开展信息安全攻防演练，追踪攻击来源，清除后门，做好补漏工作，保障公司网络、信息与通信系统安全	实战	10	1	7月	××部门
5	××公司	迎峰度夏(冬)联合反事故演习及调度自动化系统故障应急演练	模拟调度自动化设备故障后，开展××电网迎峰度夏(冬)联合反事故演习	桌面	60	2	6月、11月	××部门

(5) 应急演练准备

针对演练项目和范围，开展下述演练准备工作。

① 成立组织机构

根据需要成立应急演练领导小组以及策划组、技术保障组、评估组等工作机构，并明确演练工作职责、分工。

A. 领导小组

a. 领导应急演练筹备和实施工作。

b. 审批应急演练工作方案和经费使用。

c. 审批应急演练评估总结报告。

d. 决定应急演练的其他重要事项。

B. 策划组

a. 负责应急演练的组织、协调和现场调度。

b. 编制应急演练工作方案，拟定演练脚本。

c. 指导参演单位进行应急演练准备等工作。

d. 负责信息发布。

C. 技术保障组

a. 负责应急演练安全保障方案制定与执行。

b. 负责提供应急演练技术支持，主要包括应急演练所涉及的调度通信、自动化系统、设备安全隔离等。

D. 后勤保障组

a. 负责应急演练的会务、后勤保障工作。

b. 负责所需物资的准备，以及应急演练结束后物资清理归库。

c. 负责人力资源管理及经费使用管理等。

E. 评估组

a. 负责根据应急演练工作方案，拟定演练考核要点和提纲，跟踪和记录应急演练进展情况，发现应急演练中存在的问题，对应急演练进行点评。

b. 负责针对应急演练实施中可能面临的风险进行评估。

c. 负责审核应急演练安全保障方案。

② 编写演练文件

A. 应急演练工作方案

工作方案主要内容包括：

a. 应急演练目的与要求。

b. 应急演练场景设计：按照突发事件的内在变化规律，设置情景事件的发生时间、地点、状态特征、波及范围以及变化趋势等要素，进行情景描述。对演练过程中应采取的预警、应急响应、决策与指挥、处置与救援、保障与恢复、信息发布等应急行动与应对措施进行预先设定和描述。

c. 参演单位和主要人员的任务及职责。

d. 应急演练的评估内容、准则和方法，并制定相关具体评定标准。

e. 应急演练总结与评估工作的安排。

f. 应急演练技术支撑和保障条件，参演单位联系方式，应急演练安全保障方案等。

下面为某公司突发群体性事件应急演练方案：

××公司2020年突发群体性事件应急演练方案

一、编制目的

为及时、有效预防和应对可能发生或已经发生的群体性事件，完善××公司（以下简称：公司）突发群体事件应急处置机制，推进应急处置工作的法制化、科学化、制度化建设，全面提高公司应对各种群体性事件和风险的能力，消除和降低群体性事件造成的危害和影响，切实维护国家安全和社会稳定，持续构建和谐、稳定的企业发展环境，特制定本预案。

二、演练组织机构

（一）演练领导小组

组长：××。

副组长：公司班子成员。

成员：相关部门、单位主要负责人。

职责：贯彻落实国家有关社会稳定突发事件应急处理的法规、规定；接受上级公司群体事件应急处置领导小组的领导，落实布置的各项工作；根据本单位处置工作的需要，就本单位应急处置工作请求地方政府提供应急援助；统一领导公司管辖范围的突发群体事件应急处理工作，研究部署各项应急措施；研究、制定信息发布、舆论导向等方面的具体举措，负责向上级公司报送应急处置信息，向社会发布应急相关信息，向地方政府有关部门报告情况。研究解决事件处置过程中其他重大事项；宣布公司进入和解除应急状态，决定启动、调整和终止事件响应。决定发布相关信息，对本预案的执行情况负责；在群体性事件的初显期，组织相关单位开展先期控制工作。

（二）演练工作小组

组长：××。

成员：相关部门、单位主管副职及相关工作人员。

职责：负责落实应急处置领导小组布置的各项工作；开展信息搜集、统计汇总、上报工作；协调公司各专业部门开展应急处置工作；负责与政府部门沟通，汇报相关应急工作；协助发布有关信息。

三、演练前准备工作

公司××部门接到基层单位报告预警信息以及上级单位群体性事件应急指挥部办公室预警通知后，立即汇总相关信息，分析研判，提出公司群体性事件预警发布建议，经公司应急领导小组批准后发布。群体性事件预警信息内容包括群体性事件的性质、预警级别、预警期、可能影响范围、警示事项、应采取的措施和发布机关等。预警信息由公司××部门通过传真、办公自动化系统等固定方式及时向相关单位发布。各预警接收部门、单位可通过短信、微信、电话网络等快捷方式向政府、社会相关应急联动部门进行告知。公司××部门按照有关规定向上级主管部门报送预警发布情况。

1. 一级、二级预警行动

发布群体性事件一级、二级预警信息后，应采取以下主要措施：

公司预警行动：

(1) 公司××部门组织收集相关信息，密切关注事态发展，及时向公司应急领导小组报告；

(2) 做好成立群体性事件处置领导小组及办公室的准备工作；

(3) 有关职能部门根据职责分工协调组织应急处置工作，加强持续监测和分析工作，做好异常情况处置准备。

基层单位预警行动：

(1) 做好成立群体性事件专项处置领导小组及办公室的准备工作；

(2) 启动应急值班，及时收集相关信息并报告公司××部门，做好应急处置准备工作；

(3) 按本单位预案规定，及时、有效地开展先期工作，采取相应的工作措施，进行适当干预，控制事态发展。

2. 三级、四级预警行动

发布群体性事件三级、四级预警信息后，应开展以下一项或多项工作：

公司预警行动：

(1) 公司××部门密切关注事态发展，收集相关信息，及时向公司应急领导小组报告。

(2) 公司有关职能部门根据职责分工，督促基层单位组织好应急处置准备工作，做好异常情况处置准备。

基层单位预警行动：

(1) 及时收集和报送、通报事态发展和应急处置工作情况，指令事件涉及单位做好应急处置准备工作，督促可能涉及的单位做好异常情况处置准备。

(2) 向事发单位和可能涉及的单位发出预警通告，要求当事单位立即采取相应的工作措施，及时、有效地开展先期工作，控制事态发展。

(3) 按本单位预案规定，采取相应的工作措施，及时、有效实施适当干预，必要时派出工作小组，协助事发单位做好先期处置工作。

(4) 督促可能涉及的单位做好应急准备工作。根据防控情况及时调整措施，并视事态发展，加强持续防控，防止事态扩大。

(5) 统筹调配应急处置工作队伍，做好异常情况处置准备工作。

四、突发事件应对措施

（一）先期处置

涉事单位第一时间到现场开展先期处置，组织进行伤员救治、秩序维持等工作，收集事态发展和应急处置工作情况，汇总，上报公司××部门。

公司××部门密切关注群体事件事态发展情况，及时掌握基层单位先期处置情况，责成有关部门部署稳控工作和应急前期准备工作，视情况严重程度，及时安排离退部做好公司安全保卫准备工作，提前与辖区派出所沟通汇报相关情况。

公司有关部门组织、指挥、调度应急力量，及时研究相关政策法规，指导事件涉及单位做好稳控工作；协调可能波及的单位做好预防工作，防止事态蔓延；督促事发单位按属地管理原则，向政府主管部门报告情况、争取支持，在政府和公司群体事件应急处置领导小组指导下，做好先期处置工作。

（二）响应启动

基层单位启动本单位群体性事件应急响应，应立即向公司××部门和公司××部门报告。

公司××部门办接到基层单位启动本单位应急事件响应报告后，立即汇总相关信息，分析研判，提出对事件的定级建议，报公司应急领导小组。

重大及以上群体性事件，由公司应急领导小组研究决定成立公司群体性事件应急处置领导小组及其办公室。应急处置领导小组确定并宣布公司的群体性事件级别。

较大和一般群体性事件，公司应急处置领导小组研究确定由××部门或专业职能部门负责跟踪、督导基层单位组织实施应急处置工作。

五、响应调整及结束

1. 公司应急领导小组视事件紧迫程度、形成规模、行为方式、发展趋势、影响范围、可能造成的危害程度和社会影响等综合因素及事件分级条件，研究决定是否调整事件响应。

2. 经各级应急指挥机构的处置，矛盾纠纷基本化解或问题得以处理终结，事态得到控制，隐患已经消除，聚集人员主动离散、返回原居住地，群体事件得以有效平息，由公司群体事件应急处置领导小组研究决定终止事件响应，并发布终止命令。

3. 现场恢复的原则应做到迅速、全面、有效。应急处置领导小组办公室收集和整理应急处置过程中的记录、文件、方案等资料，对事件发生的原因、发生过程、处置情况进行综合评估，提出进一步做好稳定工作的建议，督导事发单位做好善后处理工作，迅速恢复正常的生产、工作秩序和当地的社会秩序。

4. 事件平息后，对承诺解决的问题，必须尽快兑现，消除可能导致事件反复的不安定因素，进一步做好化解工作，并加强跟踪和督查，防止事件出现反复。

5. 公司××部门组织各有关职能管理部门认真剖析引发事件的原因和责任，总结经验教训，并形成专题报告上报公司应急处置领导小组、政府主管部门和上级公司办公室。

6. 公司及基层单位要建立突发性群体性事件全程跟踪督办、查办制度，××部门协调相关部门具体负责督办、查办工作，避免再次引发集体上访事件。责任单位对全程跟踪工作承担"五包"责任：即掌握情况、政策解释、解决困难、思想工作、稳控处置。并在事件发生后10日之内书面报告全程跟踪和后续处置。

7. 公司有关职能管理部门和参与事件应急处置的基层单位，根据事件处置过程中暴露出的问题，提出整改措施，修改完善各自预案。视情提出修改完善本预案的意见建议；视情提出修改或补充相关法律法规的意见建议。公司定期对群体性事件的应急处置工作进行总结、评估。

××公司

××年××月××日

B. 应急演练脚本

应急演练脚本是指应急演练工作方案的具体操作手册，帮助参演人员掌握演练进程和各自需演练的步骤。一般采用表格形式，描述应急演练每个步骤的时刻及时长、对应的情景内容、处置行动及执行人员、指令与报告对白、适时选用的技术设备、视频画面与字幕、解说词等。应急演练脚本主要适用于程序性演练。

表3-6为某公司突发群体性事件应急演练总控脚本。

表3-6　某公司突发群体性事件应急演练总控脚本

演练总控脚本		
序号	情景内容	节点控制
1	【纪委书记】：为及时、有效预防和应对可能发生的群体性事件，进一步检验××公司突发群体性事件应急处置的能力，完善突发群体性事件应急处置机制，提高公司应对各种群体性事件和风险的能力，消除和降低群体性事件造成的危害和影响，持续构建和谐、稳定的企业发展环境，结合××公司当前一段时期工作安排，特组织开展本次演练。 本次演练由××公司纪委书记××同志担任演练总指挥，多个职能部门（为方便区别分别为部门A、部门B等）、××公司等单位参加演练。现在进入演练环节，请观看本次演练的背景介绍。	
2	【办公室主任】：报告总指挥，××公司2020年突发群体性事件应急演练准备工作已就绪，请指示！	
3	【纪委书记】：我宣布，××公司2020年突发群体性事件应急演练现在开始！	
4	第一阶段：应急响应阶段	

续表 3-6

<table>
<tr><th>序号</th><th>情景内容</th><th colspan="2">节点控制</th></tr>
<tr><td>5</td><td>事件发生</td><td colspan="2">【旁白 1,视频】:××月××日上午××:××分,××名不明身份上访群众在××公司大门口,吵闹着要见公司领导,对方要求××公司解决历史遗留问题,对相关人员进行无条件补偿,并提出一系列无理要求。因事发突然,安全保卫人员第一时间报告值班室,值班人员因无法给予答复,劝说无效后人员思想波动较大,出现情绪反常,稍有不慎会引发过激行为,发生暴力冲撞事件。同时围观群众不断增多,严重影响了公司的正常秩序。
事件发生后,××公司部门 A、部门 B、部门 C 等相关部门立即了解现场事件进展情况,分别向××公司领导汇报事件情况并组织人员开展先期处置。</td></tr>
<tr><td>6</td><td rowspan="3">响应启动</td><td rowspan="2">先期处置和信息初报,事发单位启动相应级别应急响应</td><td>【××公司部门 A 汇报领导,并启动应急响应】:
【总经理,接电话】:你好,我是××。
【××公司部门 A 主任,电话】:报告××!刚刚收到值班室汇报,公司大门口出现××名不明身份上访群众,要求见公司领导,提出解决历史遗留问题,对相关人员进行补偿,值班人员和保卫人员进行劝说后无效,上访群众情绪激动,稍有不慎会发生暴力事件。已达到群体性上访突发事件标准,建议公司启动突发群体性事件四级应急响应。
【总经理,接电话】:好的,我立即向××(上级)公司汇报,请组织各部门做好先期处置工作。
【××公司部门 A 主任,电话】:收到,立即落实!
【旁白 2】开展安抚工作</td></tr>
<tr><td>7</td><td>【旁白 3,视频】:××公司部门 D 专责通过与上访群众协商,带领××名群众代表至会客室进行会谈,对上访群众提出的问题和诉求,通过相关政策解释进行详细解答。××公司部门 D 专责给上访群众分发食物和饮用水,与群众进行交流沟通,安抚情绪。××公司部门 B 专责指导保安疏散围观群众和无关人员,设立警戒线,控制进出现场的人员,并负责对现场及其周边道路交通进行管理控制,确保道路畅通。××公司部门 C 专责疏导围观群众,防止引发舆情事件。</td></tr>
<tr><td>8</td><td>提出突发群体性事件应急响应建议</td><td>【××公司总经理汇报××公司办公室】:
【××公司办公室主任,接电话】:你好,我是××。
【××公司总经理,电话】:报告××!刚刚××公司大门口出现××名不明身份上访群众,要求见公司领导,提出解决历史遗留问题,对相关人员进行补偿。××公司已启动四级应急响应,对上访事件进行了先期处置。
【××公司部门 E 主任,接电话】:好的,我立即向××书记请示,请继续做好处置工作。
【××公司总经理,电话】:收到,立即落实!</td></tr>
</table>

续表 3-6

序号	情景内容	节点控制	
9	响应启动	提出突发群体性事件应急响应建议	【××公司部门E主任汇报领导，并启动应急响应】： 【纪委书记，接电话】：你好，我是××。 【××公司部门E主任，电话】：报告××书记！刚刚××公司发生群众上访事件，公司大门口出现××名不明身份上访群众，要求见公司领导，提出解决历史遗留问题，对相关人员进行补偿。××公司已启动四级应急响应，对上访事件进行了先期处置，建议启动××公司突发群体性事件四级应急响应。 【纪委书记，接电话】：同意，请××公司继续做好相关处置工作。通知公司应急领导小组成员和应急专家，10分钟后在应急指挥中心召开会商会议。 【××公司部门E主任，电话】：收到，立即落实！
10			上午××时××分，公司相关部门和单位在应急指挥中心召开突发群体性事件应急领导小组第一次会商会议。
11	指挥协调	会商会议	【纪委书记】：同志们，今天上午××点至今，受历史遗留问题影响，××公司发生群体性上访事件，公司已启动突发群体性事件四级应急响应。下面先请××公司汇报最新情况，随后各工作小组依次汇报。
12		相关单位汇报	【××公司，视频汇报】：××公司汇报，已组织部门A与上访人员代表进行会谈，对上访群众发放食物和饮用水；已组织部门B对现场进行安全控制；已组织部门C对现场进行舆情控制。因上访人员较多，情况复杂，××公司管控力量有限，申请协调联动支援，汇报完毕！
13		各小组汇报	【部门E主任】：部门E汇报，××公司发生群众上访事件，原因为××公司的历史遗留问题，群众要求进行补偿，按照相关政策，群众的相关诉求属于无理要求，公司不能予以补偿。已将××公司群体性上访事件向××省公司值班室做了汇报，其要求××公司加快处理进度，尽快平息事件；部门E已向相关部门和单位进行了传达，同时通知相关单位强化信息报送，确保信息畅通。汇报完毕！
14			【部门B主任】：部门B汇报，已组织人员及时对现场处置工作进行全程指导，要求参与应急处置各单位加强现场安全管控，确保人身安全。汇报完毕！
15			【部门C主任】：部门C汇报，已第一时间派人赴现场了解相关情况，对上访群众进行安抚；目前共监测到相关信息3条，已组织网络通讯员进行舆论引导，相关舆情平稳。汇报完毕！
16			【部门F主任】：部门F汇报，已全面做好公司应急指挥、处置人员后勤保障，食堂和医务室安排人员24 h值班，随时提供服务；已安排××名保安人员赴××公司进行支援，开展外围的安全警戒工作，对周边道路交通进行疏导；指导××公司做好应急处置现场后勤和医疗保障工作。汇报完毕！

续表 3-6

序号	情景内容		节点控制
17	指挥协调	领导部署工作	【纪委书记】:同志们,这次突发群体性事件给××公司正常工作带来严重影响,对社会秩序和公共安全造成危害,各单位要密切关注周围环境和事件动态,积极做好应急处置工作,防止出现更大规模群体性事件。 一是部门E持续关注现场动态,及时收集相关信息,并向××省公司汇报;二是部门B做好现场处置指导和安全管控;三是部门F做好现场保安人员配备,做好急需物品调配供应;四是部门C做好现场上访群众安抚,及时监测网络相关信息,做好相关舆情控制。
18	响应措施	应急响应行动	【旁白4】:公司各部门迅速落实会议要求,全力开展事件处置工作。
19			【处置现场】:××公司群体上访事件处置现场 【旁白5】××公司在××公司相关指导和支持下,与群众代表进行耐心沟通解释,讲解历史原因和相关政策,争取群众理解;为上访群众提供饮水和食品服务,对群众进行情绪安抚。上访群众情绪逐渐稳定,上访群众逐步疏散,群体性事件开始平息。
20	第二阶段:应急结束阶段		
21	响应结束与后期处置	各小组汇报	【××公司,视频汇报】:××公司汇报,截至××时,××公司突发群体性事件已处理完毕,通过与上访人员进行会谈,讲解历史原因和相关政策,已取得群众理解,群体性事件已平息,上访群众已疏散,未造成严重后果,××公司已解除突发群体性事件四级应急响应,汇报完毕。
22			【部门B主任】:部门B汇报,××公司突发群体性事件处置过程符合相关要求,处置过程中现场保持安全,未发生人身安全事件。汇报完毕!
23			【部门C主任】:部门C汇报,已对上访群众进行安抚,取得了群众理解;网络上相关不实报道信息均已撤回,未发现负面舆情。汇报完毕!
24			【部门F主任】:部门F汇报,已安排保安人员对××公司进行支援,现场管控平稳;已配合永宁公司做好应急处置现场后勤和医疗保障工作。汇报完毕!
25			【部门E主任】:部门E汇报,××公司发生群众上访事件已处理完毕,上访群众已疏散,已将××公司群体上访事件结束情况向××省公司值班室做了汇报。目前,突发事件应急处置已基本完成,现场秩序恢复正常,具备解除突发性群体事件应急响应的条件,建议公司结束应急响应。汇报完毕!
26	协调指挥	部署工作要求	【纪委书记】:同意结束公司突发群体性事件应急响应,请部门E向上级公司汇报公司应急处置工作情况;请部门C继续做好后续的信息监控和舆论引导工作;部门B尽快组织开展事件调查和应急处置评估工作;××公司要继续做好职工教育,加强突发事件监测,发生突发事件第一时间上报。各部门要按照预案要求继续做好后期处置工作,总结经验教训,不断改进工作,提高公司应对各种群体性事件和风险的能力,切实维护社会稳定和公司安全,持续构建和谐、稳定的企业发展环境。

续表 3-6

序号	情景内容		节点控制
27	总结提升	演练点评、总结和宣布结束	【旁白 6】:公司各部门落实会议要求,依据突发群体性事件应急预案,组织做好后期处置工作,结合××省公司的工作要求,进一步做好工作总结,不断提升各专业应急处置工作水平。
28			【纪委书记】:今天的演练科目全部完成,现在请评估专家对本次应急演练情况进行现场点评。
29			【点评】演练评估专家点评。
30			【纪委书记】:今天通过突发群体性事件应急演练,提高了公司各部门、单位协同处置群体性事件的能力,检验了公司突发群体性事件应急预案的实战性和可操作性,提高了全体职工和安全保卫人员的自我防护意识和安全管控能力。要进一步完善突发群体性事件应急处置机制,消除和降低群体性事件造成的危害和影响,切实维护国家安全和社会稳定,持续构建和谐、稳定的企业发展环境。 现在我宣布,××公司××年突发群体性事件应急演练到此结束。

C. 评估指南

根据需要编写演练评估指南,主要包括:

a. 相关信息:应急演练目的、情景描述,应急行动与应对措施简介等;

b. 评估内容:应急演练准备、应急演练方案、应急演练组织与实施、应急演练效果等;

c. 评估标准:应急演练目的实现程度的评判指标;

d. 评估程序:针对评估过程做出的程序性规定。

D. 安全保障方案

主要包括:

a. 可能发生的意外情况及其应急处置措施;

b. 应急演练的安全设施与装备;

c. 应急演练非正常终止条件与程序;

d. 安全注意事项。

③ 落实保障措施

A. 组织保障

落实演练总指挥、现场指挥、演练参与单位(部门)和人员等,必要时考虑替补人员。

B. 资金与物资保障

落实演练经费、演练交通运输保障,筹措演练器材、演练情景模型。

C. 技术保障

落实演练场地设置、演练情景模型制作、演练通信联络保障等。

D. 安全保障

落实参演人员、现场群众、运行系统安全防护措施，进行必要的系统（设备）安全隔离，确保所有参演人员和现场群众的生命财产安全，确保运行系统安全。

E. 宣传保障

根据演练需要，对涉及演练单位、人员及社会公众进行演练预告，宣传电力应急演练相关知识。下面为公司疫情防控演练宣传报道情况：

公司疫情防控演练筑牢防疫堡垒

8月25日，公司组织开展疫情防控应急处置演练，进一步强化疫情防控工作体系协同配合能力，查漏洞、补短板，全面提升面对疫情突发状况的应急处置能力。图3-9为演练中模拟防疫工作人员排查与疑似患者接触的人员。

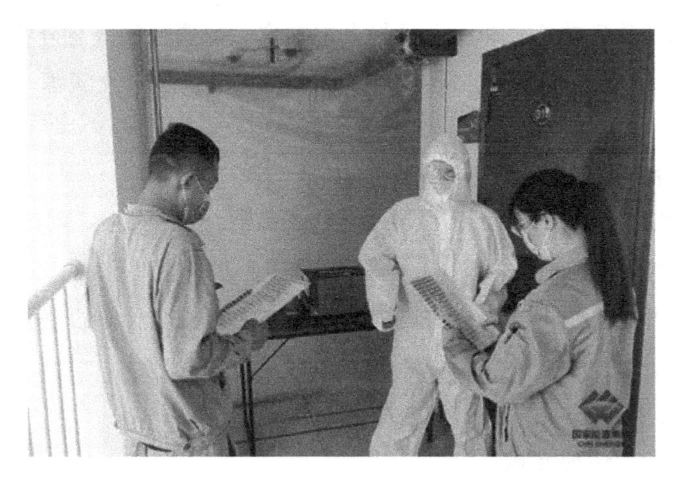

图3-9 演练中模拟防疫工作人员排查与疑似患者接触的人员

本次演练模拟两名员工出现发热、乏力、干咳症状，疑似为新冠肺炎感染者，应急处置工作组收到报告后，立即发出“黄色警报”进入二级预警状态，启动《突发公共卫生事件应急预案》立即采取隔离措施，最大限度减小疫情传播对员工人身健康和公司生产经营造成的影响，同时调查疑似病例的活动轨迹，全面排查接触者并进行隔离观察，演练结果模拟将疑似感染者安全转移至最近的医院进行医学隔离观察，对疑似病例的活动场所进行全面消毒，隔离观察与疑似病例接触人员，最终圆满完成本次演练。

演练过程中，全体参演人员严格履行职责，现场救援、现场隔离、秩序维护、原因调查、信息收集、舆情监控等环节井然有序，本次演练进一步规范了该公司应急事件的处置流程，全面检验了应急预案的可行性和可操作性，提高了员工面对疫情突发状况时的应急处置能力。

④ 其他准备事项

根据需要准备应急演练有关活动安排，进行相关应急预案培训，必要时可进行预演。

(6) 应急演练实施

① 程序性实战演练实施

A. 实施前状态检查确认

在应急演练开始之前，确认演练所需的工具、设备设施以及参演人员到位，检查应急演练安全保障设备设施，确认各项安全保障措施完备。

B. 演练实施

条件具备后，由总指挥宣布演练开始。按照应急演练脚本及应急演练工作方案逐步演练，直至全部步骤完成。演练可由策划组随机调整演练场景的个别或部分信息指令，使演练人员依据变化后的信息和指令进行自主响应。出现特殊或意外情况时，策划组可调整或干预演练，若危及人身和设备安全时，应采取应急措施终止演练。

C. 演练结束

演练完毕，由总指挥宣布演练结束。

② 检验性实战演练实施

A. 实施前状态检查确认

在应急演练开始之前，确认演练条件具备，检查演练安全保障设备设施，确认各项安全保障措施完备。

B. 演练实施

演练实施可分为两种方式：

方式一：策划人员事先发布演练题目及内容，向参演人员通告事件情景，演练时间、地点、场景随机安排。

方式二：策划人员不事先发布演练题目及内容，演练时间、地点、内容、场景随机安排。

有关人员根据演练指令，依据相应预案规定职责启动应急响应，开展应急处置行动。演练完毕，由策划人员宣布演练结束。

③ 桌面演练实施

A. 实施前状态检查确认

在应急演练开始之前，策划人员确认演练条件具备。

B. 演练实施

a. 策划人员宣布演练开始。

b. 参演人员根据事件预想，按照预案要求，模拟进行演练活动，启动应急响应，开展应急处置行动。

c. 演练完毕，由策划人员宣布演练结束。

④ 其他事项

A. 演练解说

在演练实施过程中，可以安排专人进行解说。内容包括演练背景描述、进程讲解、案例介绍、环境渲染等。

B. 演练记录

演练实施过程要有必要的记录，分为文字、图片和声像记录，其中文字记录内容主要包括：

a. 演练开始和结束时间；

b. 演练指挥组、主现场、分现场实际执行情况；

c. 演练人员表现；

d. 出现的特殊或意外情况及其处置。

(7) 应急演练评估、总结、后续处置与持续改进

① 评估

对演练准备、演练方案、演练组织、演练实施、演练效果等进行评估，评估目的是确定应急演练是否已达到应急演练目的和要求，检验相关应急机构指挥人员及应急响应人员完成任务的能力。评估组应掌握事件和应急演练场景，熟悉被评估岗位和人员的响应程序、标准和要求；演练过程中，按照规定的评估项目，依推演的先后顺序逐一进行记录；演练结束后进行点评，撰写评估报告，重点对应急演练组织实施中发现的问题和应急演练效果进行评估总结。

下面为某公司雨雪冰冻灾害应急演练评估报告。

应急演练评估报告

单位名称：××公司

演练名称	雨雪冰冻灾害应急演练		
演练类型	桌面推演和现场演练	演练时间	××年××月××日
演练地点	××公司	参加人数	××人
参演单位	××公司及所属分(子)公司		

一、演练目的

检验公司在突发雨雪冰冻灾害情况下设备设施损坏事件，部门处置方案和应急抢险的职责分工、处置流程和应对工作机制。检验公司应急指挥机构的指挥协调、协同配合能力和应急处置熟练程度。检验公司各部门处置大面积突发事件对内、对外汇报流程。

续表

二、演练基本情况

各部门于××年××月××日××:××在应急指挥中心进行雨雪冰冻灾害应急演练。此次演练由××公司××部门主办。

三、演练效果评估

一是定位准确,情景合理。本次演练中公司先发布“暴雪黄色预警”“道路结冰黄色预警”通知,应急事件及灾情发生后,发布“暴雪黄色预警”“道路结冰黄色预警”三级响应标准,事件发生后立即开展应急处置和信息报送,演练情景紧密结合实际,事件展现了雨雪冰冻灾害给××配电网造成的影响和损失,情景设置合理,展现了上下配合、组织管理的能力。

二是科目合理,要素齐全。××公司发布公司“暴雪黄色预警”,按照公司部门处置雨雪冰冻灾害专项应急预案,相关部门分别组织开展预警行动和应急准备,布置相关工作,随时投入到应急抢险救援中,从中体现了应急指挥能力和应急处置响应能力。

三是协调控制、组织有序。××公司××部门发布“暴雪黄色预警”后,相关部门分别组织开展预警行动和应急准备,布置相关工作。各部门组织好应急抢险人员,恢复受损的××千伏线路,密切联系群众,做好群众思想工作,及时将电网抢修进展情况向××管委会应急指挥中心、安监局、上级公司报告,从中体现了应急指挥能力和应急处置响应能力。

四、存在问题

演练流程过于繁琐。

五、改进措施及意见

加强演练流程培训,熟练开展演示。

评估结论:良

备注:

填表人:

② 总结

应急演练结束后,策划组撰写总结报告,主要包括以下内容:

a. 本次应急演练的基本情况和特点;

b. 应急演练的主要收获和经验;

c. 应急演练中存在的问题及原因;

d. 对应急演练组织和保障等方面的建议及改进意见;

e. 对应急预案和有关执行程序的改进建议;

f. 对应急设施、设备维护与更新方面的建议;

g. 对应急组织、应急响应能力与人员培训方面的建议等。

下面为某公司应急救援消防演练总结报告。

××公司应急救援消防演练总结

2020年2月19日上午9时，××公司进行了办公大楼的消防应急演练活动。本次演练由公司发起，公司在岗人员、物业单位相关人员参与，演练取得成功。

本次演练火灾起因为公司人员在使用酒精过程中，由于环境干燥产生静电，引起酒精燃烧，并不断向其他部位蔓延。公司人员迅速上报消防控制室、消防管理人员，同时扑救初期火灾，消防控制室接到报警，迅速到513紧急灭火。消防管理人员迅速协调应急疏散组、应急救援组做好火灾救援。

演练结束，公司总经理××、党委书记××、副总经理××点评了此次演练，肯定了利用网络进行消防演练，指出前期准备和演练过程中存在的不足，并提出今后消防管理指导性意见。

通过演练，发现以下不足：

1. 公司人员在发生火灾时，火灾初期灭火意识不强，慌乱逃生，应急通道疏散人员不足。

2. 消防控制室人员接到报警后，灭火行动较慢，对消防栓使用不够熟练。

3. 医疗救援物资不足，应急救援箱不足、无救援担架。

4. 消防演练人员危险意识不足。

5. 演练小组手机操作不够熟悉，小组间配合不力。

演练评价：

本次演练提高了××公司管理人员在突发事件下的协调指挥、网络推演、人员疏散、应急救援、医疗救援能力，物业单位消防灭火能力，进一步提升了××公司消防能力建设。但同时也发现了公司人员针对初期火灾处置能力不足、火灾时楼层疏散引导人员不足、灭火人员对消防设施操作生疏等问题，今后将对本次演练中的不足进行宣贯教育并再次演练，提升公司消防应急工作水平，最大限度地减轻火灾造成的损失。

××公司

××年××月××日

③ 后续处置

A. 文件归档与备案

应急演练活动结束后，将应急演练方案、应急演练评估报告、应急演练总结报告等文字资料以及记录演练实施过程的相关图片、视频、音频等资料归档保存；对主管部门要求备案的应急演练，演练组织部门（单位）将相关资料报主管部门备案。

B. 预案修订

演练评估或总结报告认定演练与预案不相衔接，甚至产生冲突，或预案不具有可操作性，由应急预案编制部门按程序对预案进行完善。

④ 持续改进

应急演练结束后，组织应急演练的部门（单位）应根据应急演练情况，对表现突出的单位及个人给予表彰或奖励，对不按要求参加演练，或影响演练正常开展的，给予相应批评或处分。应根据应急演练评估报告、总结报告提出的问题和建议，督促相关部门和人员制订整改计划，明确整改目标，制定整改措施，落实整改资金，并跟踪督查整改情况。

3.4.3 应急救援

应急救援是针对突发事件采取预防、预备、响应和恢复的计划与行动，是各级应急救援运行管理机构针对突发事件的性质、特点和危害程度，立即组织有关部门，调动应急救援队伍和社会力量，依照有关法律、法规、规章规定采取的应急处置措施。应急救援的基本任务是立即组织营救受害人员，组织撤离或者采取有效措施保护危险危害区域的其他人员；迅速控制事态，并对事件造成的危险、危害进行监测和检测，测定事件的危害区域、危害性质和危害程度；消除危害后果，做好现场恢复；查明事件原因，评估危害程度。

在发生自然灾害、事故灾难等突发事件时，原则上由事发地单位开展应急处置，当突发事件超出事发地单位应急处置能力时，由地市供电公司就近调派辖区内基干分队予以支援；突发事件超出地市供电公司应急处置能力时，由省公司就近调派省内基干分队予以支援；突发事件超出省公司应急处置能力时，由跨省应急协调联动区内的联动单位调派基干分队予以支援。在执行应急救援任务期间，基干分队应接受受援单位应急指挥机构的指挥，根据承担任务性质和现场环境特点，按照专业技能分工，在相互协作、保证自身安全的前提下实施应急救援工作。应急救援任务完成后，基干分队应及时开展应急救援工作总结和评估，并在 15 天内报送上级分管安全部门。

另外各省、地市供电公司、县级供电公司应根据地方政府工作需要，调派基干分队参加辖区内社会突发事件应急救援，公司总部根据需要调派各省公司基干分队参与国内外重特大突发事件应急救援。

应急救援作业程序基本包括以下步骤：信息报告、信息处置与研判、预警、响应、应急处置、救援行动、响应调整与中止、后期处置、调查与评估等。下面介绍应急救援作业程序。

3.4.3.1 信息报告

突发事件发生后，事发单位应及时向上级单位行政值班机构和专业部门报告，情况紧急时可越级上报。根据突发事件的影响程度，依据应急预案的规定报告当地政府有关部门。事发单位各专业部门或单位将突发事件及应急处置工作信息汇总后，报上级应急领导小组或专项事件应急处置领导机构，由其决策后再进行相关信息处置。

(1) 各部门负责人和值班室接到突发事件报告后，应立即逐级上报至公司应急办公室、应急领导小组；主要负责人收到信息后报告时长最长不超过 1 h。

(2) 发生人身死亡事故、防汛事件、突发群体事件、突发环境事件、公共卫生突发事件等时，按照公司《安全生产管理办法》规定进行上报，同时公司应急办公室在规定时间内向上级单位、属地政府值班室、属地应急管理局、控股单位等相关单位进行书面报告，事故报告应经过本单位负责人审批后报出；公司应急领导小组接到事故报告后，应立即启动相应应急预案或采取有效措施，组织开展应急处置工作。

(3) 信息报告应包括以下内容：事故单位概况，事故发生时间、地点，事故类型及性质；事故发生简要经过，人员伤亡及现场救护情况，设备设施损坏及直接经济损失情况，设备停运对电网的影响情况；事故现场处理情况、事故原因初步判断、需要援助的情况；事故报告人所在单位、姓名、职务和电话联系方式；其他需要报告的情况。

(4) 信息报告应及时、客观，不得迟报、谎报、漏报和瞒报。在应急处置过程中，要及时续报有关情况。

(5) 当常规通信方式不能报送突发事件信息时，启用卫星电话报告，传递突发事件及应急救援信息。

3.4.3.2 信息处置与研判

根据事故性质、严重程度、影响范围和可控性，结合响应分级明确的条件，由公司应急领导小组做出响应启动的决策并宣布。公司突发事件应急救援响应程序如图 3-10 所示。

若未达到分级响应启动条件，应急领导小组可做出预警启动的决策，做好响应准备，实时跟踪事态发展。

分级响应启动后，各级应急管理(指挥)机构应及时掌握突发事件应急处置情况，科学分析处置需求，及时调整响应级别，避免响应不足或过度响应。尤其当事故或险情的严重程度和发展趋势超出其应急救援能力时，应及时报请上级应急管理机构启动高一等级的应急预案。

3.4.3.3 预警

(1) 预警启动

① 应急预警条件

应急预警条件一般包括：

a. 收到当地政府或有关部门发布的预警信息；

b. 通过网内各类监测仪器监测的数据、报警设施发出的报警信号、数据分析的结果，有导致事件发生征兆的；

c. 发现安全隐患并可能导致事件发生的；

d. 初期处置估计可控而没能控制事件发展态势的；

e. 其他可能严重影响公司安全生产紧急情况的。

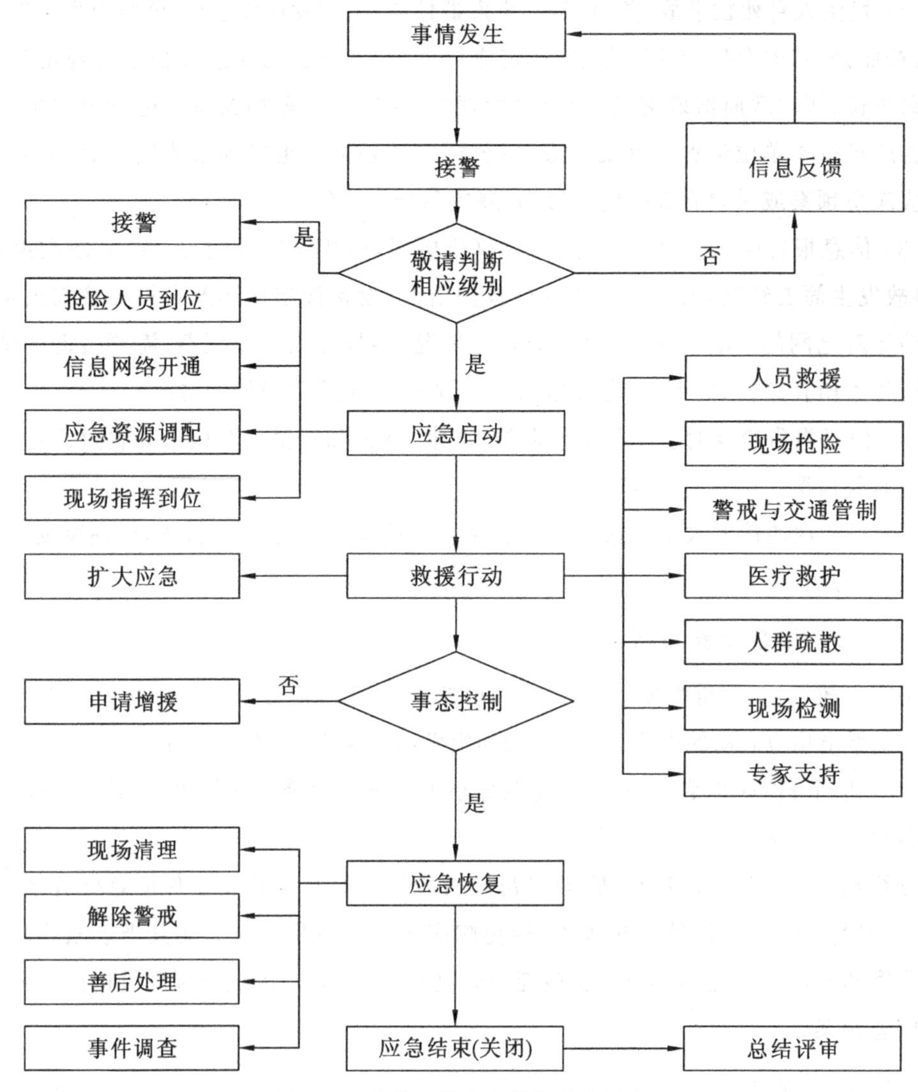

图 3-10　突发事件应急救援响应程序

② 预警分级

公司预警信号的级别依据突发事件的紧急程度、发展态势和可能造成的危害程度，从高到低一般分为四级：Ⅰ级（特别严重）、Ⅱ级（严重）、Ⅲ级（较重）、Ⅳ级（一般），依次用红色、橙色、黄色和蓝色表示。各子（分）公司按照四种预警信息情况，结合实际情况和相应专项预案做好相应级别的应急准备。

③ 预警信息发布

预警信息第一时间传递给现场负责人，现场负责人向其分管领导汇报，同时向公司应急办公室汇报，再逐级汇报至应急领导小组，公司事故预警信号由应急领导小组办公室研究确定，经应急领导小组批准后，由公司应急领导小组办公室统一发布，应急办公室指定人员立即向有关单位和人员发出预警信息，应急抢险人员待命。有事实证明不可能发生突发事件或者危险已经解除的，应急办公室应当解除警报，终止预警期，解除已经采取的措施，并向应急领导小组报告，应急领导小组批准后发布。各部门负责人将警报解除信息传达至各生产现场。

(2) 响应准备

a. 公司发布的预警信息启动后，各专(兼)职应急救援队伍、应急设备物资的存放部门、后勤保障组成员、应急通讯保障人员等应立即开展响应准备工作；

b. 电网企业应急救援队伍收到事故预警信号后，应根据事故预警信号防御的要求采取措施，避免或减轻事故损失，同时将响应准备部署情况回复公司应急指挥部；

c. 事故预警信号发布后，各岗位应急人员全部到位，实行24小时值班制度，全程跟踪、监测事故的发展、变化情况，并及时发布事故补充订正预警预报信息，直至事故结束。

(3) 预警解除

① 根据事态发展，有关情况证明突发事件不可能发生或危险已经解除，由公司应急办公室或相关部门提出解除建议，经公司应急领导小组批准后，由公司应急办公室宣布解除预警行动；

② 启动响应时自动解除预警。

3.4.3.4　*响应启动*

结合响应分级明确的条件，分级响应具体启动程序如下：

(1) Ⅰ级应急响应

① 发生特别重大突发事件、重大突发事件后，公司应急领导小组召开应急处置准备会，启动Ⅰ级应急响应，发布应急响应内容，成立公司现场指挥部，指挥部赶赴现场查看事故现场、组织召开现场事故处置工作会、接受现场抢险指挥权，组织开展应急处置工作，并按照边处置边上报的原则向上级应急管理部门、主管部门、股东单位等报送响应处置情况。

② 当事故进一步发展到公司应急能力无法处理时，应及时请求政府应急部门启动应急处置，移交应急处置指挥权，并做好应急处置配合工作；各相关部门根据发布的相关应急信息及应急处置准备会和现场事故处置工作会的要求与事发部门融合，履行应急职责，做好应急响应工作。

(2) Ⅱ级应急响应

① 发生较大突发事件后，公司启动相关应急预案，由现场指挥部按照预案应急处置程序和要求进行处置；

② 公司应急领导小组与现场指挥部联系，听取应急办公室人员有关突发事件的应急

救援情况报告，组织有关部门、专家组进行会商，研究分析事态，部署应急处置工作，并按照有关规定向上级报告应急处置情况；

③ 公司应急领导小组成员根据需要赴事发现场或派出前方工作组赴事发现场统一协调开展应对工作；

④ 现场指挥部执行公司应急领导小组指令，组织和指挥应急处置工作。

(3) Ⅲ级应急响应

① 发生一般事件后，公司启动相关应急预案，由事发单位现场指挥部统一领导、组织和指挥应急处置工作，并及时上报事态发展和现场救援情况；

② 公司应急领导小组成员到位，开通与现场指挥部的联系，向现场指挥部下达有关应急救援的指导性意见，协调当地应急资源，进行现场应急处置；

③ 相关单位应急救援队伍服从现场指挥部的统一指挥，参与现场处置。

3.4.3.5 应急处置

突发事件处置要坚决执行“抢险先救人”“最大限度地减少员工、群众的生命财产损失”的原则。

(1) 发生自然灾害类事件(事故)，如地震灾害、地质灾害、洪水灾害，各部门按相关应急预案程序进行先期处置，公司启动自然灾害类应急预案，如《地震灾害应急预案》《防汛应急预案》《地质灾害应急预案》等，按照规定的处置程序与要求，组织开展应急处置工作；

(2) 发生事故灾难类事件(事故)，如生产安全事故、突发环境污染事件，各单位按相关应急预案程序进行先期处置，公司启动事故灾难类应急预案，如《大面积停电事件应急预案》《突发环境污染事件应急预案》《电网事故应急预案》等，按照规定的处置程序与要求，组织开展现场应急处置工作；

(3) 发生公共卫生突发事件，各单位按相关应急预案程序进行先期处置，公司启动《公共卫生应急预案》《新冠疫情应急预案》，按照规定的处置程序与要求，组织开展现场应急处置工作；

(4) 发生社会安全类事件(事故)，如突发群体事件，各单位按相关应急预案程序进行先期处置，公司启动《安保反恐事件应急预案》，按照规定的处置程序与要求，组织开展现场应急处置工作；

(5) 突发事件发生后，应急指挥部要“不等、不靠”，立即启动应急预案，并立即组织各应急工作组赶赴事件现场，展开应急抢险和应急事件化解工作，防止事件和事态扩大，并维护好现场秩序；

(6) 按照事件大小，根据事件应急报告及应急抢险规定，立即向上级应急指挥中心报告，接受上级应急指挥中心的统一指挥。若发生需要 119、120、122、110 和社会救援力量参与的事件，现场救护组必须积极配合，相关单位派出人员展开救援工作，并组织好、保护好社会救援力量展开救援工作；

(7) 通讯保障组应按照指挥部的指令，不间断地向上级应急指挥中心或有关职能部门报告事件现场基本情况，或请求支援；

(8) 后勤保障组应按照指挥部的指令，根据现场救援工作的需要，组织好车辆、医务人员及有关应急抢险物资、器材到现场，做好现场救援的一切后勤保障工作，并积极主动配合 120 护送伤亡人员临时安置工作，确保现场救援的顺利进行；

(9) 善后工作处置组要及时联系社保、医保、劳动、工会、应急等相关职能部门，按照国家政策开展对受伤人员、死亡人员家属的安抚和赔付工作，避免事件造成不稳定因素。联系保险公司开展事件造成损失的理赔工作，最大限度减少企业的财产损失；如有政府相关职能部门及上级指挥部介入时，应积极主动配合开展善后处理工作，并提供相关资料和证据。

3.4.3.6　救援行动

(1) 发生突发事件后，在事态无法控制的情况下，公司应急领导小组根据情况需要，请求集团公司和属地政府应急支援。

(2) 按照集团公司和属地政府的要求，公司积极参与集团公司救援，调集应急资源，提供突发事件抢险和应急救援电力保障。

(3) 根据属地政府的要求，公司各部门应积极参与社会应急救援，保证突发事件抢险和应急救援的电力供应，向政府抢险救援指挥机构、灾民安置点、医院等重要场所提供电力保障。

3.4.3.7　响应调整与终止

(1) 响应调整

公司应急指挥部应与地方政府、公司等保持密切联系，并根据事件事态发展情况，一旦超出应急能力(范围)或事态不能得到有效控制时，应扩大应急响应等级和范围，必要时及时协调地方政府、公司提供应急支持。

当事件初步处理达到一定效果或事件得到有效控制时，应急指挥部降低应急响应级别，并按低一级别应急响应进行处置。

(2) 响应终止

① 经应急处置后，确认下列条件同时满足时，应急指挥部可下达应急结束指令：应急指挥部的应急处置已经终止；

a. 事件得到有效控制，伤员得到妥善安置；

b. 损失控制在最小；

c. 环境符合有关标准，导致次生、衍生事件的隐患已经消除；

d. 社会影响减小到最小。

② 应急结束后，应急事件处置责任部门编写应急抢险工作总结，应至少包括以下内容：

a. 事件情况，包括事件发生时间、地点、影响范围、财产损失、人员伤亡情况、事件发生初步原因；

b. 应急处置过程；

c. 处置过程中动用的应急资源；

d. 处置过程遇到的问题、取得的经验和吸取的教训；

e. 对预案的修改建议。

③ 对应急总结、值班记录等资料进行汇总、归档，报安全监察部备案，并起草上报材料；

④ 按照事件调查组的要求，应急指挥部和相关人员应如实提供相关材料。

3.4.3.8 *后期处置*

后期处置包括受伤人员慰问、人员安置、现场清理与污染物处理、事件后果影响消除、生产秩序恢复、抢险工程和应急抢险能力评估等事项，对于应急抢险期间的征用物资和救援费用予以补偿和支付。

(1) 受伤人员慰问

由事故或灾害发生单位负责慰问工作，主要包括：向员工提供充分的医疗救助；按公司有关规定，对伤亡人员的家属进行安抚；对员工进行心理咨询，以消除恐慌心理；根据受伤情况，考虑向员工提供现金预付、薪水照常发放、削减工作时间、咨询服务等方面的帮助。

(2) 人员安置

如果突发事件影响到员工办公和居住，应及时进行人员安置，协助或保证员工办公和居住条件的恢复。

(3) 现场清理

应急救援中使用水、砂等灭火剂以及泄漏出的化学物质或建筑物坍塌等会对环境造成污染，应对这些污染物进行处理。如果事故涉及有毒或易燃物质，清理工作必须在其他恢复工作之前进行。可建立临时洗池(用于清除场所内的有毒物质)来消除污染。

(4) 善后理赔

为全体员工投保工伤保险，投保财产一切险及机器损坏险、雇主责任险、公众责任险。发生突发事件应按有关规定及时报告公司人力资源部、安全监察部、财务资金部，按照相关规定启动工伤保险和财产保险的理赔程序。

(5) 生产秩序恢复

突发事件应急处置工作结束后，事故或灾害发生单位要按照“四不放过”的原则认真分析事故或灾害的原因，系统开展隐患排查，主动采取措施消除隐患，针对存在的设备、设施和场地等隐患，落实资金、合理安排进度，实施整改并确保安全。

积极组织受损设施、场所和生产经营秩序的恢复重建工作，对于重点部位和特殊区域，要认真分析研究，提出解决建议和意见，按有关规定报批实施。

3.4.3.9 调查与评估

(1) 事故调查

① 一般及以上事故由各级人民政府或电力监管机构组织调查，各级单位应积极配合，同时也应开展内部的事故原因分析。受各级人民政府或电力监管机构委托由企业组织事故调查的，调查按国家有关规定执行；

② 环境事件，按照国家有关规定组织调查，各级单位协助政府部门组织调查；

③ 受政府机构委托企业组织调查的一般事故由分子公司(或其授权的单位)自行组织调查，上级管理单位认为有必要时，可以组织、派员参加或授权有关单位调查。

(2) 应急救援评估

突发事件善后处置工作结束后，应急管理机构组织有关单位和部门、专家对突发事件应急救援工作进行评估，总结和吸取应急处置经验教训，不断提高突发事件应急处置能力，持续改进应急准备工作。评估报告包括：信息接收、流转、报送情况；先期处置情况；应急预案实施情况；组织指挥情况；现场救援方案制定及执行情况；现场应急救援队伍工作情况；现场管理和信息发布情况；应急资源保障情况；防控环境影响措施的执行情况；救援成效、经验和教训；相关建议。

(3) 其他

发生突发事件的单位应于应急救援结束后10个工作日内，将突发事件应急救援评估报告报送公司应急办公室。公司应急办公室应按照有关规定向上级单位和有关人民政府及行业应急主管部门报送突发事件应急救援评估报告。

典型案例

下面为某公司电力应急救援队伍“723”动车事故救援过程：

2011年7月23日20时34分，动车D301次和D3115次在温州双屿下岙路段发生追尾，事故发生后，公司第一时间启动应急预案，周密部署救援保电工作，所属二级单位迅速行动，事发后半小时，应急救援基干分队第一批应急救援人员和应急发电车在队长的带领下抵达事故现场，事发点道路狭窄，挤满了救护车和应急车辆，前来支援的第二批30名应急救援队队员抬着四台移动探照灯，穿过1000多米的泥泞道路，一路小跑来到救援现场，为现场救援点亮了生命之灯，受到了各级党委政府和社会各界的高度赞扬。

由于在“723”动车事故救援保电的出色表现，电力应急救援基干分队被市政府纳入市应急救援体系。

3.5 装备配置

应急救援装备是救援人员的主要工具，是形成战斗力的基本条件，是提升应急救援工作效能的重要保障，在提高应急救援效率、维护救援现场稳定、保障生命财产安全方面发挥着重要作用。

各级单位公司应根据当地地理位置、突发事件类型和实际电网情况等因素，依据电力应急救援基干分队规定配置、补充、完善、更新装备物资，逐步为应急救援队伍配备标准化、系列化、通用化的装备，并建立落实装备维护保养相关制度，实现专业化、规范化和常态化管理，规范装备维护保养业务流程，建立装备维护台账，统一纳入应急指挥系统。下面为某公司为防汛做好保电工作的案例：

自 2021 年 6 月 1 日该地区正式上汛以来，为确保当地电网安全稳定运行和广大客户用电安全，公司将风险想充分、准备做周全、工作做扎实，按期完成防汛重点项目，科学优化部署人员力量，备齐防汛物资装备，加大新型防汛技术、先进装备投入力度，进一步提升防汛应急突发事件处理和快速抢险能力。

2021 年以来，公司进一步加大新型防汛技术、先进装备投入力度。此前，该公司 35 kV 及以上变电站溢水报警系统已实现全覆盖，地下配电站室已安装溢水报警装置 2978 套。在此基础上，2021 年新加装溢水报警装置 566 套，地下配电站室溢水报警安装覆盖率达到 80%。两级调控中心和配电运营管控中心收到溢水报警信息后，将安排运维人员第一时间赶赴现场检查，排除积水隐患，实现精准处置。此外，新加装变电站雨量计量装置 120 套，公司将积极应用精准气象预报预警系统、微气象监测平台，实时关注最新研判、预警信息及变电站雨量观测装置数据，推送最新研判和动态实况，确保一线人员及时落实应对措施。

在城市周边区域，该公司各单位将利用新增配置的四轴多旋翼无人机开展山区线路汛情灾情排查，通过回传影像，精准定位防汛隐患缺陷，拓展汛情巡视手段，为快速处置提供支撑。

今年部分单位还在变配电站室试点推广应用了“三防墙”、电缆坑井水密砂、滴水传感报警装置、设备防渗水挡板等新材料、新技术，进一步提升站室防水封堵及监测预警能力。

资料来源：新浪微博-北京日报客户端

3.5.1 仓库管理

仓库管理也叫仓储管理，指的是对仓储货物的收发、结存等活动的有效控制，其目的是为企业保证仓储货物的完好无损，确保生产经营活动的正常进行，并在此基础上对各类货物的活动状况进行分类记录，以明确的图表方式呈现仓储货物在数量、品质方面的状况，以及所在的地理位置、部门、订单归属和仓储分散程度等情况的综合管理形式。对于电力应急救援队伍而言，专业应急救援装备等物资需进行仓库管理，减少物资损坏情况。

3.5.1.1 库房要求

应急救援装备是应急救援安全的重要保证，必须加强对应急救援装备质量和工器具库房的管理，必须定期对应急救援装备进行试验，不合格的应急救援装备要及时清理，并进行补充，确保应急救援装备的产品质量和安全使用。由于大部分应急救援装备均为安全工器具，因此，本书参考《国家电网公司电力安全工器具管理规定》中安全工器具保管及存放相关管理要求进行相关管理。

1. 安全工器具的保管及存放，必须满足国家和行业标准及产品说明书要求。

2. 绝缘安全工器具应存放在温度－15～35 ℃，相对湿度5％～80％的干燥通风的工具室(柜)内。

3. 安全工器具应统一分类编号，定置存放。

4. 绝缘杆应架在支架上或悬挂起来，且不得贴墙放置。

5. 绝缘隔板应放置在干燥通风的地方或垂直放在专用的支架上。

6. 绝缘罩使用后应擦拭干净，装入包装袋内，放置于清洁、干燥通风的架子或专用柜内。

7. 验电器应存放在防潮盒或绝缘安全工器具存放柜内，置于通风干燥处。

8. 核相器应存放在干燥通风的专用支架上或者专用包装盒内。

9. 脚扣应存放在干燥通风和无腐蚀的室内。

10. 橡胶类绝缘安全工器具应存放在封闭的柜内或支架上，上面不得堆压任何物件，更不得接触酸、碱、油品、化学药品或在太阳下爆晒，并应保持干燥、清洁。

11. 防毒面具应存放在干燥、通风，无酸、碱、溶剂等物质的库房内，严禁重压。防毒面具的滤毒罐(盒)的储存期为5年(3年)，过期产品经检验合格后方可使用。

12. 空气呼吸器在储存时应装入包装箱内，避免长时间曝晒，不能与油、酸、碱或其他有害物质共同储存，严禁重压。

13. 遮栏绳、网应保持完整、清洁无污垢，成捆整齐存放在安全工具柜内，不得严重磨损、断裂、霉变，连接部位不得松脱等；遮栏杆外观醒目，无弯曲、无锈蚀，排放整齐。

3.5.1.2 物资管理

(1) 物资采购

采购是指以合同方式有偿取得货物、工程和服务的行为。采购活动是指公司系统各单位为满足采购需求，依据法律法规和公司规定，采用适当的采购方式、实施模式和组织形式，按照规定的程序组织实施采购的过程。

采购管理是指对采购活动进行计划、组织、协调与控制，包括确定采购规则事项、明确采购程序要求、组织实施采购业务、审定采购结果等管理工作。

公司集中采购坚持“依法合规、质量优先、诚信共赢、精益高效”的原则：

1. 公司总部和省公司、直属单位应设立招投标工作领导小组，作为采购工作的领导机构，指导和监督贯彻执行国家有关招标投标的法律、法规及公司有关规定，决定采购工作中的重大事项；

2. 招投标工作领导小组下设领导小组办公室，办公室分别设在公司总部和省公司、直属单位采购管理部门，分别负责相应领导小组的日常工作；

3. 总部和省公司的集中采购活动在电子商务平台统一实施；直属单位的集中采购活动在电子商务平台或经总部认定的其他平台等媒介统一实施。

(2) 物资合同管理

物资合同管理是指物资合同的签订、履约、变更、结算、归档、检查及考核等全过程的管理工作。

省(自治区、直辖市)公司物资合同管理按照“统一签订、统一结算、分级履约、协同运作”的原则开展工作。

1. 公司总部、省公司负责总部和省级公司出资的物资合同的集中签订与集中结算；

2. 物资合同按照公司统一合同文本与招标采购结果，在电子商务平台与供应商进行协同签订，不得对招标采购结果进行实质性修改；

3. 物资合同履约包括组织制订供应计划，实施物资供应与进度管控，开展物资催交催运、配送仓储、移交验收、现场服务、日常协调等工作；

4. 物资合同结算是指按照合同约定和实施进度开展资金预算申报以及支付等工作；

5. 严格物资合同变更管理，物资供货范围发生变化应履行“两单一协议”程序，即办理技术变更单和商务变更单后，组织签订补充协议。

(3)物资质量监督管理

物资质量监督管理是对物资生产制造质量进行监督，服务于物资招标采购、电网建设及安全稳定运行的活动。物资质量监督管理工作不能代替项目部门或专业部门对入网物资的到货验收、交接试验等工作职责。

省(自治区、直辖市)公司物资质量监督工作遵循“依靠业主单位、联合专业部门、突出生产厂家”的原则，从资质业绩、制造环节、设备抽检、履约行为、专业协同五方面管控。主要采取监造、抽检、巡检、出厂验收方式，协同建设部门、运维部门，开展物资质量监督管理工作。

物资监造是依据采购合同、监造服务合同等,对设备生产制造过程关键点进行监督见证。

物资抽检要全面覆盖合同供应商以及物资类别:

1. 出厂验收由物资管理部门组织,项目建设管理部门(单位)、运维管理部门(单位)、现场的监造代表等参与,依据采购合同,共同见证出厂试验,对设备质量进行确认。

2. 巡检是对制造厂的生产进度、生产环境、重要工艺环节、检验检测、原材料/组部件管理等进行巡视检查。

3. 公司各级单位依托信息化平台开展质量监督工作,定期汇总分析设备在设计、制造、验收、安装、运行、报废等阶段的全寿命周期质量信息,使质量监督结果与合同履约、供应商关系管理以及招标采购管理等活动产生联动效果。

4. 公司物资质量检测支撑单位以公司各级检测单位为主,产业单位、集体企业、社会第三方检测机构为补充,各检测单位(机构)应具备电网设备材料全部型式试验及特殊试验的检测能力。

下面为脚扣验收参考标准:

脚扣验收参考标准

1. 脚扣“围杆钩”需采用无缝钢管或合金材料等制成,材质特性必须符合 GB/T 699—2015《优质碳素结构钢》或 GB/T 3077—2015《合金结构钢》国家标准的要求。

2. “脚踏板”“小爪”的材质采用冷轧钢板冲压成形且厚度分别不得低于 2 mm 和 6 mm。

3. “防滑橡胶”宜采用天然橡胶或丁苯橡胶制成,其中“围杆钩”防滑橡胶包胶厚度应不小于 5 mm;采用尼龙夹层橡胶板制作的防滑橡胶其厚度不得小于 8 mm;“小爪”防滑橡胶厚度应不小于 10 mm。

4. 脚扣所有焊接处表面应平整光洁,无裂纹,无气孔缩孔,无咬边、烧穿和夹渣以及未焊透与未熔合等缺陷。

5. 脚扣在无载荷的情况下,活动部件应灵活、可靠、无卡阻现象,活动围杆钩与套管之间的间隙配合应满足使用中移动和锁止要求。

6. 钢制零件表面做镀锌防腐处理,要求镀层均匀、牢固、无划痕。

7. 脚踏板上用于穿脚扣带的方孔与脚扣带的接触部分须做金属板回弯圆滑处理且不得有毛刺,以防脚扣带在此处过早磨损。

(4) 供应商关系管理

(物资)供应商关系管理主要包括供应商资质能力核实、供应商绩效评价、供应商不良行为处理、供应商分类分级管理、供应商服务等工作。

供应商关系管理遵循“集中管控、分级实施、专业协同、信息共享”的原则。

1. 物资管理部门通过供应商资质能力核实，组织收集供应商信息，建立供应商信息库，实现信息共享，为招标采购提供信息支持。

2. 物资管理部门协同各专业部门建立供应商评价指标体系，对供应商生产规模、技术水平、产品质量、供货进度、营销业绩、价格水平、合同执行、服务保障、运行绩效等多维度进行综合评价。

3. 物资管理部门对供应商不良行为采取评标扣分、暂停授标、列入黑名单等处理措施，并予以公示。

3.5.1.3 库存管理原则

库存物资管理遵循“合理储备、加快周转、保质可用、永续盘存”的原则，按照“定额储备、按需领用、动态周转、定期补库”模式运作。表 3-7 为库存物资管理原则。

表 3-7 库存物资管理原则

库存物资管理原则		解释说明
合理储备	按照“定额储备、按需领用、动态周转、定期补库”模式运作	(1) 公司对物资储备量实行定额管理，由公司总部、省公司审定两级物资储备定额。 (2) 各单位以满足生产、经营需要为前提，依据设备存量、运行状况、历史库存消耗量、需求特性及灾害天气频率等可量化的标准，科学合理测算编制物资储备定额，避免库存积压。 (3) 优化库存储备策略，应用电商采购、供应商协议储备、寄存、联合储备等多种方式，降低库存水平。物资公司(中心)负责供应商协议储备、寄存、联合储备的日常管理。 (4) 加强库存物资供应和消耗基础数据收集与管理，定期修订完善储备定额
加快周转	加强库存物资的集中管控，加快动态周转	(1) 建立三级平衡利库工作机制，严把采购关口，凡是仓库内可利库物资，原则上不允许重新采购。 (2) 加强储备物资集中管理，以省公司为单位，实施储备物资统一采购、集中储备、统一配送，加快动态周转，有效满足生产运维和事故抢修的物资需求。 (3) 专业管理部门(单位)要减少由于物资过量采购而造成的库存积压，按照“谁形成库存，谁负责利库”的原则，加大专业利库力度，加快库存周转

续表 3-7

库存物资管理原则		解释说明
永续盘存	逐日逐项记录物资收、发、转储、退库等信息，确保当日实物与账面数量保持一致。定期组织开展库存物资实物盘点	(1) 盘点主要内容：重点核对账卡物数量是否一致；检查库存物资有无积压物资；检查库存数量是否高于或低于储备定额。 (2) 盘点后续处置：会同财务部门，根据实盘数量分析盘点差异原因，提出处理意见，编制盘点差异报告，经本单位领导审批通过后，由财务部门办理账务处置。高于储备定额的物资纳入可调配物资，在资源信息表中更新和上报；低于储备定额的物资提出补库采购申请，组织补库
保质可用	定期检查，及时组织检验，保证库存物资质量完好，随时可用	(1) 维护保养工作。物资公司(中心)负责对库存物资进行日常巡视检查、维护保养、整理和清洁。对需要进行电气和机械性能保养维护的物资，由专业管理部门组织开展。 (2) 在库保管退役资产试验管理。实物资产管理部门申请和落实试验费用，物资公司(中心)配合开展退役资产的委托试验工作，并将试验结果及时报送实物资产管理部门

公司建立统一的仓储主数据库，实行库存物资“一本账”管理，按照“先利库、后采购”原则，建立省、地(市)、县公司分级平衡利库机制，提高库存物资周转效率。

库存“一本账”：公司通过企业管理信息系统(ERP)，规范仓库库存业务，对不同业务形成的实物库存进行有区别的管理，准确反映实体仓库内库存实物信息，实现账卡物的一致性。

3.5.2 装备配备

3.5.2.1 配备原则

应急救援装备是应急队伍的主要工具，是形成战斗力的基本条件，是提升应急救援工作时应急救援效能的重要保障。根据《国家电网公司应急救援基干分队管理规定》，基干分队应配备运输、通信、电源及照明、安全防护、单兵、生活等各类装备，具体种类、型号、参数、数量在公司统一指导下确定，省公司、地市供电公司、县级供电公司层面的基干分队装备配置清单见附录 1。

各省公司应结合所处地域社会环境、自然环境、可能面临的灾害种类等实际情况，在标准配置的基础上增加或减少相关装备，应急救援装备应满足以下配备原则：

(1) 针对性：应急救援装备的配备应针对救援任务的特点、典型灾害事故的类型，并综合考虑当地的自然条件和经济发展水平，且装备性能应满足电网企业应急救援的需要。例如，对于西南地区，因山多路险，地震、地质灾害多发，应着重配备如随车起重机等应对地震、滑坡泥石流等地质灾害事故的救援装备；对于南方沿海城市，因台风、内涝、洪水等灾害多发，应着重配备如冲锋舟等应对洪灾等灾害事故的救援装备；而在东北高寒地区，应考虑配备防寒防冻装备，做到“三防一保”，即人要防寒、器材要防冻、车辆要防滑、水源要保暖。

(2) 配套性：应急救援装备的配套应确保系统配套、搭配合理、功能齐全、数量充足，如部分照明装备需配备发电机等装备方可正常使用。

(3) 高效性：应急救援装备的配套应优先选择性能先进、轻便高效、功能多样、通用性强的装备，应定期对已配套装备的有效性、使用性能等方面进行检查评估，及时淘汰过期和低效能装备，如四驱飞行方舱车的推广使用，该车配备多种进口无人机设备、仪器，能在车内进行无人机操作、监控；车辆具有便携式卫星小站，能有效保证无人机侦测数据及图像实时传回指挥中心，适用于应急无人飞行器野外作业保障。

(4) 统筹性：应急救援装备的配置应在省、自治区和直辖市范围内统一筹划，同类装备应尽量统一和兼容，应急救援工作中必不可少但使用频率低、价格昂贵的大(重)型装备应统筹配置，对于应急通信车等采购和使用价格高的装备，其购置、配备须接受信通部等专业部门指导，按照有关专业部门统一规划布局进行配备。

下面简单介绍部分应急救援装备作用，见表 3-8。

表 3-8　应急救援装备介绍

装备名称	装备介绍	作用
发电机	发电机是指将其他形式的能源转换成电能的机械设备	在电网企业应急救援中主要用于各种停电事故中，能在不同场合为各种用电设备供电
正压式空气呼吸器	具有耐高温、阻燃、绝缘、防腐、防水、重量轻、气密性好等性能气瓶工作压力 30 MPa，背架应为高强度的非金属材料制成，面罩防结雾，一级减压阀输出端应具有他救接口，使用时间不得低于 45 min	用于现场作业时，对人体呼吸器官的防护装具，供作业人员在浓烟、毒气性气体或严重缺氧的环境中使用
无线遥控应急救援机器人	无线遥控应急救援机器人能快速进入包括地震、火灾、核泄漏、爆炸、恐怖袭击等救援现场，进行快速破拆和处置作业，能够进行清障和救援工作	在电力应急救援时，它可以配备专业挖斗，快速进入狭小空间挖掘电缆沟。无线遥控应急救援机器人有较强的爬坡性能，并能够自我清障，且应急抢险人员、操作人员不必抵近事故源头，避免了人身伤亡事故的发生

续表 3-8

装备名称	装备介绍	作用
随车起重机	简称随车吊，是一种起重臂和底盘组合在一起的运输装置	可广泛适用于各类灾害处置现场的应急物资吊装、运输及杆塔组立。具有车速高、爬坡能力强的特点，机动灵活、操作方便
应急发电车	采用沃尔沃拖车车头，全时驱底盘，确保在复杂恶劣地形下车辆的通过性。该车使用密封式箱体，装配电瓶组，劳斯莱斯柴油发电机组，配置辅助油箱、电缆卷盘、照明灯等设备，该车额定容量为 630 kV·A	能为应急救灾工作提供可靠的应急保障电源
全地型四轮越野摩托车	越野性能优越，适用于森林、山区、草原、村镇等路况较差的地区	四轮越野摩托车拖挂车在应急抢险状态时能在复杂地形下运送电力金具、发电机、电杆等小型电力设备
全方位移动照明灯塔	全方位移动照明灯塔是由灯头、塔杆、车体和发电机组组成的整体结构，适用于各种大型施工作业、维护抢修、事故处理和抢修救灾等工作现场对大面积、高亮度的照明需要。4 个 1000 W 的高效节能灯头安装在杆塔上，杆塔可以手动或用无线遥控方式控制塔杆的升降和竖立，最大升起高度为 10 m，灯头可实现 180°、左右 360°转动调节，照射面积大	灯塔用自带的发电机供电，在注满燃油的情况下，可实现连续供电照明 9 h
气垫船	气垫船是利用高压空气在船底和水面（或地面）间形成气垫，使船体全部或部分垫升，从而大大减小船体航行时的阻力，实现高速航行的船	既可以高速平稳地航行在水面上，也可以畅行无阻地行驶在沼泽、冰面、雪地、沙滩、草地和陆地上，其水陆两栖、安全、便捷、驾驶简单等性能，已逐渐运用于科考探险、装备部队、应急抢险中

3.5.2.2　检查及使用

由于大部分应急救援装备均为安全工器具，因此应急救援装备的检查及使用可参考《国家电网公司电力安全工器具管理规定》。安全工器具的使用应符合《国家电网公司电力安全工作规程》（变电站和发电厂电气部分）、《国家电网公司电力安全工作规程》（电力线路部分）、《电业安全工作规程》（热力和机械部分）、《电力建设安全工作规程》（第 2 部分：架空电力线路）等规程和产品使用要求。同时，还应遵守下列规定：

（1）安全工器具使用前应进行外观检查；

（2）对安全工器具的机械、绝缘性能发生疑问时，应进行试验，合格后方可使用；

(3) 绝缘安全工器具使用前应擦拭干净;

(4) 使用绝缘安全工器具时应戴绝缘手套。

下面简单介绍部分应急救援装备的检查使用步骤:

① 安全帽

A. 安全帽的使用期,从产品制造完成之日起计算:植物枝条编织帽不超过两年;塑料帽、纸胶帽不超过两年半;玻璃钢(维纶钢)橡胶帽不超过三年半。对到期的安全帽,应进行抽查测试,合格后方可使用,以后每年抽检一次,抽检不合格,则该批安全帽报废。

B. 使用安全帽前应进行外观检查,安全帽的帽壳、帽箍、顶衬、下颚带、后扣(或帽箍扣)等组件应完好无损,帽壳与顶衬缓冲空间在 25~50 mm。

C. 安全帽戴好后,应将后扣拧到合适位置(或将帽箍扣调整到合适的位置),锁好下颚带,防止工作中前倾后仰或其他原因造成滑落。

D. 高压近电报警安全帽使用前应检查其音响部分是否良好,但不得作为无电的依据。

② 安全带

A. 安全带使用期一般为 3~5 年,发现异常应提前报废。

B. 安全带的腰带和保险带、绳应有足够的机械强度,材质应有耐磨性,卡环(钩)应具有保险装置。保险带、绳使用长度在 3 m 以上的应加缓冲器。

C. 使用安全带前应进行外观检查,确保:

a. 组件完整、无短缺、无伤残破损;

b. 绳索、编带无脆裂、断股或扭结;

c. 金属配件无裂纹、焊接无缺陷、无严重锈蚀;

d. 挂钩的钩舌咬口平整不错位,保险装置完整可靠;

e. 铆钉无明显偏位,表面平整。

D. 安全带应系在牢固的物体上,禁止系挂在移动或不牢固的物件上。不得系在棱角锋利处。安全带要高挂和平行拴挂,严禁低挂高用。

E. 在杆塔上工作时,应将安全带后备保护绳系在安全牢固的构件上(带电作业视其具体任务决定是否系后备安全绳),不得失去后备保护。

③ 绝缘手套

A. 绝缘手套使用前应进行外观检查。如发现有发粘、裂纹、破口(漏气)、气泡、发脆等情形时禁止使用。

B. 进行设备验电、倒闸操作、装拆接地线等工作应戴绝缘手套。

C. 使用绝缘手套时应将上衣袖口套入手套筒口内。

④ 过滤式防毒面具(简称"防毒面具")

使用防毒面具时,空气中氧气浓度不得低于 18%,温度为 −30~45 ℃,不能用于槽、罐等密闭容器环境。

使用者应根据其面型尺寸选配合适的面罩号码。使用前应检查面具的完整性和气密性,面罩密合框应与佩戴者脸面密合,无明显压痛感。使用中应注意有无泄漏和滤毒罐失效。

防毒面具的过滤剂有一定的使用时效,一般为 30～100 min。过滤剂失去过滤作用(面具内有特殊气味)时,应及时更换。

3.5.3 装备检测

3.5.3.1 试验检验

各类电力应急救援装备必须通过国家和行业规定的型式试验,进行出厂试验和使用中的周期性试验。应进行试验的应急救援装备如下:

(1) 规程要求进行试验的应急救援装备;

(2) 新购置和自制的应急救援装备;

(3) 检修后或关键零部件经过更换的应急救援装备;

(4) 对其机械、绝缘性能发生疑问或发现缺陷的应急救援装备;

(5) 出了质量问题的同批应急救援装备。

电力应急救援装备经试验或检验合格后,必须在合格的电力应急救援装备上(不妨碍绝缘性能且醒目的部位)贴上“试验合格证”标签,注明试验人、试验日期及下次试验日期。表 3-9 为登高工器具试验标准。

表 3-9 登高工器具试验标准

<table>
<tr><th>序号</th><th>名称</th><th>项目</th><th>周期</th><th colspan="3">要求</th><th>说明</th></tr>
<tr><td rowspan="5">1</td><td rowspan="5">安全带</td><td rowspan="5">静负荷试验</td><td rowspan="5">1 年</td><td>种类</td><td>试验静拉力/N</td><td>载荷时间/min</td><td rowspan="5">牛皮带试验周期为半年</td></tr>
<tr><td>围杆带</td><td>2205</td><td>5</td></tr>
<tr><td>围杆绳</td><td>2205</td><td>5</td></tr>
<tr><td>护腰带</td><td>1470</td><td>5</td></tr>
<tr><td>安全绳</td><td>2205</td><td>5</td></tr>
<tr><td rowspan="2">2</td><td rowspan="2">安全帽</td><td>冲击性能试验</td><td>按规定期限</td><td colspan="3">受冲击力小于 4900 N</td><td rowspan="2">使用寿命:从制造之日起,塑料帽≤2.5 年,玻璃钢帽≤3.5 年</td></tr>
<tr><td>耐穿刺性能试验</td><td>按规定期限</td><td colspan="3">钢锥不接触头模表面</td></tr>
<tr><td>3</td><td>脚扣</td><td>静负荷试验</td><td>1 年</td><td colspan="3">施加 1176 N 静压力,持续时间 5 min</td><td></td></tr>
<tr><td>4</td><td>升降板</td><td>静负荷试验</td><td>半年</td><td colspan="3">施加 2205 N 静压力,持续时间 5 min</td><td></td></tr>
<tr><td>5</td><td>竹(木)梯</td><td>静负荷试验</td><td>半年</td><td colspan="3">施加 1176 N 静压力,持续时间 5 min</td><td></td></tr>
<tr><td>6</td><td>软梯</td><td>静负荷试验</td><td>半年</td><td colspan="3">施加 4900 N 静压力,持续时间 5 min</td><td></td></tr>
</table>

3.5.3.2 维护保养

各单位应设置仓库用于存放各类应急装备，装备仓库宜设置在各单位应急基干分队挂靠单位。应急装备应按标准化、模块化存放，不断完善组合方式，并根据需要补充完善，做到物尽其用。

基干分队应建立并健全应急装备的日常保养制度，落实具体的责任，保证管理人员对应急装备做到勤检查、常保养，做好维护保养记录。具体包括以下两方面的措施：

(1) 建立健全应急装备的管理档案：首先根据应急装备的种类，可将它们按照基本装备(运输、通信、单兵、生活等)及特种装备顺序进行分类存储。其次，在存储阶段对每个应急装备贴标签。主要包括：生产时间、入库时间、开始使用时间、使用年限、维修保养时间、操作说明、注意事项等具体信息。最后，建立器材管理档案，保证档案中的信息与标签上的内容相符。一方面，有助于日常的保存、查询与使用；另一方面，有助于对应急设备的淘汰和更新。

(2) 建立应急装备的日常保养制度：通过建立并健全应急装备的日常保养制度，可以实现对应急装备的维护保养工作。主要检查的内容包括油、水、电、气以及随车器材的使用情况。在维护保养工作中，应注意将责任落实到个人，以便出现问题时，能够及时采取有效措施进行纠正与处理。

表 3-10 为某公司冲锋舟维护保养记录。

表 3-10 某公司冲锋舟维护保养记录

<table>
<tr><td colspan="7">××公司××应急特种装备定期保养维护表
冲锋舟定期保养维护表</td></tr>
<tr><td>单位名称</td><td colspan="4"></td><td>维护日期</td><td></td></tr>
<tr><td>维护人员</td><td></td><td>验收人员</td><td></td><td>验收情况</td><td colspan="2"></td></tr>
<tr><td>注意事项</td><td colspan="6">1. 禁止无水试机或在 2.3 m 以下的小型水箱中试机，螺旋桨放入水中至少 40 cm 以上。
2. 禁止在无润滑油的情况下启动运转。
3. 禁止瞬间猛加油门，禁止在高速的情况下变换挡位。
4. 最大油门连续操作时间不应超过 30 min，否则可能造成活塞损坏或烧缸。
5. 禁止使用含乙烯基溶剂、化学品、含氯的清洁剂和汽油清洗船身。
6. 禁止使用含蜡或酒精的清洁剂洗涤冲锋舟的织物。
7. 禁止高速运转时按下熄火按钮</td></tr>
<tr><td>序号</td><td>保养项目</td><td>保养方法</td><td>保养内容</td><td>保养工具及材料</td><td>保养结果</td><td>备注</td></tr>
<tr><td>1</td><td>船身</td><td>外观检查</td><td>检查船身、底板、修理筒、座位、铝合金划桨、脚踏(电动)气泵是否齐全</td><td></td><td></td><td></td></tr>
</table>

续表 3-10

序号	保养项目	保养方法	保养内容	保养工具及材料	保养结果	备注
1	船身	充气检查	用脚泵或电动气泵充气，气压：船身≤0.25 bar(3.5 psi)、船龙骨≤0.35 bar(5.5 psi)，充满气后应紧固气阀盖，防止杂物进入气阀	脚泵或电动气泵		
		清洗	船身及其部件应用中性洗涤剂洗净并用清水冲干净。待所有部分晾干后，放入包中。 检查木质部分是否有损害或磨损。表面划痕或磨损应用船用清漆修补。将船存放于阴凉干净处，避免阳光直射	洗洁精、清洁布		
		储存	储存前应保证船身干燥			
		裂痕、漏气异常处理	小范围的撕破，割破及小孔的修补：<12.7 mm(1/2 英寸)小漏洞或小孔的修理需用直径值最小为 76.2 mm(3 英寸)的圆片补上。圆片和船只表面必须干燥，无灰尘及油脂。 将船身的气体放出，将割破或撕破的地方平放，在船身和圆片上均匀地涂上三层粘合剂。涂完一层，应间隔五分钟后再涂一层。涂过三层后再将圆片粘在船身上的破损处。用吹风机加热圆片，使粘合剂变软，使圆片粘贴牢固。用钝器(圆棍)滚压圆片处。静置 24 h 后方可将船只充气。 船身大范围的修补(如缝隙、防水壁及船尾肋板等维修)，建议到充气船维修中心进行	备用胶皮钝器、专用粘合剂、毛巾、吹风机		

续表 3-10

序号	保养项目	保养方法	保养内容	保养工具及材料	保养结果	备注
2	船外机	船外机启动与熄火	1.首次启动应将油箱加足燃油,用外置油箱的应连接好油管(手油泵不能接反)然后泵足燃油。 2.离合器处于分离或空挡位置,关上阻风门或将阻风门开关调至 50%位置,油门开关置 20%~30%位置,快速拉启动绳 3~5 次,如不能正常启动,间歇 20 min 后再快速拉启动绳 3~5 次直至启动为止。 3.熄火方法:逐渐减小油门至最小位置,按下熄火按钮实现熄火。	汽油		
		燃油、润滑油	1.四冲程船外机润滑油分两部分,在上油箱中加入润滑油,在下齿轮油箱加齿轮润滑油。每运行 100 h 更换一次 4 冲程机油。冬季应使用防冻型润滑油和齿轮油。 2.二冲程船外机在汽油中混合机油,在下齿轮油箱中加入一定比例润滑油。船外机磨合期一般为 10 h,磨合期内必须加入汽油与润滑油混合比为 25:1混合汽油,磨合期后加入 50:1混合汽油。 3.磨合期内油门控制不宜超过 40%~50%,20h 内不宜超过 60%~70%	汽油、润滑油、齿轮润滑油		
说明	适用于二冲程、四冲程充气式冲锋舟					

3.5.4 装备淘汰

电力装备淘汰在此代指电力装备退役报废处理,是装备管理工作的重要环节,关系电力安全、社会安全、环境保护和资源利用,涉及法律、体制、保密、国情、军情,是一项十分复杂的系统性工作。本节将从装备退役和装备报废两方面进行相关介绍。

3.5.4.1 装备退役

电力装备退役,是指电力装备因达不到服役的战术技术指标、型号技术落后等其他原因不宜继续服役而退出现役的情况。电力退役装备不一定是废品,不一定不可使用,也可能是堪用品，特殊情况下甚至是新品。

应急救援装备像生活中的其他设备一样，都会经历一个产生、改进、完善的过程，在这个过程中，也可能出现因当初设计不合理，甚至存在严重缺陷而被淘汰的产品，对这些淘汰产品必须严禁采用，如果采用这些淘汰产品，极有可能在应急救援行动过程中降低救援的效率，甚至引发不应发生的次生事故。因此，对于部分电网企业应急救援队伍早期购买的应急救援装备，应采取装备退役措施，加速新型装备进场推广，加强电力应急救援队伍应急能力。表 3-11 为《推广先进与淘汰落后安全技术装备目录(第二批)》应急救援及其他类关于电网安全方面的推广装备。

表 3-11 《推广先进与淘汰落后安全技术装备目录(第二批)》应急救援及其他类推广装备

技术装备名称	主要功能与先进性	适用条件
高寒区直升机载电力巡线光电稳定吊舱系统	该系统可为快速、准确地发现超高压输电线路的隐患提供有效图像信息，由机载光电转塔、稳定跟踪电子箱、机上视频显示器/视频数据记录仪和操控装置(操作手柄)以及连接电缆组成，可实现对输电线路的昼夜、高清晰度观察并能对视频、音频等信息长时间记录。具有稳定精度高、采集信息丰富、存储容量大、系统轻便、环境适应能力强等特点，可取代人工观瞄方式，解决严寒天气人工无法在偏远深山巡线等问题。稳定精度优于 30 urad；最小目标识别力 5 mm(30 m 观测距离、直升机悬停)；视场 1.5°～10°	适用于直升机等有人操控平台的输电线路巡检
智慧式用电安全隐患监管服务系统	通过对配电柜、二级箱柜、末端配电箱等关键节点的剩余电流、电流、温度(导线温度及环境温度)的实时监测，采集其数据变化并进行不间断的数据跟踪与统计分析，及时掌握电气线路运行状况，发现并预防电气线路动态运行中出现的安全隐患，并及时向企业管理人员发送预警信息，指导企业开展治理，消除潜在的电气火灾安全隐患	应用于 200～400 V 低压配电系统中
基于状态检测的直流电源智能监控管理系统	采用直流系统蓄电池内阻在线监测、交流窜入直流及直流系统绝缘状况的在线监测、蓄电池组健康状况模型大数据分析、基于物联网及移动互联的实时监测等技术，实现对电力变电站直流电源系统的智能化监测、控制与维护。能够预判直流电源系统运行工况，对直流电源设备进行全生命周期管理，及时掌握变电站运行情况，并对其进行状态评估，及时发现安全隐患，保障电力安全、有效运行。内阻测试时间小于 4 s；内阻测试电流 30 A；纹波系数测量范围 0～99.99%；平均无故障时间不少于 50000 h	适用于国家电网各级变电站直流电源系统

3.5.4.2 装备报废

电力装备报废，是指装备服役使用、存储过程中因不能正常使用又无法修复或无修复价值，或影响使用、储存安全而退出现役的情况。报废装备都是不能正常使用的废品，至少不能整件利用。报废的电力应急救援装备应及时清理，不得与合格的电力应急救援装备存放在一起，更不得使用报废的电力应急救援装备。

电力装备经鉴定（或试验）不满足技术条件或已到保质期限需报废的，应在三个月内办理报废手续，具体流程如下：

(1) 物资公司（中心）依据盘点结果，按季度梳理出不满足技术条件或已到保质期的库存物资清单，组织专业管理部门开展库存物资技术鉴定工作。

(2) 物资公司（中心）、专业管理部门填写《库存物资技术鉴定单》，鉴定不可用的物资，由物资公司（中心）提出库存物资报废申请，履行报废处置流程。

表 3-12 为某公司库存物资技术鉴定单。

表 3-12 某公司库存物资技术鉴定单

序号	物料编码	物料描述	数量	计量单位	入库时间	鉴定意见	备注
1							
2							
3							
4							

拟处理方式：☐ 可用

☐ 不可用（报废物资）

申请人：

日　期：

物资公司（中心）意见：

鉴定人：

日　期：

专业管理部门意见：

负责人：

日　期：

3.6 检查与考核

为加强电力应急救援基干分队的建设管理，保证电力应急救援基干分队战斗力，公司各级分管安全部门应定期对下级和本单位基干分队的建设和管理情况进行检查与考核。对于在应急救援行动中做出突出贡献的，按有关规定给予表彰与奖励；对于年度考核被评为基本合格及不合格的相关队伍和队员，年度奖金参照标准按90%发放，并给予公司内部通报警告一次。考核标准具体情况可参考公务员(事业单位)考核相关规定及《国家电网有限公司员工奖惩规定》等相关规定。

××公司应急救援基干分队考核办法

为推进应急救援基干分队管理工作科学化、规范化、制度化，提高基干分队管理水平，强化队员各项业务素质，增强基干分队应对突发事件的能力，根据《××公司应急救援基干分队实施细则》，制定本考核办法。

一、考核范围

××公司应急救援基干分队

二、考核方法

(一) 应急救援基干分队考核：公司××部门每年对基干分队进行一次考核，考核根据应急救援基干分队一年的各项表现进行评分，考核时间在每年××月××日之前完成。

(二) 应急救援基干分队由队长(副队长)对队员进行考核，填写应急救援基干分队队员考核评价表。

三、考核等级

应急救援基干分队队伍及个人考核分“优秀”“合格”“不合格”三种。

应急救援基干分队队伍考核成绩优秀为评分制在90分及以上；合格为60分至89分；不合格为评分制在60分(不含)以下。

应急救援基干分队个人考核成绩优秀为评分值在100分及以上者；合格为评分值在80分至99分；不合格为评分值在80分(不含)以下者。

四、考核内容和评分标准

(一) 应急救援基干分队考核评分标准

应急救援基干分队考核内容共5大项，共27小项，满分100分，每小项所涉及的工作有一方面达不到考核要求的，根据其所占比例扣分，直到小项分值扣完为止，对在应急处置工作中有较大贡献的，要适当给予加分。

(1) 应急救援基干分队内部管理(25分)

① 应急救援基干分队各项制度是否严格执行、落实;(5分)

② 应急救援基干分队队长、副队长是否按要求参加了基干分队各项活动;(3分)

③ 是否对考评优秀者和在抢险救援过程中做出突出贡献者给予奖励;(3分)

④ 是否及时对各种违章、乱纪等行为给予处分和处罚;(3分)

⑤ 应急救援基干分队每名队员是否分工明确;(2分)

⑥ 应急救援基干分队队员是否时刻保证通讯畅通;(4分)

⑦ 应急救援基干分队队员考核是否正常开展,是否客观、公正。(5分)

(2) 应急救援基干分队培训工作(20分)

① 应急救援基干分队培训计划是否针对实际;(5分)

② 应急救援基干分队培训计划是否全部落实;(5分)

③ 应急救援基干分队培训是否全员参与;(5分)

④ 应急救援基干分队培训合格率是否满足要求。(5分)

(3) 应急救援基干分队演练、拉练开展(20分)

① 应急救援基干分队演练、拉练计划是否针对实际;(5分)

② 应急救援基干分队演练、拉练计划是否全部落实;(5分)

③ 应急救援基干分队演练、拉练是否全员参与;(4分)

④ 应急救援基干分队演练、拉练是否取得预期效果。(6分)

(4) 应急救援基干分队装备管理(20分)

① 应急救援基干分队是否明确专人负责库房的管理;(2分)

② 应急救援基干分队专用装备是否进行定期维护;(2分)

③ 应急救援基干分队专用装备是否有擅自挪用现象;(3分)

④ 应急救援基干分队各种活动使用装备是否履行出库、归还手续;(3分)

⑤ 应急救援基干分队专用装备是否有遗失、损坏等管理不善情况发生。(10分)

(5) 应急救援基干分队应急处置(15分)

① 当接到应急救援命令时,是否按时到达规定地点;(3分)

② 到达现场进行应急救援工作人员是否达到全队人员三分之二;(2分)

③ 现场应急救援工作人员是否分工合理,各项工作是否有序开展;(3分)

④ 现场指挥是否正确妥当;(2分)

⑤ 应急救援工作结束后,组织撤离是否有序;(2分)

⑥ 是否按时、按要求提交总结报告、影像等资料;(3分)

⑦ 在各项应急救援活动中是否表现突出。(加分项,视情况加1至10分)

(二) 应急救援基干分队队员考核评分标准

应急救援基干分队队员考核内容共4大项,共15小项,满分100分,每小项所涉及的工作有一方面达不到考核要求的,根据其所占比例扣分,直到小项分值扣完为止,对在应急处置工作中有较大贡献的，要适当给予加分。应急救援基干分队队员每季度结合轮训考核一次，普通队员由队长或副队长进行考核，队长和副队长由公司××部门进行考核，考核填写“应急救援基干分队队员考核评分表”，在轮训结束时上交公司××部门。

(1) 个人纪律(35 分)

① 是否自觉遵守各项纪律、规定和制度，服从管理和工作安排；(10 分)

② 是否按要求参加应急救援基干分队集中活动、培训、演练、应急处置等工作；(15 分)

③ 是否时刻保证通讯畅通；(5 分)

④ 离开辖区工作、休假等情况是否按规定履行申请手续；(5 分)

⑤ 在应急救援基干分队各项活动中表现突出。(加分项，视情况加 1 至 5 分)

(2) 业务知识和技能(20 分)

① 是否良好地掌握了应具备的基本技能；(10 分)

② 是否掌握了应急救援各项理论知识；(10 分)

③ 业务知识技能水平在应急救援基干分队中突出，具有良好的示范作用。(加分项，视情况加 1 至 5 分)

(3) 装备维护(20 分)

① 应急救援基干分队个人装备是否保管良好，是否有丢失或损坏等情况，是否维护良好；(10 分)

② 是否擅自使用应急救援基干分队各种装备；(5 分)

③ 在各项活动中是否按照操作规程正确使用各种装备。(5 分)

(4) 应急处置(25 分)

① 在接到集合指令后，是否按时到达规定的集结地点；(7 分)

② 应急救援活动中是否听从指挥，是否有怠工或懒散等现象；(10 分)

③ 是否按要求完成了应急救援任务；(8 分)

④ 在应急救援活动中表现突出。(加分项，视情况加 1 至 10 分)

五、奖惩

1. 基干分队队伍年度考核为优秀，给予全队每人 200 元经济奖励。

2. 基干分队个人考核四个季度均为优秀者，给予 500 元经济奖励。

3. 基干分队队伍年度考核不合格，撤换基干分队队长和副队长职务。

4. 基干分队队员季度考核连续两次不合格，取消该队员基干分队队员资格。

六、附则

1. 本办法由××公司××部、××部负责解释并监督执行。

2. 本办法自发布之日起施行。

3.7 本章小结

本章通过对应急救援基干分队建设与管理中职责分工、组建原则、队伍管理、装备管理、检查与考核五大部分进行总体介绍，明确应急救援队伍的主要功能及相关建设管理要求，为下文指标选取和构建打下基础。

4　应急救援基干分队应急能力评价指标体系

4.1　引　　言

本章的总体预期目标是，在科学阐释电网应急救援基干分队对电力系统保障的作用机制的基础上，通过深入研究我国不同地区经济、社会、地理位置等存在的区域差异，并结合现有的基干分队应急能力发展程度的理论研究成果来建立科学、合理的评价指标体系，从静态评估指标和动态评估指标两方面对我国电力应急救援基干分队应急能力进行研究，从更加全面、系统和科学的视角为进一步加强基干分队建设提供参考依据。本章内容主要涵盖以下几个方面：

第一，发展完善我国电网应急救援基干分队建设的基础理论，特别是从突发事件类型及当地社会经济差异的角度，有效把握各地应急救援基干分队建设侧重点，建立与不同类型城市应急救援基干分队应急能力建设相适应的评价指标；

第二，从静态评估指标和动态评估指标两方面进行应急救援基干分队应急能力评估，考虑当地地理位置及人文等因素对基干分队的影响，建设出同指标不同标准的打分机制；

第三，提出“双碳”目标建设视阈下我国应急救援基干分队建设政策改进与完善的总体思路、目标与对策，从法律、体制、机制和制度等层面构建一套科学完整、具有针对性和可操作性的加快推进我国应急救援基干分队建设的管理模式与保障措施。

4.2　指标体系

4.2.1　含义

指标体系是一种用来体现单个系统普遍变化趋势的多个指标的组合，经过对各类数据和指标的归纳整合，能够描绘出系统的变化趋势。对应急救援基干分队应急能力进行评估，是为了了解能力建立的效果，发现其中的不足以便及时修正，因此，指标体系的建立一般都具有一定的功能：描述功能、解释功能、诊断功能、评估功能及指导功能。

4.2.2 构建原则

电网企业应急基干分队建设是全面提升电力应急队伍综合实力、有效开展电力突发公共事件的应急救援工作、减少自然灾害与生产事故造成损失的重要举措。在我国电力应急能力建设方面仍存在不足、电力事故无法安全杜绝的情况下，通过对电网应急基干分队开展个人和队伍应急能力综合性评估，明确应急能力存在的问题和不足，不断改进和完善应急体系，构建应急能力建设评估长效机制，持续提高企业应急管理水平。

（1）指标体系的构建应针对电网应急救援基干分队建设的实际需求

根据规定，我国电力应急救援基干分队的构建需要体现多个方面的要求：一要体现建设应急救援基干分队的实际需求，筛选淘汰不合格的应急救援基干分队队员，对整体队伍进行应急能力评估从而加强薄弱项建设；二要体现应急救援基干分队应急能力的动态变化情况，及时更新队员及队伍应急能力变化，从静态评估和动态评估两方面了解队员和队伍在某一个时间节点的应急能力。

（2）指标体系的构建应考虑突发事件的区域差异和区域间不同的评价重点

由于各地区电力系统和地理区位不同，工业化水平与城镇化水平差异较大，应急救援基干分队建设所面临的问题各不相同，应急救援基干分队评价指标大部分设计为通用性的基础性评估指标和针对不同地理位置的同指标不同标准的动态评估指标，少数设计为适合不同地域特殊情况的建设性评估指标。东部沿海地区、中部地区、西部地区、南方省域、北方省域、资源型城市与非资源型城市之间，指标选择的侧重点必须有所区别。此外，面临的突发事件问题和海拔高度不同，所构建的电网应急救援基干分队指标体系应有所不同，例如，东部沿海地区应考虑台风洪水较多，中西部地区地质灾害频繁，西南西北森林火灾，新疆等边疆地区应考虑防恐防爆等。因此按照应急救援基干分队的基本要求，从基础性评价指标和建设性评价指标两方面进行动态能力评估。

此外，在指标体系的构建过程中，还应考虑到指标的科学性原则、代表性原则、系统性原则、可操作性原则等。

（1）科学性原则。科学性是任何评价指标体系的基本要求，评估指标体系需全面反映影响应急救援基干分队应急能力因素的各个主要方面，尽可能保证获取指标信息的客观性和可靠性，保证评估结果的可信度。

（2）代表性原则。影响电网企业应急救援队伍应急能力的因素很多，如果将所有影响因素都选为评价指标，将使评价指标冗长又缺少条理性，导致评估工作量巨大。因此，评估指标要力求抓住重点，不能过多，应尽可能简化，内容简洁。选取正确反映电网企业应急救援队伍应急能力本质的指标，防止抓小丢大。要准确把握电网企业应急能力的需求，筛选有代表性的、最关键的评估指标。

从《国家电网公司应急救援基干分队管理规定》的相关建设标准中可以看出，应急救援基干分队主要从人员、制度、培训演练及装备配置4方面进行建设，基于此建立相应评估指标模块并构建综合评估指标体系。

(3) 系统性原则。电网企业应急救援队伍应急能力是一个综合体系，根据系统论思想，它内涵丰富，具有多面性和多层次性的特点。电网企业应急救援队伍应急能力评估体系是由多个子系统综合集成的，需要用多个指标同时描述才能较全面地反映其整体特征和相互关系。这就要求所建立的应急能力评估指标体系具有足够的涵盖面，不应遗漏任何一项重要指标，要尽可能完整、全面、系统地反映地方电网企业应急救援队伍应急能力的状况，防止以偏概全。否则，就无法全面改进和提高电网企业应急救援队伍应急能力建设。

(4) 可操作性原则。由于各个地区的应急救援基干队伍建设侧重点和建设水平有所不同，因此在选取评估指标时应概念清晰，以便应用时减少不必要的时间和降低资源的浪费。

应急救援基干分队的建设工作是一个系统工程，需要很好的大局观来协调各个子系统，使各个子系统能够实现更好的发展，要将“平战结合，一专多能”贯彻到电网应急救援基干分队建设的全过程。落实好对人员和队伍的具体要求，充分考虑当地的具体特征，例如：当地自然环境、突发事件类型、社会经济水平等，并通过实地调研、类比分析等方式来为当地制定适宜的指标体系。同时，应急救援基干分队建设不能够孤立地看待各地区的建设问题，要站在全国总体战略的角度来看待地区的建设，使地区的建设能够符合国家总体战略。应急救援基干分队评价体系需要能够准确评估应急救援基干分队队员和队伍在当前或某个时间段内的应急能力，并动态地反映队伍建设的实际情况。在构建应急救援基干分队评价指标体系的过程中需要明确各类资料或数据的来源情况，保障数据或者资料都是可获得的；每一个指标都应该能够轻易地被社会公众所理解，避免出现指标体系难理解而影响数据或资料的采集工作等情况发生。在具体评价时，很多极具典型性与代表性的指标在实际的统计工作中并没有实现，造成数据的不可获取和工作的不可实现，因此，切记不可有盲目进行指标选取的思想，要在遵循实际可获取与代表性中进行权衡，确保评价工作的顺利有序推进。

4.2.3 建立思路

电网企业应急救援基干分队应急能力综合评价指标体系构建思路应遵循科学性、可操作性和代表性等原则，首先，梳理已有文献资料，以对电网企业应急救援基干分队应急能力评价形成清晰认知并深刻理解评价内容与评价目的，明确相关概念是构建与评价目的相符的评价指标体系的第一步。然后，参考相关领域指标体系，依据行业规范，结合实地调研、专家意见和突发事件特点，对评价对象进行分层次分析，对评价指标进行初步归类与筛选。确定初拟指标后，设置调查问卷，采用德尔菲法对指标体系进行筛选，根据德尔菲法分析结果对指标体系进行精简或丰富，去掉重叠指标或增加遗漏的能反映电网企业应急救援基干分队应急能力某方面特征的指标，电网企业应急救援基干分队综合评价指标体系构建流程如图 4-1 所示。

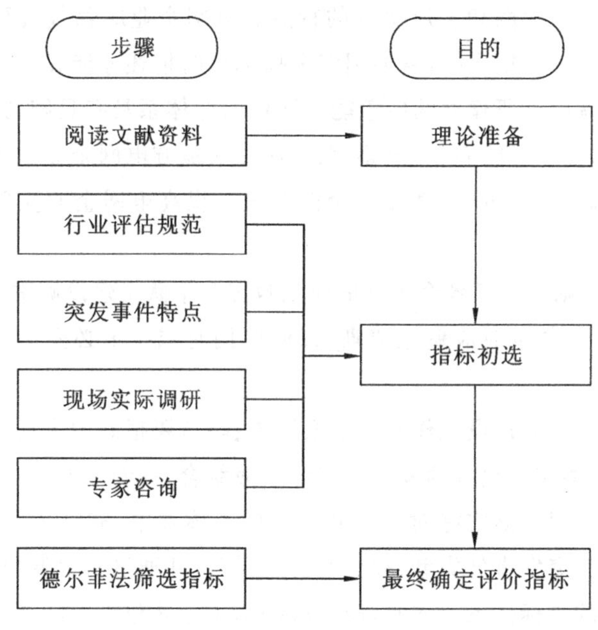

图 4-1　综合评价指标体系构建流程

4.3　评价指标筛选与确定

4.3.1　评价指标筛选方法

采用德尔菲法(Delphi method)对电网企业应急救援队伍能力综合评价指标体系进行指标筛选。德尔菲法是专家调查法的一种，于 20 世纪 50 年代末期由美国兰德公司的赫姆和纳尔克作为一种反馈匿名函询法创始并运用于战略决策中。1964 年，德尔菲法经过赫姆和戈登进一步发展，首次被运用于科研领域信息预测与分析中，从此之后，德尔菲法便迅速扩散，在各个国家的各种研究领域中都取得了出色的应用效果。

德尔菲法依据系统程序，采用匿名形式表达看法和提出意见，受邀专家互不相识，互不来往，可以没有顾忌地阐述自己的见解。发起者对每一轮专家的意见进行整理汇总再反馈给专家们进行下一轮分析并提出新的看法和建议，专家们的意见最终会收敛形成较为充分、合理、准确的结论。匿名性、反馈性和统计性是德尔菲法明显区别于其他专家调查法的特点，这使其在处理数据资料不足或含有大量不确定成分以及在处理受政治、经济、文化影响较大的问题时具有突出优势。使用德尔菲法对电力企业应急救援队伍能力评价指标进行筛选的具体步骤如下：

(1) 选择专家

邀请专家对评价指标进行评价与筛选是构建评价指标体系的核心工作。专家队伍人数应在10～30人为宜,人员过少,意见代表性不足,会导致分析结果准确性和可靠性不足;人员过多,意见难以达成一致,会使后期数据处理工作复杂化。所选专家应是在安全科学、应急管理或电力工程等相关领域从事教学、研究等工作多年,在该领域有丰富理论储备和实践经验的人。专家之中各有所长,但每个专家都不可能面面俱到,因此在组建专家组的过程中要充分考虑不同专家各自擅长的方向,取长补短,相互促进。与此同时,发放调查问卷之前应事先告知专家并征得同意,否则可能导致调查问卷应答率达不到预期标准,进而导致指标筛选工作进展困难。

(2) 编制调查问卷

采用李克特量法编制评价指标调查问卷,李克特量表是一种评分加总型量表,该量表由一组陈述组成,一般划分为五个评价等级,如表4-1所示。使用被评指标相对于上级指标的相关程度划分评价等级并进行赋值,五个等级分别为非常相关(5分)、比较相关(4分)、一般(3分)、比较无关(2分)、完全无关(1分)。采用各个指标专家评分的算术均值对筛选结果进行判定,保留得分大于或等于3分的指标,剔除得分在3分以下的指标。

表4-1　李克特五级量表

相关程度	度量值
非常相关	5
比较相关	4
一般	3
比较无关	2
完全无关	1

(3) 专家咨询

采取两轮专家咨询的方式构建电力企业应急救援队伍能力评价指标体系,第一轮咨询是专家对初拟指标的相关程度进行评分,通过各个指标的评分均值进行指标筛选。第二轮咨询是将第一轮评分数据结果反馈给专家们进行参考,并请专家们对筛选出的指标体系提出修改建议。为保证咨询结果合理可靠,采用参与积极系数、专家权威系数和肯德尔协调系数对咨询结果可信度进行衡量。

① 参与积极系数是有效回收调查问卷数与发放问卷数之比,体现受邀专家对本次咨询的重视程度,其值越大,则咨询结果可信度就越高。研究表明,若要获得较为良好的咨询结果,参与积极系数须大于70%。

② 专家权威系数由判断系数和熟悉系数构成，二者均由专家自评，当专家权威系数大于0.7时，即可认为本次咨询结果具有足够可靠性。判断系数是判断条件对专家意见的影响程度，判断条件如表4-2所示。各个判断条件对被评专家意见影响程度的量化值之和即为该专家的判断系数。

表4-2　判断系数计算标准

判断条件	大	中	小
生产经验	0.50	0.40	0.30
理论储备	0.30	0.20	0.20
参考文献	0.10	0.10	0.05
直觉判断	0.10	0.10	0.05

熟悉系数是专家对应急能力评价工作的熟悉水平，参考标准如表4-3所示。

表4-3　熟悉系数参考标准

熟悉水平	非常熟悉	比较熟悉	一般	比较陌生	非常陌生
对应分数	1.0	0.8	0.6	0.4	0.2

得到判断系数以及熟悉系数后，计算专家权威系数 P：

$$P=\frac{C+K}{2} \tag{4-1}$$

式中　C—— 判断系数；

K—— 熟悉系数。

③ 肯德尔协调系数可以反映专家意见的协调程度和收敛情况，其取值范围为[0,1]，肯德尔协调系数越大表明专家意见协调程度越高，当其取值大于0.6时即可认为本次咨询专家意见协调程度较好。

设有 m 个专家，n 个初拟指标，首先计算评价等级和偏差 d_j：

$$d_j=S_j-\overline{S}=S_j-\frac{1}{n}\sum_{j=1}^{n}S_j \tag{4-2}$$

式中　S_j—— 全部专家对指标 j 的评价等级和；

$\overline{S}$—— 全部专家对所有指标评价等级和的平均数。

得到评价等级和偏差后，计算肯德尔协调系数 W：

$$W=\frac{12\sum_{j=1}^{n}d_j^2}{m^2\cdot n(n^2-1)-m\sum_{i=1}^{m}T_i},\quad T_i=\sum_{i=1}^{L}(t_{il}^3-t_{il}) \tag{4-3}$$

式中　L—— 评价结果中有重复评价值的专家个数；

t_{il}—— 第 i 位专家的评价结果中第 l 个重复评价等级的重复个数。

得出肯德尔协调系数后，通过计算 χ^2 对系数进行 χ^2 检验，确定渐进显著性 p 值，对比 χ^2 分布表，如果对应的 $p<0.01$ 则说明在99%的置信区间下专家的意见具有一致性，χ^2 值计算公式如下：

$$\chi^2 = m(n-1)W \tag{4-4}$$

式中　m—— 参与专家数；

n—— 初拟指标数；

W—— 肯德尔协调系数。

4.3.2　评价指标初选

在参考了已有相关领域研究文献和电力行业法律法规的基础上，通过分析电力企业及其突发事件特点，依据《国家电网公司应急救援基干分队管理规定》及其相关法律法规，结合现场实际调研，在指标体系构建原则的指导下初步构建了电力企业应急救援队伍应急能力综合评价指标体系。初步将评价指标体系划分为目标层、一级指标、二级指标和三级指标，将静态评估和动态评估作为个人应急能力一级指标，基本素质、专业技能、实战经历、基础性动态评估和建设性动态评估作为个人应急能力二级指标，并将五个二级指标细分为 30 个三级指标(表 4-4)；将静态评估和动态评估作为队伍应急能力一级指标，管理制度、人员配置、培训演练、装备配置、基础性动态评估和建设性动态评估作为队伍应急能力二级指标，并将六个二级指标细分为 35 个三级指标，初步构建的电力企业应急救援队伍应急能力综合评价指标体系如表 4-5 所示。

表 4-4　电力企业应急救援队伍个人应急能力综合评价指标体系初步划分

目标层	一级指标	二级指标	三级指标
电力企业应急救援队伍个人应急能力 A	静态测评 A_1	基本素质 A_{11}	年龄 C_1
			学历 C_2
			专业年限 C_3
			心理素质 C_4
			政治素养 C_5
			身体状况 C_6
			体能情况 C_7
			任职情况 C_8
			体重 C_9

续表 4-4

目标层	一级指标	二级指标	三级指标
电力企业应急救援队伍个人应急能力 A	静态测评 A_1	专业技能 A_{12}	技能等级 C_{10}
			持证情况 C_{11}
			培训时长 C_{12}
			演练次数 C_{13}
		实战经历 A_{13}	加入应急救援基干分队年限 C_{14}
			参加应急救援次数 C_{15}
			考核评优 C_{16}
	动态测评 A_2	基础性动态测评 A_{21}	考试 C_{17}
			考问 C_{18}
			单兵实操 C_{19}
			体能素质 C_{20}
		建设性动态测评 A_{22}	配电安装 C_{21}
			输电线路员工脱困应急救援 C_{22}
			配电线路应急救援 C_{23}
			有限空间脱困救援与抢险保障 C_{24}
			应急通信能力 C_{25}
			应急驾驶能力 C_{26}
			水域救援能力 C_{27}
			起重搬运能力 C_{28}
			建筑物坍塌破拆搜救 C_{29}
			无人机操作与侦察 C_{30}

表 4-5　电力企业应急救援队伍应急能力综合评价指标体系初步划分

目标层	一级指标	二级指标	三级指标
电力企业应急救援队伍应急能力 B	静态测评 B_1	管理制度 B_{11}	安全管理 D_1
			培训管理 D_2
			装备保养 D_3
			信息处理 D_4
			考核奖励 D_5

续表 4-5

目标层	一级指标	二级指标	三级指标
电力企业应急救援队伍应急能力 B	静态测评 B_1	人员配置 B_{12}	队伍定员 D_6
			专业配置 D_7
			基本素质 D_8
			专业技能 D_9
			实战经历 D_{10}
			人员管理 D_{11}
		培训演练 B_{13}	培训 D_{12}
			计划制订 D_{13}
			资源保障 D_{14}
			演练拉练 D_{15}
			总结测评 D_{16}
		装备配置 B_{14}	基础装备 D_{17}
			补充装备 D_{18}
			特种装备 D_{19}
			维护保养 D_{20}
			应急车辆 D_{21}
	动态测评 B_2	基础性动态测评 B_{21}	考试 D_{22}
			考问 D_{23}
			单兵实操 D_{24}
			体能素质 D_{25}
		建设性动态测评 B_{22}	配电安装 D_{26}
			输电线路员工脱困应急救援 D_{27}
			配电线路应急救援 D_{28}
			有限空间脱困救援与抢险保障 D_{29}
			应急通信能力 D_{30}
			应急驾驶能力 D_{31}
			水域救援能力 D_{32}
			起重搬运能力 D_{33}
			建筑物坍塌破拆搜救 D_{34}
			无人机操作与侦察 D_{35}

4.3.3 评价指标体系确定

(1) 第一轮德尔菲法专家咨询

根据研究方向与性质，结合权威性、代表性原则，选取了 14 名在安全科学、应急管理、电力工程等相关领域从事电力生产、科研教学工作十年以上的专家，所选专家均来自电力行业或安全评价相关企事业单位、科研院所以及高等院校。将电力企业应急救援队伍应急能力评价指标筛选问卷以电子邮件形式发送至各位专家的邮箱中，邀请专家对各指标与电力企业应急救援队伍综合评价的相关程度进行评分，以此作为本次评价指标增删的依据。本次发放调查问卷 14 份，返回有效调查问卷 14 份，有效回收率为 100%，受邀专家积极性极高，为咨询结果的可信度提供了一定保障。根据式(4-1)计算各位专家的权威性系数，计算结果如表 4-6 所示。

表 4-6　专家权威系数表

专家	工作单位	专家性质	专家权威系数 P
A01	电力企业	电气工程师	0.90
A02	电力企业	电气工程师	0.93
A03	电力企业	电气工程师	0.93
A04	电力企业	电气工程师	0.80
A05	电力企业	电气工程师	0.83
A06	电力企业	电气工程师	0.85
A07	电力设计院	电气工程师	0.95
A08	电力设计院	电气工程师	0.85
A09	安全评价企业	项目经理	0.90
A10	安全评价企业	项目经理	0.83
A11	安全评价企业	项目经理	0.88
A12	安全评价企业	项目经理	0.78
A13	高等院校	高校教师	0.93
A14	高等院校	高校教师	0.90

由计算结果可知，本次参与问卷调查的专家权威系数在 0.78～0.95 之间，均满足大于 0.7 的要求，说明本次参与专家的意见具有足够的权威性，可以保证咨询结果合理可靠。

对回收调查问卷进行汇总与统计，计算初拟指标体系中各个评价指标专家评分的算术均值，以此作为指标筛选依据，保留评分均值大于或等于 3 分的指标，剔除算术均值未达到 3 分的指标。各级初拟指标相关程度均值汇总结果如表 4-7、表 4-8 所示。

表 4-7　初拟个人应急能力指标相关程度均值汇总表

一级指标	相关程度均值	二级指标	相关程度均值	三级指标	相关程度均值
静态测评 A_1	4.79	基本素质 A_{11}	4.93	年龄 C_1	4.93
				学历 C_2	3.43
				专业年限 C_3	4.79
				心理素质 C_4	4.93
				政治素养 C_5	4.93
				身体状况 C_6	4.00
				体能情况 C_7	5.00
				任职情况 C_8	3.64
				体重 C_9	4.93
		专业技能 A_{12}	3.93	技能等级 C_{10}	3.14
				持证情况 C_{11}	4.79
				培训时长 C_{12}	4.79
				演练次数 C_{13}	3.50
		实战经历 A_{13}	3.64	加入应急救援基干分队年限 C_{14}	3.71
				参加应急救援次数 C_{15}	4.86
				考核评优 C_{16}	3.79
动态测评 A_2	3.64	基础性动态测评 A_{21}	4.93	考试 C_{17}	3.43
				考问 C_{18}	3.50
				单兵实操 C_{19}	3.93
				体能素质 C_{20}	3.50
		建设性动态测评 A_{22}	3.93	配电安装 C_{21}	3.50
				输电线路员工脱困应急救援 C_{22}	5.00
				配电线路应急救援 C_{23}	3.57
				有限空间脱困救援与抢险保障 C_{24}	3.50
				应急通信能力 C_{25}	4.79
				应急驾驶能力 C_{26}	3.14
				水域救援能力 C_{27}	4.93
				起重搬运能力 C_{28}	4.79
				建筑物坍塌破拆搜救 C_{29}	3.07
				无人机操作与侦察 C_{30}	4.93

表 4-8　初拟队伍应急能力指标相关程度均值汇总表

一级指标	相关程度均值	二级指标	相关程度均值	三级指标	相关程度均值
静态测评 B_1	4.93	管理制度 B_{11}	4.93	安全管理 D_1	4.92
				培训管理 D_2	3.46
				装备保养 D_3	4.77
				信息处理 D_4	4.92
				考核奖励 D_5	4.92
		人员配置 B_{12}	3.93	队伍定员 D_6	4.00
				专业配置 D_7	5.00
				基本素质 D_8	3.69
				专业技能 D_9	4.92
				实战经历 D_{10}	3.15
				人员管理 D_{11}	4.77
		培训演练 B_{13}	4.93	培训 D_{12}	4.77
				计划制订 D_{13}	3.54
				资源保障 D_{14}	3.69
				演练拉练 D_{15}	4.85
				总结测评 D_{16}	3.85
		装备配置 B_{14}	3.64	基础装备 D_{17}	3.38
				补充装备 D_{18}	3.54
				特种装备 D_{19}	3.92
				维护保养 D_{20}	3.54
				应急车辆 D_{21}	3.54
动态测评 B_2	3.64	基础性动态测评 B_{21}	3.93	考试 D_{22}	3.54
				考问 D_{23}	3.62
				单兵实操 D_{24}	5.00
				体能素质 D_{25}	4.77
		建设性动态测评 B_{22}	3.93	配电安装 D_{26}	3.15
				输电线路员工脱困应急救援 D_{27}	4.92
				配电线路应急救援 D_{28}	4.77
				有限空间脱困救援与抢险保障 D_{29}	3.08
				应急通信能力 D_{30}	4.85
				应急驾驶能力 D_{31}	4.92
				水域救援能力 D_{32}	3.85
				起重搬运能力 D_{33}	3.23
				建筑物坍塌破拆搜救 D_{34}	4.92
				无人机操作与侦察 D_{35}	3.23

由初拟指标相关程度均值计算结果可知，各级初拟指标相关程度均大于或等于3，予以全部保留。

根据专家评分结果，利用SPSS软件计算肯德尔协调系数和χ^2值以检验本轮咨询中专家意见的协调程度，各级初拟指标协调系数计算结果如表4-9、表4-10所示。

表4-9 个人应急能力评估指标专家意见协调程度参数表

初拟指标	协调系数 W	χ^2 值	渐进显著性 p
一级指标	0.857	12	0.001
二级指标	0.824	46.152	0.000
二级指标	0.801	325.338	0.000

表4-10 应急能力评估指标专家意见协调程度参数表

初拟指标	协调系数 W	χ^2 值	渐进显著性 p
一级指标	0.929	13	0.000
二级指标	0.808	56.530	0.000
二级指标	0.802	381.855	0.000

由协调系数各参数计算结果可知，个人应急能力一级初拟指标评分χ^2值为12，二级初拟指标评分χ^2值为46.152，三级初拟指标评分χ^2值为325.338，对应p值均小于0.01，说明本轮咨询的专家意见具有一致性，协调系数分别为0.857、0.824和0.801，说明本轮咨询专家意见的一致性水平很高，协调程度非常好；队伍应急能力一级初拟指标评分χ^2值为13，二级初拟指标评分χ^2值为56.530，三级初拟指标评分χ^2值为381.855，对应p值均小于0.01，说明本轮咨询的专家意见具有一致性，协调系数分别为0.929、0.808和0.802，说明本轮咨询专家意见的一致性水平很高，协调程度非常好。

(2) 第二轮德尔菲法专家咨询

将第一轮专家咨询结果反馈给各位专家以供参考，并请专家对第一轮指标筛选结果提出建议。在第二轮专家咨询中，有专家提出，建议将基本素质A_{11}中的体能情况C_7并入体能素质C_{20}中，因为体能素质是通过现场动态考核打分标准获取的，更能反映出此时应急救援队伍的体能情况，无须在基本素质中再次体现；与此同时，培训演练B_{13}里的资源保障D_{14}建议无须单独列出，计划制订包括应急演练资金、队伍、资源等方面环节，资源保障也是计划制订工作的一个环节，无须单独列出。

经过两轮专家咨询，结合第一轮咨询的指标筛选结果以及第二轮咨询中专家对指标设立的建议，最终确定的电力企业应急救援队伍应急能力综合评价指标体系如图4-2、图4-3所示。

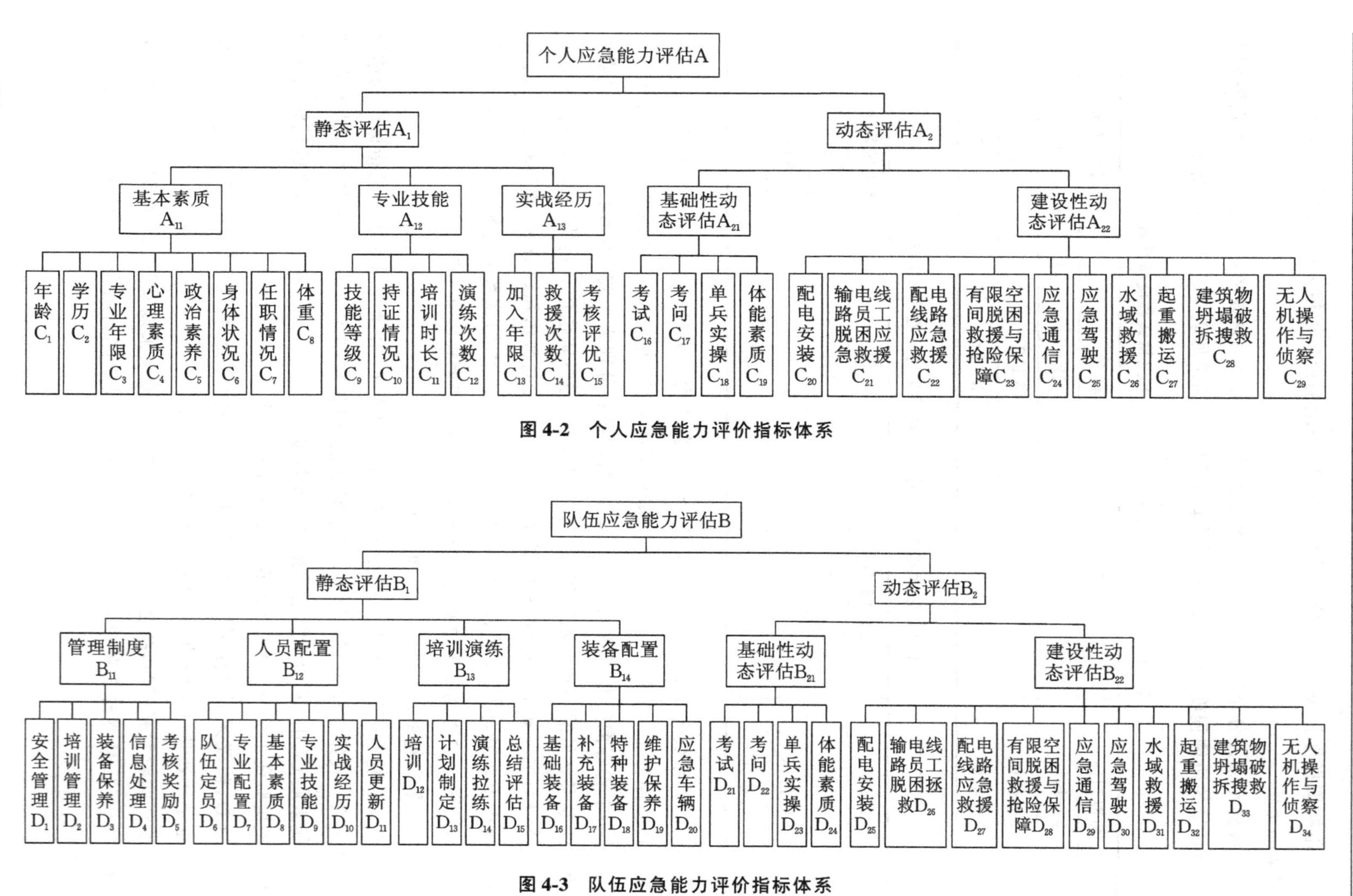

图 4-2　个人应急能力评价指标体系

图 4-3　队伍应急能力评价指标体系

电力企业应急救援队伍个人应急能力由静态评估和动态评估组成，其中静态评估指标分为基本素质、专业技能及实战经历三个二级指标，动态评估分为基础性动态评估和建设性动态评估两个二级指标，并进一步将二级指标划分为29个三级指标，以此对电力企业应急救援队伍个人应急能力进行综合评价；电力企业应急救援队伍应急能力由静态评估和动态评估组成，其中静态评估指标由管理制度、人员配置、培训演练及装备配置四个二级指标组成，动态评估分为基础性动态评估和建设性动态评估两个二级指标，并进一步将二级指标划分为34个三级指标，以此对电力企业应急救援队伍应急能力进行综合评价。

4.4　评价指标含义阐释

4.4.1　个人应急能力评价指标体系

4.4.1.1　个人应急能力静态评估指标

(1) 基本素质 A_{11}

素质指人与生俱来的以及通过后天培养、塑造、锻炼而获得的身体上和人格上的性质特点，基本素质是指应急救援队员所需满足的最基础的能力，代表其是否能够承担应急救援队伍的相关职责。基本素质主要包含年龄、学历、专业年限、心理素质、政治素养、身体状况、任职情况及体重8个方面。

年龄 C_1：年龄是指一个人从出生时起到计算时止生存的时间长度，通常用年岁来表示，年龄是一种具有生物学基础的自然标志，在应急救援队伍中能够粗略判断个人的体能及身体健康情况后续发展趋势。电网应急救援队伍相关管理规定中明确要求人员年龄要求在23～45岁(具有特殊技能的人员年龄可适当放宽)，从而保证队员在应急救援中拥有良好的体能素质、反应能力及身体健康状况等。

学历 C_2：学历代表一个人系统接受学校教育体系的学习经历，随着应急救援现代化装备的普遍使用，大量现代化装备的运用需要进行相关系统性培训及现代化系统理论知识学习，而学历能够基本代表一个人对于新知识的接受程度，因此电力应急救援人员要求具有中技及以上学历，从而保证其具有较高的理论知识水平和学习能力。

专业年限 C_3：专业年限指从事该专业岗位的工作年限，专业年限的多少基本上能够代表人员对于本专业的认知和熟悉程度。根据《国家电网公司应急救援基干分队管理规定》，要求人员从事电力专业工作3年以上，从而保证业务水平。

心理素质 C_4：心理素质是指个体在心理过程、个性心理等方面所具有的基本特征和品质。它是人类在长期社会生活中形成的心理活动在个体身上的积淀，是一个人在思想和行为上表现出来的比较稳定的心理倾向、特征和能动性。心理素质这一名词可以说没有确切完美的定义，很多心理学家对其都持不同理解，例如：心理学教授肖汉仕这样解释：心理素质是指人的心理过程及个性心理结构中所具有的状态、品质与能力之总和，其中包括智力因素与非智力因素，在智力方面是指获得知识的多少，也指先天遗传的智力潜能，但我们主要强调心理潜能的自我开发与有效利用，在非智力方面，主要指心理健康状况的好坏、个性心理品质的优劣、心理能力的大小以及所体现出的行为习惯与社会适应状况。心理学家刘岸英认为：心理素质是个体整体素质的基础。它是个体在遗传素质的基础上，通过自身努力和外界环境与教育的作用下，所形成的比较稳定的心理特征、品质和能力等心理因素的总和。

电网企业应急救援作为一项时间紧、压力大的电力专业工作，要求应急救援队员心理素质良好，具备一定的抗压能力，从而保证电网应急救援的成功率及高效率。下面为《消防心理学》中的心理健康标准：

心理健康标准

1. 没有意识障碍：能清晰和准确识别自己、他人、环境、时间。

2. 没有感知障碍：对事物感知客观、正确，没有视、听、触的错觉或幻觉。

3. 没有思维障碍：言语条理、思维连贯、没有被动或体验为不属于自我的思维，没有强迫性思维，没有无端敌意。

4. 没有注意力障碍：注意力集中。在进行意志活动中，对客观环境保持适度警惕。

5. 没有记忆力障碍：远、近记忆力和即刻记忆力均在正常范围，没有遗忘，没有错构和虚构。

6. 没有智力障碍：一般常识、计算力、判断力、理解力和综合分析能力，符合所受教育水平。

7. 没有情绪障碍：自己不感到过度压抑、紧张、焦虑、恐惧，没有无端兴奋，快乐、激动、情感反应等与周围环境协调。

8. 没有意志活动和行为障碍：有正常生活节律(吃、睡)，没有过于压迫、冲动意向，没有对身体或外界施加破坏意向，没有性或其他生命活动特殊偏颇。

政治素养 C_5：政治素养是指政治主体在政治社会化的过程中所获得的对他的政治心理和政治行为发生长期稳定的内在作用的基本品质，是社会的政治理想、政治信念、政治态度和政治立场在人的心理中形成的并通过言行表现出来的内在品质。电网应急救援人员日常作业和行动均涉及电网企业保密信息及国家安全等相关信息，因此要求应急救援队员具有良好的政治素质及较强的事业心，从而保证国家和公司的根本利益。下面为某电力企业提高应急救援队伍队员政治素养及思想认识具体办法：

(1) 每季度定期召开“基干分队”专题工作会议。结合近期国家及公司相关应急工作和基干分队季度应急工作分析会议要求，推行“学一个文件、讲一个事迹、写一份心得、做一次交流”的“四个一”工程，充分调动全体基干队员的应急意识，进一步规范教育培训、加强日常管理，增强应急队员的政治意识、大局意识、核心意识、看齐意识。

(2) 组织开展烈士公墓祭扫、重走长征路、参观红色教育基地等红色教育，通过缅怀革命先烈、学习英雄事迹、亲身感受长征路上的艰难险阻，使应急队员深入领悟革命先辈的大无畏精神，激发队员的爱国主义教育情怀和对应急救援事业的自豪感与使命感。

(3) 充分发挥来自各部门党员的带头模范作用，在培训和演练拉练时要求党员佩戴党徽、亮明身份，在队伍中由党员担任小组长，以身作则、吃苦耐劳、事事在先，引导其他应急队员积极向党组织靠拢，充分发挥“聚是一团火、散作满天星”的先锋作用。

身体状况 C_6：身体是革命的本钱，只有具备健康的体质才能合理地进行作业。在电力应急救援中，由于队员需要进行高空作业和野外工作等专业工作，要求队员需具备良好的身体状况，且不存在恐高症、高血压、夜盲症、心脏病等不适合应急救援的疾病。

任职情况 C_7：任职情况主要包括个人专业和辖区任职情况，根据个人专业情况将其编入综合救援、应急供电、信息通信、后勤保障等救援小组，并结合其辖区任职情况进行合理编排。

体重 C_8：本书中的体重主要是指 BMI 指数，BMI 指数(身体质量指数，简称体质指数又称体重指数，英文为 body mass index，简称 BMI)，是用体重(单位：kg)除以身高(单位：m)的二次方得出的数字，是目前国际上常用的衡量人体胖瘦程度以及健康状况的一个标准。由于电力应急救援队员需要经常性地进行野外活动、高空作业等劳动，因此需要队员具备一个较为合理的胖瘦程度，从而保证作业活动的有效性。例如，国家综合性消防救援队伍招录消防员《应征公民体格检查标准》中明确要求男性体重不超过标准体重[标准体重(单位：kg)＝身高(单位：cm)－110]的 30%，不低于标准体重的 15%，从而确保应急救援作业的有效性和快速反应。

(2) 专业技能 A_{12}

专业技能是指求职者所具备的专业技术水平及能力，一般主要是指从事某一职业的专业能力。在本书中，专业技能主要是指电力行业相关的技能水平，由于电网应急救援的特殊性及行业领域的专业性，专业技能水平的高低直接影响到电网应急救援的成败。专业技能主要包含技能等级、持证情况、培训时长及演练次数 4 个方面。

技能等级 C_9：技能等级是指员工为了按照既定的标准完成工作任务而必须能够执行的一个工作任务单位或者一种工作职能。本书中技能等级的认定不仅包含狭义的技能等级认定，还包含技术职称方面，技能等级的高低能够直接用来判断其个人专业水平理论知识和部分实践能力的高低，并且保证电网应急救援的合理性及安全性。其中电力专业的技能等级主要分为初级工(5 级)、中级工(4 级)、高技工(3 级)、技师(2 级)、高技师(1 级)5 个等级，技术职称主要包含助理工程师、工程师、高级工程师等。表 4-11 为电力专业各技能等级的报考条件。

表 4-11 电力专业各技能等级的报考条件

技能等级	报考条件
初级工	经各级各类培训机构培训毕业或结业，可申报初级技术等级职业技能鉴定
中级工	(1) 取得初级“技术等级证书”后，在本工种连续工作五年以上或经正规中级技术等级培训者，可申报中级技术等级的职业技能鉴定； (2) 经评估合格的中等职业学校、技工学校、职业学校的毕业生，可申报中级技术等级的职业技能鉴定
高级工	具备以下条件之一者即可申报： (1) 取得本职业中级“技术等级证书”后，连续从事本职业工作 4 年以上，经本职业高级工强化培训达到 500 标准学时，并取得“职业资格培训证书”； (2) 取得本职业中级工职业资格证书后，连续从事本职业工作 6 年以上； (3) 取得本职业中级工职业资格证书的大专以上本专业或相关专业毕业生，连续从事本职业工作 1 年以上； (4) 连续从事本专业(工种)15 年以上的生产技术骨干，经本职业高级工强化培训达到 500 标准学时，并取得“职业资格培训证书”
技师	(1) 取得政府人事部门颁发的高级工证书并在同工种高级工岗位上连续工作满 5 年以上(实满 5 年，不含两头年份)； (2) 近 3 年年度考核为合格(称职)以上； (3) 技工学校或高中(含职高)以上毕业。对具有较高技艺、年龄较大(男 50 周岁以上，女 45 周岁以上)的高级工可放宽到初中文化程度
高技师	(1) 取得本职业“技师职业资格证书”后，连续从事本职业工作满 2 年(或 2 年以上)者； (2) 取得本专业或相关专业中级专业技术职称资格，从事本专业工作满 1 年(或 1 年以上)且经本职业高级技师正规培训达到规定标准学时数，并取得毕(结)业证书； (3) 取得本专业高级专业技术职称资格，现从事本职业工作的人员

持证情况 C_{10}：持证情况指个人对开展某项业务所拥有的合格证情况，一般以国家认可的职业证书居多。本书中持证情况相关证书认定主要是电力应急救援相关的职业证书，主要包括电工证、登高证、特种设备证、无人机证等，由于电力应急救援队伍综合救援组队员需要进行高空作业和电力抢修，因此其组员必须持有电工证和登高证方可进行电力作业，从而保证电网应急救援的合理性和规范性。

登高证，也叫“高处安装、维护、拆除作业操作证”“上岗证”“特种作业操作证”“高空作业证”，发证机关为应急管理部(原来的安监局)，证书 3 年一审，6 年一换。报名后由学校统一组织培训、考试，并且理论、实操成绩合格后，由发证机关制证后方可取得。图 4-4

为特种作业操作证。

图 4-4　特种作业操作证

登高证考试形式：考试分为两科，理论＋实操，本人参考、单人单桌、理论实操均为机考，及格均分为 80 分。

登高证报名条件：

1. 年满 18 周岁且符合相关工种规定的年龄要求；
2. 医院体检合格且无妨碍从事相应作业的疾病和生理缺陷；
3. 初中及以上学历。

培训时长 C_{11}：培训就是培养＋训练，使受训者掌握某种技能的方式，是给有经验或无经验的受训者传授其完成某种行为必需的思维认知、基本知识和技能的过程。通过目标规划设定、知识和信息传递、技能熟练演练、作业达成评测、结果交流公告等现代信息化的流程，让受训者通过一定的教育训练技术手段，达到预期目标，提升战斗力。培训时长是人员进行技能培训的有效时长总和。电工作业作为特种工作的一种，作业环境具有特殊性且存在安全隐患，因此，相关行业人员需进行培训后方可上岗作业。《国家电网公司应急救援基干分队管理规定》要求应急救援队员初次技能培训每人每年不少于 30 个工作日，以后每年轮训应不少于 10 个工作日。

××年 7 月 30 日，某公司在电缆实训基地开展应急救援基干队员实训活动。为打造一支素质优良、作风过硬的电力应急"先遣队"和"特种兵"，公司从 7 月 26 日起开展了为期 5 天的应急基干队员集训活动。本次集训以需求为导向，以提高应急"实战"能力为目标，贯通学理论、考实操、拟情景、验成果四个环节。通过前期广泛调研，该公司创造性地采用小型化培训新形式，精准施策，有效突破了传统培训模式针对性不强、时效性不高等问题，取得显著成效。

外委培训，提高质效。依托外委培训这一良好平台，公司借助"请进来、送出去"的委培模式，联合社会资源、引进专业师资，不断增强培训的针对性和时效性，开阔思路、拓宽视野，使队员获得了更好的培训体验，同步提升了培训工作前瞻性。

全面学习，专项培养。该公司从队员身体素质、性格心理、学习能力、组织协调能力等方面着手，设定出具体详细的量化评价指标，进行能力评估和专业分组。经过全面培育和专业培养相结合，每一个队员都能系统掌握电力应急救援知识，同时至少具备一项救援科目的专业处置能力，真正做到了“人职匹配”。

科学评估，适时改进。公司利用理论考试、个人综合能力考评、团队能力测评等多种形式，对应急基干队伍开展全方位应急能力评估，客观、科学地测评队伍应急能力，分析存在的问题，为该公司应急基干队伍建设提供了科学依据。

实战演练，检验成效。此次集训设置了演练情景，整合出培训内容，通过合理编排，将各自独立的培训科目与实战演练有机结合，既检验了培训成效，又锻炼了应急队伍，在演练中补短板、堵漏洞、强弱项，全面提升了基干队员在各类突发情况下的急救和应急处置能力，打造出一支新型电力应急“先遣队”和“特种兵”。

演练次数 C_{12}：演练，字面意思就是训练演习、操练，演练可在事故真正发生前暴露预案和程序的缺陷，发现应急资源的不足（包括人力和设备等），改善各应急部门、机构、人员之间的协调工作，增强公众应对突发重大事故救援的信心和应急意识，从而提高应急人员的熟练程度和技术水平。对于电网应急救援队员而言，合理次数的不同类型的演练能够丰富并加强个人在不同环境下的适应能力及应急救援能力。下面为某公司办公场所火灾事故现场处置方案：

办公场所火灾事故现场处置方案

一、工作场所

××公司

二、事件特征

办公大楼发生火灾，产生高温有害气体，造成人身烧伤、中毒、窒息和设备损坏，导致人身伤亡和财产损失。

三、岗位应急职责

1. 火情发现人

(1) 发现火情立即报警，并通知火灾区域所有人员。

(2) 抢救伤员。

(3) 疏散火灾区域人员。

(4) 在火灾初期参与灭火工作。

2. 火灾区域人员

(1) 及时向大楼消防管理负责人汇报火情。

(2) 组织抢救伤员。

(3) 在火灾初期组织灭火工作。

（4）组织疏散火灾区域人员。

（5）采取措施，隔离火灾区域。

（6）在保证人员安全的情况下抢救重要档案资料。

3. 其他工作人员

（1）听从指挥，协助抢救伤员。

（2）疏散人员。

四、现场应急处置

1. 现场应具备条件

（1）自动灭火装置、火灾自动报警系统。

（2）灭火器、消防栓、消防水带、疏散标志、应急照明灯等消防设施设备。

（3）防毒面具、急救箱及药品等防护用品。

2. 现场应急处置程序

（1）查看火情。

（2）向消防值班室、公安机关消防部门报警，向办公楼消防管理责任人汇报。

（3）抢救伤员。

（4）组织人员灭火。

（5）疏散人员。

3. 现场应急处置措施

（1）发现火情，迅速查看着火部位及火势。

（2）立即启动火灾自动报警系统，大声呼叫，使火灾区域人员都知道；及时汇报办公楼消防值班人员；拨打“119”向公安消防部门报警，请求救援。报警内容：单位名称、地址、着火物质、火势大小、着火范围。把自己的电话号码和姓名告诉对方。

（3）发现火灾后，火灾区域人员尽快戴好防毒面具。

（4）发现有人烧伤，立即转移至楼下安全地带，用干净纱布覆盖烧伤面，防止被污染。发现有人吸入有害气体中毒，立即转移至通风良好处休息，已昏迷伤员应保持气道通畅，呼吸心跳停止者，按心肺复苏法抢救。尽快把伤员送往医院救治或拨打“120”求援。

（5）在火灾初期，可组织人员用灭火器灭火。

（6）派专人在楼梯口指挥，沿办公楼步行梯有序疏散，严禁搭乘电梯。

（7）根据现场实际情况采取关闭防火门等措施隔离火区，防止火势快速蔓延。

五、注意事项

1. 没有防毒面具的人员，可用湿毛巾、湿衣服捂住口鼻，弯腰迅速撤离火灾区域。

2. 未经医务人员同意，灼伤部位不宜敷搽任何东西和药物。

3. 火灾初期，在保证人员安全的情况下，才能组织人员灭火，把重要档案资料抢救至安全区域。火势较大时，所有非消防专业人员必须撤离现场。

4. 疏散时要有序撤离，防止发生人员踩踏事件。

(3) 实战经历 A_{31}

实战经历，字面意思解释为在实际作战中亲身经历而获得的丰富的经历或经验，合理的实战经历能够提高个人业务水平和能力。在电网应急救援队伍中，实战经历能够加强电网应急救援队员在面对突发事件时电网应急救援业务水平和能力表现情况，为下一次应急救援“提质提速”。实战经历主要包含加入应急救援基干分队年限、参加应急救援次数及考核评优 3 个方面。

加入应急救援基干分队年限 C_{13}：加入应急救援基干分队年限，顾名思义就是队员从加入应急救援基干分队至今的年限长度(一般以年为单位计算)。应急救援队伍作为电网应急救援的“先遣队”和“特种兵”，培养发展一名合格的电网应急救援队员需要一定的时间和财力，并且队员的业务能力水平及电力作业规范性情况与加入应急救援队伍的年限也密切相关，结合《国家电网公司应急救援基干分队管理规定》相关要求，每个队员服役时间原则上不应少于 3 年，从而保证应急救援队员的应急能力以及应急救援队伍的稳定性。

参加应急救援次数 C_{14}：在发生自然灾害、事故灾难等突发事件时，队员参与电网应急救援的次数。队员根据承担任务性质和现场环境特点，结合专业技能水平，在保证自身安全的前提下实施应急救援工作，通过参与电网应急救援实战，提高在面对突发事件时电网应急救援的业务水平。应急救援次数成为影响电网应急救援队员能力的重要因素之一。下面为某公司应急救援基干分队紧急驰援余姚案例。

2013 年 10 月 7 日，台风“菲特”登陆浙江余姚市，暴雨持续倾泻，10 月 9 日，浙江余姚遭遇中华人民共和国成立以来最严重水灾。70%以上城区受淹，主城区城市交通瘫痪。余姚主城区 101 个小区 590 台变压器因积水无法正常供电，9 万住户有近 7 万户停电，全县 256 个行政村中有 90 个因暴雨积水或水库泄洪而导致供电中断。图 4-5、图 4-6 为公司开展 220 kV 门型抢修塔组装演练以及前往灾区输送照明设备。

2013 年 10 月 10 日，公司 10 辆应急发电车和 30 人应急救援精干力量驰援余姚市区，本着“一方有难，八方支援”的初衷尽自己的绵薄之力，为城区重要受淹部位和居民区配电室积水抽水泵供电。

图 4-5　开展 220 kV 门型抢修塔组装演练

图 4-6　前往灾区输送照明设备

考核评优 C_{15}：考核评议是基于相关管理制度，通过考试、考定核查等方式进行优秀人员评选的。电网应急救援队员作为电网应急救援的主力军，其中获得电网企业相关表彰和奖励的一般为在应急救援行动中做出突出贡献的，因此考核评优可作为实战能力的影响因素之一。

4.4.1.2　个人应急能力动态评估指标

(1) 个人应急能力基础性动态评估

考试 C_{16}：考试是一种严格的知识水平鉴定方法，考试主要有两种目的：一是检测考试者对某方面知识或技能的掌握程度；二是检验考试者是否已经具备获得某种资格的基本能力，从这两种目的来看，考试可以分为效果考试和资格考试。

对于电网应急救援队伍而言，通过考试检测队员对于电力应急救援基础知识、应急救援专业知识、应急理论知识等方面的了解程度，其考题形式主要分为单选、多选及判断题，考试分数可作为评测电网应急救援队员能力的参考指标之一。

考问 C_{17}：考问，一是为考察对方而提问，二是指拷打审问。在本书中，考问即为考察对方而提问，通过专家对应急救援队员分别进行考问，了解应急救援队员的相关职责和电力专业知识情况，并结合实际情况对其进行打分，考问分数可作为评测电网应急救援队员能力的参考指标之一。

单兵实操 C_{18}：单兵实操即个人单独进行实际操作。在本书中，单兵实操主要指应急救援队员通过个人进行某项作业考核，通过单兵实操情况了解其个人指挥能力或操作能力，并对其进行赋值打分，单兵实操分数可作为评测电网应急救援队员能力的参考指标之一，在个人应急能力评估指标中单兵实操为对个人的评估结果。其中应急救援队员分为指挥岗和操作岗，指挥岗主要通过情景演示、问答等形式对其指挥能力、资源调配能力等进行考核，操作岗主要从基础科目和选做科目两个方面进行选做考核，基础科目主要包括高空救援、帐篷搭建、外伤包扎、心肺复苏等项目，选做科目包括绳结使用、特种车辆驾驶、现场破拆、现场测绘等作业项目。另外，帐篷搭建、高空救援等团体性项目主要评估其个人表现情况。

体能素质 C_{19}：体能素质，是一个人体质强弱的外在表现，其主要包括人体在活动中所表现出来的力量、速度、耐力、灵敏度、柔韧性等机能。应急救援作为一项工作强度高、体能消耗大的作业活动，体能素质会直接影响电网应急救援队员个人能力的高低从而影响电网应急救援的成败。体能素质考核项目主要包括单向引体向上、10 m×4 往返跑、1000 m 跑及原地跳高等，基于体能素质考核结果对电网应急救援队员进行能力考核。

对于部分考核项目，体能素质考核应参考当地自然环境、地理位置及队员专业等情况，例如在高海拔地区，跑步等项目考核标准应适当降低，对于非综合救援组队员如信息通信、后勤保障类队员，由于体能素质专业要求稍低，应适当降低标准。

(2) 个人应急能力建设性动态评估

配电安装 C_{20}：配电安装从字面意思理解就是对配送电力的工程进行安装，配电工程主要包括配电房建设、外线电缆敷设、配电方案设计、配电设备安装、电缆桥架搭接、配电房通风照明施工、接地系统安装、绝缘系统施工、防雨、防小动物措施、相关配套工具等。配电安装能力作为影响电网抢修极为重要的一项，关系着电网抢修的成败。国家电网公司企业标准《应急救援基干分队培训及量化考评规范》要求电网应急救援队伍掌握配电负荷计算、材料选取和配电安装方法，掌握不同场景下配电网搭建能力计算方法等。

输电线路员工脱困应急救援 C_{21}：输电线路是电力系统中实现远距离传输的一个重要环节，其任务是输送电能，是电力系统的动脉，其能否安全稳定运行直接决定着电力系统的安全和效益。然而，由于输电线路长期暴露在野外，随着季节的交替、环境的改变，洪水、暴雨、泥石流、雷电、山火、覆冰、大风等自然灾害对高压输电线路的危害是非常大的。因此，电网应急救援队伍作为专业的应急救援队伍，需要进行高频次的输电线路抢修，高空作业的危险性较大，因此电网应急救援队伍需掌握一定的输电线路员工脱困拯救等相关知识，掌握高空作业人员坠落和防坠、绳索救援装备认知与管理、绳索基础技能、救援系统、个人绳索技能、救援技能等相关知识和操作，从而做到在保障自身人身安全的前提下进行电力应急抢修。图 4-7 为铁塔救援系统。

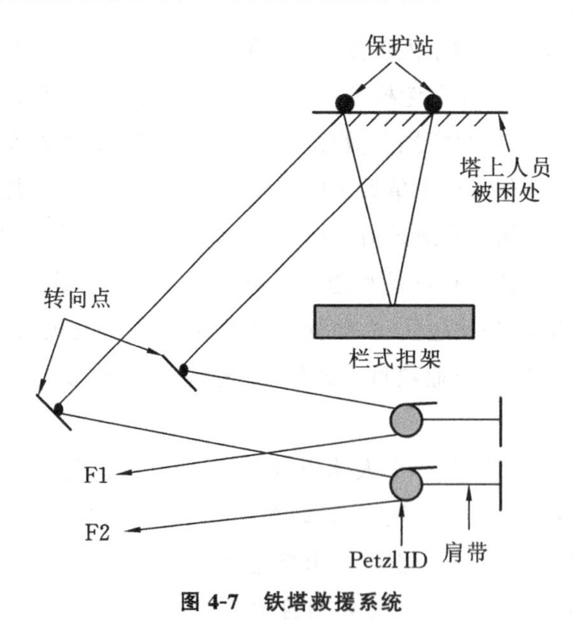

图 4-7　铁塔救援系统

配电线路应急救援 C_{22}：配电线路直接联系着千家万户，线路多而复杂，特别是农网线路供电半径长，且全部为放射式供电线路。经过近年来的城网、农网改造，线路抵抗自然灾害事故能力得到显著提高，但在恶劣天气及自然灾害发生时，配电线路受损还会很严重，抢修现场安全风险无处不在。因此，电网应急救援队伍需掌握一定的配电线路应急救援能力，熟悉配电线路自然灾害风险、配电线路洪涝灾害抢险及配电线路杆塔高空应急救援等相关知识及操作，从而使得极端天气下的配电线路应急救援具备一定的自身防护能力，在保障自身安全的前提下进行配电线路的抢修。表4-12为某省电力企业配电线路抢修评价评分标准。

表4-12　某省电力企业配电线路抢修评价评分标准

一、评价标准

得分	90以上	75～90	60～75	60以下
等级	A	B	C	D

二、评分标准

序号	项目名称	分值分布
1	拉线制作及更换（40分）	1. 楔形线夹：在线夹凸肚侧安装正确尾线，钢绞线弯曲不破股、线夹露出尾线长度300 mm；尾线绑扎位置距端部50 mm；绑扎长度为100 mm；（20分） 2. 拉线绝缘子：钢绞线回头500 mm，使用3个钢线卡子交叉固定，尾端距断头铁丝缠绕5圈。 3. UT线夹：在线夹凸肚侧安装正确尾线，钢绞线弯曲不破股、线夹露出尾线长度300 mm；下把尾线绑扎位置距端部50 mm；绑扎长度为100 mm（20分）
2	接户线敷设及绑扎固定（30分）	1. 检查绝缘导线是否有伤痕；（5分） 2. 导线在针式绝缘子顶采用十字绑扎法，蝶式绝缘子上采用终端绑扎法固定；（10分） 3. 两端绑扎长度不少于100 mm；（5分） 4. 按要求接入主线路及低压设备（10分）
3	安全生产（10分）	遵守安全操作规程（10分），违反一项扣5分，扣完为止
4	文明生产（10分）	正确使用工具，作业场地清理干净，工具、材料使用及摆放、回收整齐（10分）
5	评价时间（10分）	基础时间45 min（10分），每增加3 min扣1分，扣完为止

有限空间脱困救援与抢险保障C_{23}：有限空间是指封闭或者部分封闭，与外界相对隔离，出入口较为狭窄，作业人员不能长时间在内工作，自然通风不良，易造成有毒有害、易燃易爆物质积聚或者氧含量不足的空间。电网应急救援队伍由于需要进行电缆隧道等

有限空间内的线路抢修，因此需要一定的有限空间脱困救援与抢险保障知识，了解掌握有限空间基础知识、有限空间危险因素辨识与防护措施、有限空间危害识别与进入管理、有限空间气体测试、有限空间现场作业安全措施、有限空间现场作业防护设备设施配置、个人呼吸防护用品与有限空间安全事故应急救援与现场急救相关知识与实践，从而在进行有限空间作业时能够尽可能地保护自身安全以及进行抢险救援保障。

应急通信能力 C_{24}：应急通信是为各类紧急情况提供及时有效的通信保障，是综合应急保障体系的重要组成部分，更是抢险救灾的生命线。应急通信与社会、技术的发展息息相关，其内涵随着通信行业和技术的发展而不断变化。第一，应急通信是公众通信网的重要组成部分，可被视为公众网的延伸和补充。第二，应急通信既包括应急通信技术手段，也包括应急组织管理方式，是技术和组织管理的统一。从任务内容角度来看，应急通信系统承担着两类任务，一是平时为公众通信网提供补充服务；二是为突发事件提供通信保障。从任务的性质来分，应急通信可以分为应急服务和应急保障。应急服务主要是指为重大活动提供通信支撑，而应急保障主要是为重大通信事故、突发事件和自然灾害事件提供通信保障。而在电网应急救援过程中，由于各类突发事件可能会导致常规通信系统的破坏，因此应急救援队员需掌握一定的应急通信能力，了解各类通信系统的基本操作和连接方法，掌握各通信系统的简单故障排除方法及系统实操，保证电网应急救援信息传递和交流的准确性和实效性。

应急驾驶能力 C_{25}：驾驶员对突发事件的应急能力，不仅反映出一名驾驶员的综合素质和职业道德，而且能够避免造成危害或减轻损失，以达到“不伤害自己、不伤害别人、不被别人伤害”的目的。然而在应急救援队伍中，应急驾驶能力主要代指在特殊情况下驾驶各类特种交通工具的能力及自救能力，主要包括小型越野车驾驶能力，以冲锋舟、橡皮艇为代表的水上交通工具驾驶能力，载具倾覆时脱困自救能力等三方面，不同地区面临不同的自然环境，应急救援队伍应加强在面对危险时的应急能力。

水域救援能力 C_{26}：水域救援是一项突发性强、时间紧迫、技术要求高、救援难度大、危险性高的救援项目，无论是执行营救溺水人员、处置城市内涝，还是洪涝灾害等任务，水域救援都是必不可少的基本救援技能。水域救援任务本身涉及面就比较广泛，包含了冰面救援、船舟救援、潜水救援以及涉水救援等不同的形式，这一些形式本身均存在一定的危险性与安全隐患，并且水域灾害事故本身还带有高危险、不确定等特性，所以很容易导致人员伤亡。其中水域救援事故具有如下特点：

① 人在溺水时，自救能力差，极易造成人员伤亡。

② 救援队伍到场时已失去最佳救人时机，水面已没有明显落水痕迹，往往要大范围搜寻，长时间才能找到溺水者。

③ 机动车冲入水中，救人及打捞车辆难度很大。

④ 救援人员深入河水救人时，自身危险性大。

⑤ 被救者在水中会失去理智，救援人员将受到威胁。

⑥ 人员伤亡大、经济损失大。大型洪涝等灾害造成生还概率极低。

⑦ 情况复杂多样，突发性强、救援难度大。救援时间紧，技术要求高，作业危险性大，在救援人员赶赴现场后，往往很难第一时间找到溺水者具体位置。

因此，电力应急救援队伍作为专业的应急救援队伍，需具备较高的专业素养，掌握落水人员的紧急救助、浮动码头的搭建、船艇抢险救援物资运输的平衡与固定、涉水(拖舟)行进的防护与危险点，从而尽可能降低灾害事故所导致的风险，并基于灾害事故中的各种风险实行有效防控，从而达到降低人员伤亡、财产损失等目的。

起重搬运能力 C_{27}：起重搬运是国家电网公司生产技能人员职业能力培训的重要内容之一，电网应急救援队伍在面对自然灾害导致的大型设备、机械或其他物品的压倒时，需要掌握常用绳扣绑扎及起重作业设备的操作方法，具备一定的起重搬运能力。

建筑物坍塌破拆搜救 C_{28}：建筑物坍塌破拆是指建筑物由于支撑结构的破坏，失去应有的稳定性而发生倒塌。倒塌事故一般发生得比较突然，征兆也不明显，易造成人员的重大伤亡。建筑物倒塌发生后，人们一时难以从倒塌的惊吓中恢复过来，被埋压的人员众多、现场混乱失去控制，如果处置不及时、不合理，极易造成建筑物的火灾和二次倒塌，给有效组织实施现场救援工作带来更大的困难。因此在发生建筑物坍塌时，作为应急专业化队伍之一的电网应急救援队伍，需第一时间赶往现场进行破拆搜救，建筑物坍塌破拆搜救主要包括搜索技术与装备操作、破拆技术与装备操作、破拆对象的结构特点与风险防范、顶升技术与装备操作、建筑物坍塌破拆搜救与营救，以及现场破拆的安全防护和现场安全检查。

无人机操作与侦察 C_{29}：2003 年开始，我国电网需求量开始快速上升，社会用电量爆发式增长，数据显示，2003—2010 年我国全社会用电量年复合增速达到 12%。随着需求的爆发式增长，我国电力装机容量迅速扩张。2003—2008 年，我国发电装机量从 3.91 亿千瓦时上升至 7.93 亿千瓦，装机总量翻了一倍，至 2020 年，我国发电总装机量已经达到 22.02 亿千瓦。然而，我国电网规模的不断提升以及线路复杂度的迅速增加，给我国电网的巡检带来了巨大的挑战。2015 年 7 月 1 日，国家能源局发布名为《架空输电线路无人机巡检作业技术导则》的电力行业标准，于 2015 年 12 月 1 日正式实施。电力联合会的无人机行业标准正式出台，中国电网的无人机巡检计划将在未来持续放量推广。随着技术的不断成熟，国家电网发布了《架空输电线路无人机巡检系统配置导则》、南方电网发布了《架空输电线路机巡光电吊舱技术规范(试行)》、中电联发布了《架空输电线路无人机巡检作业技术导则》(DL/T 1482—2015)，对无人机巡检系统及光电吊舱进行规范。

无人驾驶飞机简称“无人机”(“UAV”)，是利用无线电遥控设备和自备的程序控制装置操纵的不载人飞行器。无人机实际上是无人驾驶飞行器的统称，根据飞行平台的不同可以分为：固定翼无人机、多旋翼无人机、无人直升机、无人飞艇、无人伞翼机等。无人机在应急救援中具有重要的作用，首先，无人机具有较高的安全性。这里的安全性主要体现在降低应急一线作业人员安全风险。事故灾害现场环境复杂，不稳定因素较多，对应急救灾人员的人身安全构成了极大的威胁，近年来事故灾害救援人员损失的事件时常发生。无人机的操作是通过无线电、通信网络等手段实现“人机分离”的，因此可以有效规避传统救援行动中存在的短板，最大限度避免应急救援人员身陷险境，减少救援人员伤亡；其次，无人机灵活机动、易于部署、可快速响应。一般情况下，一个无人机机组仅需要 2～3 人，部分轻小型无人机系统单人即可同步实现飞行和作业的功能。无人机携带方便，在道路不畅、交通中断的情况下，徒步就可以携带至灾害事故现场，且起飞条件很简单，对地形无要求，所以具有很强的灵活性。因此，在事故灾害的第一时间就可以实现部署。未来，随着“无人机机巢”等概念的落地与发展，无人机在应急应用中的巡查、监测作业将实现常态化。与卫星、直升机等手段相比，无人机的成本更低。这不仅包括无人机本身的制造成本，还包括人才培养成本。无人机操作简便，一般人也可以快速掌握。根据现行的民用无人机驾驶员培训机制，一般人员通过 1 个月以内的培训，即可达到民航局对于无人机驾驶的基本要求，获得民用无人机驾驶员执照。图 4-8 为无人机照片。

图 4-8　无人机照片

随着我国电力装机总量的不断增多以及输电线路长度的增加，巡检工作对于维护区域电网的安全、稳定运行越来越重要。而由于输电线路受跨区域分布、点多面广、所处地形复杂、自然环境恶劣等因素的影响，传统的人工巡检所花时间长、人力成本高、巡检难度大。而电力巡航无人机作业可以大大提高输电维护和检修的速度和效率。表 4-13 为无人机在电力巡检领域的优势。

表 4-13　无人机在电力巡检领域的优势

类型	人工巡检	载人直升机	无人机
巡视费用	350 万元	2625 万元	525 万元
设备成本	工具车辆等约 25 万元	2000 万元/架	200 万元
巡视全程时间	一组需 3500 天	一架需 90 天	一组需 525 天
巡检质量	一般	高	较高
安全性	登塔,安全风险高	有一定风险,一旦出事危害巨大	无人身安全,有一定设备风险
特点	技术传统,要求不高	直升机全程可视巡检	技术先进,可选配置
空管是否受限	不受限	受限	部分受限
其他	人工力量大,费时耗力,安全性不高	成本很高,受空管天气限制,手续复杂	成本较低,机动灵活

与人工巡检以及载人直升机进行对比,电力巡航无人机在控制成本的基础上保证了巡检的效率及安全性。表 4-14 为人工、载人直升机、无人机三种方式进行电力巡检对比情况说明。

表 4-14　人工、载人直升机、无人机三种方式进行电力巡检对比

优势	具体内容
降低野外作业危险	我国幅员辽阔且地形多样,电力、石油和天然气等输送管线不但绵长,且通常会通过各种复杂的自然环境,故长距离采用人工野外巡检的危险性可想而知,特别是电力巡检作业本身便具备一定风险。但无人机则无惧恶劣天气和险恶自然环境的考验,节省了大量人力资源
巡检效果只增不减	无人机巡检路径和视线不受自然环境的干扰,重要的是其搭载的专业可见光照相机摄像机、红外摄像机等载荷可以取得高质量的巡检资料
实现快速巡检	迅速通过巡检仪器对线路杆塔、导地线、金具等元器件存在的缺陷进行监测、摄像、拍照,实时回传,实时决策,效率是传统人工巡视的 10 倍

电网应急救援队伍作为危险性较大的救援队伍之一,理解无人机操作理论知识,掌握无人机电脑模拟操控训练和无人机真机飞行操控训练,从而在应急救援中避免人力浪费以及减少危险。

4.4.2 队伍应急能力评价指标体系

4.4.2.1 队伍应急能力静态评估指标

(1) 管理制度 B_1

公司管理制度是公司为了规范自身建设,加强企业成本控制、维护工作秩序、提高工作效率、增加公司利润、增强企业品牌影响力,通过一定的程序所制定出的管理公司的依据和准则。公司管理制度大体上可以分为规章制度和责任制度。规章制度偏重于工作内容、范围和工作程序、方式,如管理细则、行政管理制度、生产经营管理制度。责任制度侧重于规范责任、职权和利益的界限及其关系。对于电网应急救援队伍而言,电网公司应急救援队伍管理制度主要是为了规范电网应急救援队伍建设,保障电网应急救援队伍的安全运行,加强电网应急救援队伍的规范性管理,从而做到加强应急救援队伍应急能力。应急救援队伍应按照国家电网公司、各分部、网省公司和相关上级单位应急管理要求,落实安全管理、培训管理、装备保养、信息处理及考核奖励相关管理制度的建设与实施。下面为某公司应急救援队伍管理办法规定:

××公司应急救援队伍管理办法(试行)

××公司

××年 ××月 ×× 日

1 总则

1.1 编制目的

为了全面规范和加强××公司应急队伍建设与管理,切实防范和有效应对各类突发事件对××公司和社会造成的影响,维护××公司正常生产经营秩序,保障国家安全、社会稳定和人民生命财产安全,及时修复电网设备、设施,快速恢复电网稳定运行,减少事故灾害造成的损失,特制定本制度。

1.2 编制依据

本制度根据以下法律法规和标准制度及相关文件,结合××公司实际制定。

《中华人民共和国安全生产法》;

《国务院关于全面加强应急管理工作的意见》。

1.3 适用范围

本制度主要明确××公司应急队伍管理工作,适用于××公司对应急队伍的日常管理,以及处置各类突发事件或参与社会救援时调配应急队伍的动态管理。

1.4 管理原则

1.4.1 以人为本、安全第一。切实加强应急队伍成员的安全防护,充分发挥专业救援力量的骨干作用。

1.4.2　统一领导，分级负责。在××公司应急领导小组的统一领导下，各部门、单位按照各自职责和权限，以综合协调、分级负责为原则，组建并管理应急队伍。

1.4.3　居安思危，平战结合。坚持“安全第一、预防为主、综合治理”的方针，以就近调配为原则，保证快速、高效投入应急队伍处置突发事件。坚持事故灾难应急与日常工作相结合，以平战结合的原则充分发挥应急队伍的生产能力。

1.4.4　专业搭配、装备并重。以主辅专业搭配、内外协调并重、技能和体能兼顾、气候和地理环境适应性强为原则合理配置应急队伍的人员专业结构和装备配置，确保应急抢险任务安全、高效完成。

1.4.5　加强培训，提高素质。加强应急队伍培训演练工作，提高应急队伍成员自救、互救和参与各类突发事件处置的综合素质。

2　管理职责

2.1　应急领导小组职责

2.1.1　负责贯彻落实上级应急队伍建设与管理的标准和制度。

2.1.2　负责××公司应急队伍的指挥，并接受上级应急指挥机构的应急指挥。

2.2　应急办公室职责

2.2.1　依据上级应急队伍建设与管理的标准和制度，制定××公司应急队伍管理制度。

2.2.2　负责××公司应急队伍的建设和管理，组建应急队伍，制订××公司应急队伍工作计划、培训和演练计划。

2.2.3　负责落实××公司应急领导小组的应急指挥，调配协调应急队伍投入现场处置。

2.2.4　在应急处置完成后，负责对应急队伍进行总结、评价、表彰以及处罚。

2.3　各单位职责

2.3.1　制定本单位应急队伍管理实施细则。

2.3.2　负责落实本单位应急队伍的组建、管理等工作，落实人员、经费、抢修工器具、统一着装、统一标识以及后勤保障等工作。

2.3.3　及时调整、补充应急队伍成员，保持应急队伍的稳定，确保应急抢险力量充足。

2.3.4　根据应急抢险工作需要，安排落实资金用于应急队伍抢险装备配备和人员培训，并定期安排应急抢险队伍的演练。

2.3.5　指挥协调本单位内部应急处置，负责属地区域内部应急队伍的指挥调配。

2.3.6　接受××公司对应急队伍的指挥和调度，确保应急队伍在接到指令后2 h内集结完毕，并按照指令快速赶赴现场投入应急处置任务。

2.3.7 每年3月底前，各单位应将应急队伍及装备情况报××公司应急办公室备案。

2.4 人力资源部职责

2.4.1 配备应急队伍各种技能培训所需的训练和演习设施。

2.4.2 不定期组织实施应急队伍的培训，并将培训费用列入年度计划。

2.5 物资供应公司职责

负责各应急队伍配置装备物资、后勤等物资的管理和保障。

2.6 专项处置领导小组职责

2.6.1 接受上级应急指挥机构的指挥。

2.6.2 负责现场各应急队伍的协调、管理，建立指挥协调机制，统筹安排应急处置任务，负责协调各应急队伍的应急抢险、物资供应、后勤保障等工作。

2.6.3 建立应急现场安全管理机制，健全安全网络，负责应急现场安全交底及应急抢险过程中的安全管理与监督。

2.6.4 建立总结例会机制，每日总结当天的应急抢险工作，及时协调解决应急抢险工作中的问题，研究布置下一步的应急抢险工作。

2.7 应急队伍职责

2.7.1 服从上级应急指挥机构的调遣指挥。

2.7.2 服从现场应急指挥机构的工作安排。

2.7.3 负责应急抢险施工组织措施、技术方案、安全措施的制订。

2.7.4 在应急抢修过程中，做好队伍管理、装备管理，落实各项安全措施，确保抢险过程中人员和设备安全。

2.7.5 在执行应急抢险任务时统一着装、统一标识。

2.7.6 按要求安排应急队伍成员培训演练，落实应急抢险的准备工作。

3 组建要求

3.1 应急队伍是一支"人员精干、装备精良、技术精湛、作风顽强、在关键时刻召之即来，来之能战，战之能胜"的队伍；在应急状态下，承担电网供电设施、生产场所等险情的抢修任务，同时兼顾社会应急救援需要。

3.2 应急队伍数量和应急队伍人员数量根据各单位设备运行维护管理模式、电网规模、区域大小和出现大面积电网设施损毁的几率等因素综合确定。应急队伍中输、变、配电专业人员数量原则上按2:1:3配备。

3.3 应急队伍的人员构成和装备配置应满足专业搭配、内外协调并重、技能和体能兼顾、气候和地理环境适应性强等要求。

3.4 分层次、分专业组建应急队伍

××公司承担0.4～110 kV输变配电设备、设施抢险的应急队伍由各单位人员组成。

××公司层面组建 0.4～110 kV 输电应急队伍、变电应急队伍、配电应急队伍至少各 1 支，每支队伍人员不少于 20 人。

××公司组建 0.4～110 kV 配电应急队伍至少各 1 支，每支队伍人员不少于 15 人。

3.5　应急队伍人员要求

3.5.1　应急队伍设队长一名，全面负责应急队伍日常管理和领导现场应急处置。应急队伍设副队长两名，协助队长开展工作；其中一名负责技能培训、预案演练和现场应急处置，一名负责装备保养、后勤保障和外部协调。应急队伍设技术、安全、后勤负责人一名，分别具体负责技术、安全、后勤工作。

3.5.2　应急队伍应配备相应的技术人员、安全监督人员、后勤保障人员（包括医务人员）等。

3.5.3　应急队伍在执行抢险任务时应统一着装，统一使用公司应急队伍标识。

3.6　装备要求

3.6.1　应急队伍应按照公司相关规定配备必要技术设备、工器具、专用车辆、通信设备、生命保障装备、基本生活装备、应急标识等。

3.6.2　与正常生产工作共用的应急装备，可与本单位正常生产装备设施共同存放和保养。属应急处置专用的装备设施，应按相应规定设立专用仓库妥善存放和按时保养，并指定专人负责，未经许可不得挪作他用。

4　管理规定

4.1　应急队伍由所在单位负责日常管理，加强专业化、规范化、标准化建设，做到专业齐全、人员精干、装备精良、管理严格、反应快速、作风顽强，不断提高电网设施应急处置的综合能力。

4.2　应急队伍应按照上级应急管理的有关要求制订年度工作计划，重点做好技能培训、装备保养、预案编制和演练等工作。

4.3　应急队伍成员在履行岗位职责参加本单位正常生产经营活动的同时，应按照应急队伍工作计划安排，参加技能培训、装备保养和预案演练等活动。应急事件发生后，由应急队伍统一集中管理直至应急处置结束。

4.4　应急队伍应常设办公室，负责应急队伍日常管理与工作协调，技能培训、装备保养、预案编制和演练等具体工作可由所在单位指定相关部门和人员负责，做到分工合理、职责清晰、标准明确。

4.5　应急队伍日常值班可与本单位安全生产值班合并进行。应急期间应单独设立 24 h 应急值班。

4.6　应急队伍应建立健全以下管理制度：日常管理、安全管理、质量管理、预案演练、装备保养、信息报送、业绩考核等。

4.7　培训与演练

4.7.1　应急队伍人员每年应进行专业生产技能培训，还应安排登山、游泳等专项训练和触电、溺水等紧急救护训练，掌握发电机、应急照明、冲锋舟、生命保障等设备的正确使用方法。

4.7.2　应急队伍应按可能承担的应急处置任务编制应急预案，贴近实战，滚动修编。预案内容应包括组织机构、技术方案、安全质量监督、后勤保障、信息报送等各个环节。

4.7.3　应急预案和演练经本单位批准后方能执行。每年至少应组织一次应急预案演练，开展演练评估，及时修订完善应急预案。

4.8　在××公司启动应急响应期间，应急队伍负责人离开本省或本单位所在地域工作时，应经本单位应急领导小组批准，并向××公司应急办公室报告。

4.9　应急队伍中若有超过三分之一以上人员离开本省或本单位所在地域工作时，应向××公司应急办公室报告。

4.10　应急队伍跨地市区域的应急调遣、调换、返程由××公司应急领导小组指挥。

4.11　出现电网设备、设施受损，事故抢险时，由××公司应急领导小组负责统一调配应急队伍资源，实施应急处置，并将有关情况及时报告公司应急办公室。

4.12　应急队伍接到应急处置命令，应在 2 h 内做好应急准备。应急准备包括：应急队伍成员结集待命、保持通信畅通、检查器材装备和后勤保障物资、做好应急处置前的一切准备工作。

4.13　应急队伍在赶赴抢险现场的过程中应特别注意车辆交通安全。原则上，应急队伍从接到应急处置命令开始至首批人员到达应急处置现场的时间应不超过：200 km 以内，6 h；200～500 km，12 h；500 km 以上，24 h。

4.14　应急队伍执行应急处置任务期间，应由本单位有关领导担任领队，并接受应急指挥机构的领导和监督管理。

4.15　实施应急处置任务时，应根据承担任务性质和现场外部环境特点，设立工程技术、安全质量监督、物资供应、信息报送、医疗卫生和后勤保障等机构，确保指挥畅通、运转有序、作业安全。

4.16　应急处置期间应始终保持通信畅通，为应急处置决策快速、准确地提供信息。

4.17　应急队伍应严格按照工程建设管理有关规定，做好废旧物资材料回收和工程、设备及资料移交等工作。

4.18　完成应急处置任务后，应急队伍应及时对应急处置工作进行全面总结和评估，并在 7 个工作日内向××公司应急办公室报送工作总结和自评价结论。

4.19　各单位不定期对应急队伍人员、装备进行全面检查，及时添置和更新应急装备设施，确保技能培训、设备保养等工作的正常开展。

4.20　××公司应急办公室应定期对各单位应急队伍进行检查和考核，按照应急处置的实际情况表彰或处罚有关应急队伍。并召开应急队伍负责人会议，通报情况、布置工作、交流经验。

5 资金保障

5.1 ××公司在应急处置后统一核准结算各单位应急队伍在应急处置过程中发生的费用，并落实奖励资金。

5.2 每年应安排资金用于应急队伍的演练、培训等活动。

6 附则

6.1 制定与解释

6.1.1 本制度由××公司分管安全部门负责制定和解释。

6.1.2 本制度由××公司分管安全部门负责管理，依据上级应急管理规定原则上每年进行修订和完善；必要情况下可适时结合实际对制度做出相应修编，经审批程序发布更新。

6.2 制度实施

本制度自发布之日起实施。

安全管理 D_1：安全管理是电力企业生产管理的重要组成部分，是一门综合性的系统科学，安全管理的对象是生产中一切人、物、环境的状态管理与控制，安全管理是一种动态管理，主要是组织实施企业安全管理规划、指导、检查和决策，同时，又是保证生产处于最佳安全状态的根本环节。

电力企业安全管理制度的内容，大体可归纳为安全组织管理、场地与设施管理、行为控制和安全技术管理四个方面，分别对生产中的人、物、环境的行为与状态进行具体的管理与控制。为有效地将生产因素的状态控制好，在实施安全管理过程中必须正确处理五种关系，坚持六项基本管理原则。电力安全生产关系到国家的财产安全、人民生活利益，以及电力职工的安康，是电力企业最根本的效益所在；安全生产关系到电力企业的前途和命运，是电力企业生存和发展的基石。因此，电力企业应建立健全企业安全管理制度，落实本单位应急管理要求，保证电力企业安全生产。下面为××公司安全工作奖惩实施细则部分内容：

××公司安全工作奖惩实施细则（试行）

第一章 准 则

第一条 为落实各级安全生产责任制，建立健全安全激励约束机制，引导干部职工做好安全工作，依据上级单位相关管理制度，以及《××公司关于加强安全生产奖惩管理的意见》，制定本细则。

第二条 公司坚持安全目标管理和安全过程管控相结合，实行按绩施奖、以责论处、奖罚分明的奖惩原则。坚持精神鼓励与物质奖励相结合，党纪处分、纪律处分与经济处罚相结合。

第三条　公司对实现安全目标、安全生产过程规范、安全工作突出的给予表扬和奖励；对发生安全事件(事故)或安全工作不到位的予以追责和处罚。

第四条　本细则适用于××公司本部各部门及所属各单位。

第二章　职责分工

第五条　公司各级××部门是安全生产奖惩的归口管理部门，负责建立健全相关制度体系，奖惩额度纳入当年工资总额计划管理，实施奖惩兑现和管理评估等。

第六条　公司各级××部门是安全生产奖惩的业务管理部门，负责制定相关奖惩实施细则或方案，组织审查安全奖罚事项，提出兑现方案等。参与安全事件(事故)调查，对照本细则提出安全事件(事故)的相关处罚意见。

第七条　公司各级部门负责涉及本专业安全奖惩事项的审核。根据需要开展安全事件(事故)调查，提出涉及专业管理反事故措施，以及对相关人员的处理意见。

第三章　表扬和奖励

第八条　公司设立年度安全专项奖励资金，额度不低于公司工资总额的1.5%(以年度公司批准的预算金额为准)，用于兑现本细则所列奖励项目，在公司职工工资总额中专款专用，不得挪用。

第九条　各单位应按照公司拨付的安全奖金额度分层级设立安全奖励资金。依照本细则编制本单位年度安全奖惩实施方案，细化奖惩标准，经本单位党委会和职工代表团(组)长联席会议审议通过后，以文件形式上报公司××部门、××部门备案。

……

第六十一条　《××公司安全工作奖惩规定》奖罚标准如有修订调整，本细则相关奖惩标准按照××公司最新要求执行。

第六十二条　本细则自印发之日起施行，原《××公司安全工作奖惩实施细则》同时废止。

第六十三条　本细则由××公司××部门负责解释。

培训管理 D_2：培训管理制度是企业人力资源管理体系的重要组成部分。培训管理是对人员进行培训所做的管理。现代企业之间、行业之间以及行业内部之间的竞争，归根结底是人力资源的竞争，其核心是人才的竞争。有效的培训管理将使员工在知识、技能、态度上不断提高，最大限度地使员工的职能与现任或预期的职能相匹配，进而提高工作绩效。

对于电力企业而言，培训管理制度不仅是加强工作绩效的有效手段，更是保证电力企业安全生产的关键所在。对于本书而言，培训管理制度包括培训及演练相关管理制度，各级单位应根据相关法规及当地情况修订落实培训管理相关制度，并应包括队伍技能、管理、教育以及考核等相关方面，通过制定培训管理相关制度，加强电力企业应急救援队员管理，有效提升工作效率并且保证安全生产。下面为某公司培训管理制度。

××公司应急救援基干分队培训管理制度(试行)

1 总则

1.1 目的

为规范应急救援基干分队培训管理工作,建立一支“平战结合、一专多能、装备精良、训练有素、快速反应、战斗力强”的应急救援基干分队,特制定本制度。

1.1 适用范围

1.1.1 本规定适用于××公司应急基干分队(以下简称基干分队)。

1.1.2 基干分队的培训工作按照本制度执行。

2 职责

2.1 ××部门

2.1.1 负责年度培训计划的制订。

2.1.2 对基干分队培训计划的落实进行监督、督导、检查。

2.1.3 对基干分队培训结果进行考核。

2.1.4 负责基干分队培训管理制度的制订和修订。

2.1.5 负责年度培训报告的撰写和呈报。

2.1.6 负责基干分队培训的协调,与上级、培训单位等的沟通。

2.2 基干分队

2.2.1 负责对基干分队队员在季度培训中进行考核,并呈交考核结果。

2.2.2 负责撰写和呈交基干分队季度培训报告。

3 培训方式与内容

3.1 基干分队培训分为外委培训和内部培训两种。外委培训是指由政府、社会以及上级单位、××公司等部门举办的培训,派遣基干分队人员参加;内部培训是指根据上级单位和××公司基干分队管理规定和制度中要求的培训项目,以及由公司制定的培训项目。

3.2 基干分队内部培训方式

3.2.1 传授式培训:个别讲座、开办讲座。

3.2.2 参与式培训:会议研讨、集中培训、分组轮训、角色扮演、案例分析、事故处理训练、拓展培训、集中野外训练、影视法、业务游戏。

3.2.3 其他方式。

3.2.4 基干分队培训内容分为应急理论、基本技能、专业技能、应急装备操作技能四大类,培训科目分为应急管理理论、规章制度、灾难体验、紧急避险常识等 22 类。

3.3 基干分队培训初次技能培训每人每年不少于 50 个工作日。除完成省公司规定的应急技能培训时间外,每季度基干分队将人员分为三批参加轮训,轮训每月举办一次,一个季度为一期，时间不少于15天。

4　培训计划与实施

4.1　××部门根据基干分队整体发展规划与年度培训需求调查分析的结果，结合上级单位和××公司所规定的培训必须科目，制订年度培训计划。

4.2　年度培训计划及预算经费由公司××部门提交上级单位××部门进行审批。

4.3　对于临时培训需求，由公司××部门向上级单位××部门进行申请，经批准后可列入培训计划。

4.4　公司××部门根据上级单位批准的年度计划安排，按季度进行分解，编制季度培训计划。

4.5　由基干分队队长负责组织落实公司××部门下发的季度培训计划，公司××部门负责监督基干分队的培训和考核工作。

5　培训纪律

5.1　学员要爱护培训场地的一切设施。

5.2　学员应遵守基干分队各项规章制度。

5.3　学员在参加讲座、会议等集中授课培训时，应将手机关闭或调至振动。

5.4　课堂上不得做与培训无关的事情，不得随意出入并认真做好笔记。

5.5　参加培训人员不应迟到、早退、旷课。

5.6　如有特殊事情不能参加培训，必须向公司××部门和基干分队队长请假，不请假者按旷课处理，记警告一次。

5.7　培训考勤列为培训考核的一项，考勤不合格者，不能参加培训考核。

5.8　培训期间纪律和考勤管理由基干分队队长、副队长负责。

6　培训检查、反馈

6.1　公司××部门应对参加培训的基干分队队员进行严格的督导检查，考查队员培训后的工作态度和工作表现，将结果反馈至上级单位××部门。

6.2　基干分队队长将队员在培训期间的表现、出勤、成绩及时反馈至公司××部门。

7　培训考核

7.1　基干分队在集训和季度轮训期间应对队员的表现、成绩进行记录，填写"应急救援基干分队队员培训记录表"，培训结束后将表交由公司××部门存档。

7.2　公司××部门根据"应急救援基干分队队员培训记录表"对队员进行年度考核评比。

8　奖惩

8.1　如基干分队队员季度培训考核连续两次不合格，取消该队员基干分队队员资格。

8.2　基干分队队员四个季度均考评优秀者，将给予500元经济奖励。

9 附则

9.1 本制度由××公司××部门负责解释并监督执行。

9.2 本制度自发布之日起施行。

下面为某公司应急救援基干分队应急演练制度。

××公司应急救援基干分队应急演练制度

一、总则

为提高××公司应急救援基干分队(以下简称基干分队)的整体能力,指导基干分队开展应急救援拉练、演习工作,锻炼和提高基干分队在突发情况下的快速响应、应急处置能力,特制定本制度。

二、应急演练和拉练的目的

1. 检验预案。通过应急演练,检验突发事件应急预案,提高应急预案针对性、实效性和可操作性。

2. 完善准备。通过开展应急演练,检查应对突发事件所需的人员、物资、装备、车辆、技术等方面的准备情况,发现不足及时予以调整补充,做好应急准备工作。

3. 锻炼队伍。通过开展应急演练,锻炼基干分队,提高队员在紧急情况下妥善处置突发事件的能力。

4. 磨合队伍。通过开展应急演练,明确基干分队队员在各类紧急事件中的角色和作用,提高基干分队队员协作能力。

5. 科普宣传。通过开展应急演练,推广各类突发事件应急处置知识,提高基干分队队员对各类风险的防范和救助能力。

三、演练原则

1. 结合实际、合理定位。紧密结合省公司应急演练工作要求,明确演练目的,根据资源条件确定演练方式和规模。

2. 着眼实战、讲究实效。以提高应急指挥人员的指挥协调能力、应急队伍的实战能力为着眼点。重视对演练效果及组织工作的评估、考核,总结推广好经验,及时整改存在的问题。

3. 精心组织、确保安全。围绕演练目的,精心策划演练内容,科学设计演练方案,周密组织演练活动,制定并严格遵守有关安全措施,确保演练参与人员及演练装备设施的安全。

4. 统筹规划、厉行节约。统筹规划应急演练活动,适当开展跨地区、跨部门、跨行业的综合性演练,充分利用现有资源,努力提高应急演练效益。

四、演练分类

(1) 按组织形式划分,应急演练可分为桌面演练和实战演练。

① 桌面演练。桌面演练是指参演人员利用地图、沙盘、流程图、计算机模拟、视频会议等辅助手段，针对事先假定的演练情景，讨论和推演应急决策及现场处置的过程，从而促进相关人员掌握应急预案中所规定的职责和程序，提高指挥决策和协同配合能力。桌面演练通常在室内完成。

② 实战演练。实战演练是指参演人员利用应急处置涉及的设备和物资，针对事先设置的突发事件情景及其后续的发展情景，通过实际决策、行动和操作，完成真实应急响应的过程，从而检验和提高相关人员的临场组织指挥、队伍调动、应急处置技能和后勤保障等应急能力。实战演练通常要在特定场所完成。基干分队演练主要以实战演练为主。

(2) 按内容划分，应急演练可分为单项演练和综合演练。

① 单项演练。单项演练是指只涉及应急预案中特定应急响应功能或现场处置方案中一系列应急响应功能的演练活动。注重针对一个或少数几个参与单位(岗位)的特定环节和功能进行检验。

② 综合演练。综合演练是指涉及应急预案中多项或全部应急响应功能的演练活动。注重对多个环节和功能进行检验，特别是对不同单位之间应急机制和联合应对能力的检验。

(3) 按目的与作用划分，应急演练可分为检验性演练、示范性演练和研究性演练。

① 检验性演练。检验性演练是指检验应急预案的可行性、应急准备的充分性、应急机制的协调性及相关人员的应急处置能力而组织的演练。

② 示范性演练。示范性演练是指为向观摩人员展示应急能力或提供示范教学，严格按照应急预案规定开展的表演性演练。

③ 研究性演练。研究性演练是指为研究和解决突发事件应急处置的重点、难点问题，试验新方案、新技术、新装备而组织的演练。

不同类型的演练相互组合，可以形成单项桌面演练、综合桌面演练、单项实战演练、综合实战演练、示范性单项演练、示范性综合演练等。

五、演练计划

公司××部门根据省公司年度应急工作计划安排，编制基干分队年度演练计划，制定演练课题，明确演练时间和规模，编制演练经费预算计划。基干分队应急演练每年不应少于2次。

六、演练组织

(1) 成立演练组织。

(2) 编写演练方案

演练方案文件是指导演练实施的详细工作文件。根据演练实际，明确演练的课题、内容、范围、组织、评估、要求和总结等方面，演练方案可编为一个或多个文件，发放给演练相关人员。基干分队演练应紧密贴近实战，除重大综合性示范演练外，应推行无脚本演练。

对重大综合性示范演练，可编写演练脚本，描述演练事件场景、处置行动、执行人员、指令和对白、视频背景与字幕、解说词等。

(3) 演练动员与培训

在演练开始前要进行演练动员和培训，确保所有演练参与人员掌握演练规则、演练情景和各自在演练中的任务。

所有演练参与人员都要经过演练基本概念、演练现场规则等方面的培训，参演人员要熟练掌握基干分队各项应急救援技能和装备的使用，熟悉应急预案和现场处置程序。

(4) 演练实施

在应急演练开始之前，确认演练所需的工具、设备设施以及参演人员到位，检查应急演练安全保障设备设施，确认各项安全保障措施完备。

所有准备工作就绪后，由演练总指挥宣布演练开始。按照应急演练脚本及应急演练工作方案逐步演练，直至全部步骤完成。

演练过程中，如出现特殊或意外情况，策划组可调整或干预演练，若危及人身和设备安全，应采取应急措施终止演练。演练实施过程要有必要的记录，分为文字、图片和声像记录。

(5) 应急演练评估、总结和改进

演练结束后，应急演练评估组应组织对演练准备、演练方案、演练组织、演练实施、演练效果等进行评估，对演练进行点评，撰写评估报告，由演练策划组撰写总结报告。

根据应急演练评估报告、总结报告提出的问题和建议，制订整改计划，明确整改目标，制定整改措施，落实整改资金，并接受省公司××部门的督查。

七、奖励及处罚

应急演练结束后，根据应急演练情况，对表现突出的个人，给予300～1000元经济奖励，奖金从公司奖励基金中申请列支。

对不按要求参加演练，或影响演练正常开展的，视性质恶劣程度相应给予警告至除名处分。

装备保养D_3：装备保养制度是企业仓库管理的重要组成部分，电力企业的装备由于其特殊性需进行相关维护保养，制度应包含规定的摆放位置，装备管理、使用、摆放及保养等方面，通过规范装备保养相关制度从而确保装备方便应急救援时的取用。

各单位应设置仓库用于存放各类应急装备，装备仓库宜设置在各单位应急基干分队挂靠单位，应急装备应按标准化、模块化存放，不断完善组合方式，并根据需要补充完善，做到物尽其用。

基干分队应建立并健全应急装备的日常保养制度，落实具体的责任，保证管理人员对应急装备做到勤检查、常保养，做好维护保养记录。具体包括以下两方面的措施：

① 建立健全应急装备的管理档案：首先，根据应急装备的种类，可将它们按照基本装备（运输、通信、单兵、生活等）及特种装备顺序进行分类存储。其次，在存储阶段对每个应急装备贴标签。主要包括：生产时间、入库时间、开始使用时间、使用年限、维修保养时间、操作说明、注意事项等具体信息。最后，建立器材管理档案，保证档案中的信息与标签上的内容相符。一方面，有助于日常的保存、查询与使用；另一方面，有助于对应急设备的淘汰和更新。

② 建立应急装备的日常保养制度：通过建立并健全应急装备的日常保养制度，可以实现对应急装备的维护保养工作。主要检查的内容包括油、水、电、气以及随车器材的使用情况。在维护保养工作中，应注意将责任落实到个人，以便出现问题时，能够及时采取有效措施进行纠正与处理。

下面为某公司应急救援基干分队装备管理制度。

××公司应急救援基干分队装备管理制度

（初稿）

第一章　总　则

第一条　××公司（以下简称公司）应急救援基干分队（以下简称基干分队）挂靠××部管理，基干分队装备由公司××部统一配置，为规范基干分队专用装备的管理工作，根据《××公司应急救援基干分队管理实施细则》，特制定《××公司应急救援基干分队装备管理制度》。

第二条　本规定适用于××公司应急基干分队专用装备的管理。

第三条　基干分队装备是指××公司为基干分队配置的单兵个人、生活保障、安全防护、通信办公、发电照明、运输车辆共六大类装备。

第二章　管理职责

第四条　公司××部门负责编制基干分队装备管理制度，对基干分队装备进行监督管理，组织对基干分队装备进行检查，有权对基干分队因管理不善等原因导致的装备遗失、损坏等情况进行处罚，负责对基干分队装备进行调度管理。

第五条　基干分队负责基干分队装备的日常维护和使用，并接受分公司和公司的管理。

第六条　基干分队个人装备由使用人负责保管，并对其个人使用装备负全责。

第七条　基干分队装备由基干分队指派专人负责管理。

第三章　应急装备的存放

第八条　对应急装备进行定置摆放，所有装备需按要求摆放在指定位置。在基干分队进行应急处置、演练、拉练、培训等集中活动以外的时间段，基干分队装备必须存放在库房内。

第九条 应急装备库房分单兵装备库房、保障及防护装备库房、通讯器材装备库房、照明装备库房共四类。

第十条 应急装备的环境温度、湿度应满足保管要求，同时做好防火、防潮、防水、防腐、防盗工作，定期打扫库房卫生；设备上易损伤、易丢失的重要部件、材料均应单独保管，并进行编号，防止混淆和丢失。

第十一条 应急装备台账清册应做到基础信息详实、准确，图纸、合格证、说明书等原始资料应妥善保管。××部门应每半年组织一次盘库，对台账进行核对，确保账、卡、物相符，定期或根据需要发布储备台账信息。

第四章 装备的维护保养

第十二条 应急装备每月至少进行一次保养维护，装备保养结合每种设备的保养维护说明进行一般性保养维护。

第十三条 基干分队单兵装备由使用者负责维护保养，在结束各项活动后，基干分队队员应及时对其个人装备进行整理，保证个人装备清洁。

第十四条 基干分队生活保障类装备在使用后应及时清理，保证帐篷、炊事用具等生活装备的清洁。

第十五条 应急装备中各种安全工器具、起重工具及机械、计量工具需按照相关规定定期进行试验、检测，经试验、检测合格后方可使用。

第十六条 对损坏或经检查不符合技术要求的应急装备，应进行修复，对无法修复或没有修复价值、修复代价高的应急装备，需由公司××部门向省公司相关部门申报处理。

第十七条 应急装备维护及保养所需费用，在省公司拨付的应急救援基干分队专项费用中列支。

第五章 装备的领用和归还

第十八条 基干分队装备为基干分队专用，未经公司××部门许可，严禁借出。所有装备严禁私用或挪作他用。

第十九条 装备供基干分队参加培训、拉练、演练、应急处置和供公司开展各项活动时使用，领用和归还时应向基干分队装备管理负责人履行装备出库手续，填写“应急救援基干分队装备出入库单”，经公司××部门应急专责批准后方可领用。

第二十条 基干分队装备在归还时由基干分队装备管理负责人负责对装备进行清点，检查装备是否完好，经确认装备完好、数量正确后，履行入库手续。

第六章 应急装备的使用

第二十一条 装备的使用实行“定人、定装备、定责任”，确保职责、权限和责任的统一。

第二十二条 除个人单兵装备和生活保障装备外，其余装备应由专人操作。

第二十三条　特种装备及机械装备的操作人员，需经过培训合格并经公司××部门同意后，方可对装备进行独自操作。

第二十四条　应急装备中特种装备和机械装备应编制相应的操作规定，明确操作的步骤、方法和安全注意事项。使用装备时，应严格按照规定要求进行操作，禁止一切违反安全的操作，防止违章操作造成装备和人身安全事件。

第二十五条　基干分队装备在使用时，由基干分队队长、副队长（负责人）负责管理，小组组长为该小组装备使用的直接责任人，负责协助队长、副队长（负责人）进行管理。

第七章　奖励及处罚

第二十六条　对在基干分队装备使用、保养等工作中表现突出的个人，根据公司《安全生产工作奖惩规定》及《应急救援基干分队管理规定》的相关条款给予奖励。

第二十七条　基干分队个人装备在使用过程中由个人负责保管，对使用过程中丢失或因违规操作造成装备损坏无法修复的，按照该装备扣除折旧后价值责令该使用人赔偿。

第二十八条　因擅自使用、违规操作导致装备损坏、报废，或因保存不当等原因造成装备丢失，造成5000元以上10000元以下经济损失的，给予责任人500元经济处罚；造成10000元以上50000元以下经济损失的，给予责任人1000～2000元经济处罚；造成50000元以上经济损失的，给予责任人2000～5000元经济处罚。

第八章　附　　则

第二十九条　本制度由××公司负责解释。

第三十条　本制度自发布之日起实施。

附件：应急救援基干分队装备出入库单

应急救援基干分队装备出入库单

<table>
<tr><th>序号</th><th>装备名称</th><th>规格</th><th>数量</th><th>出库时间</th><th>入库时间</th><th>入库确认人</th></tr>
<tr><td></td><td></td><td></td><td></td><td></td><td></td><td></td></tr>
<tr><td colspan="2">××部门审核意见：（签章）
年　月　日</td><td colspan="3">装备领用负责人：（签名）
年　月　日</td><td colspan="2">备注：</td></tr>
</table>

注：装备入库时，确认人确认入库装备数量无误后，在签名栏签字确认。

信息处理D_4：信息处理由预警研判发布、灾情收集上报、应急响应处置、灾后统计分析四部分组成，是对收集来的信息进行去伪存真、去粗取精、由表及里、由此及彼的加工过程。它是在原始信息的基础上，生产出价值含量高、方便用户利用的二次信息的活动过程。这一过程将使信息增值。只有在对信息进行适当处理的基础上，才能产生新的、用以指导决策的有效信息或知识。

对于电力企业而言，信息处理显得极为重要，一是为了辨识信息真伪、严重性及其时效性等，二是为了进行信息筛选从而发出预警通知等相关信息通告，保证电力企业及电力应急救援队伍能够在突发事件发生时第一时间进行应急处置。下面为某公司四级预警通知：

××公司预警通知

××电预警[××]第×××号

签发：×××　　　　时间：××年××月××日××时××分

<table>
<tr><td>主送单位</td><td colspan="3">各部门、各单位</td></tr>
<tr><td>预警来源</td><td colspan="3">中央气象台、公司××电力预警[××]××号</td></tr>
<tr><td>险情类别</td><td>寒潮
雨雪冰冻</td><td>预警级别</td><td>蓝色（四级）</td></tr>
<tr><td>影响范围</td><td>××全市</td><td>影响时间</td><td>××月××日—××日</td></tr>
<tr><td>事件概要</td><td colspan="3">据中央气象台预报：××日××时至××日××时，受较强冷空气影响，××地区气温将普遍下降6～8 ℃，部分地区降温幅度可达10 ℃以上，××日至××日部分地区将有小到中雪。××公司于××年××月××日××时发布寒潮、雨雪冰冻蓝色预警。
公司××部门经分析研判决定发布××年××号寒潮、雨雪冰冻蓝色预警，请相关部门、单位和广大员工高度重视，全力做好高寒天气和雨雪冰冻应对工作。</td></tr>
<tr><td>有关措施要求</td><td colspan="3">1.各部门、各单位要认真贯彻公司电力迎峰度冬确保电力安全可靠供应工作要求，严格落实《××公司2020年迎峰度冬电力供应保障专项方案》9方面25项具体措施，统筹做好寒潮、低温、雨雪冰冻灾害预防和电网安全、供电保障工作。
2.公司要加强与××市气象台（××）联系，密切跟踪气象变化情况，严密监视主网运行情况，密切监视配网运行情况，高度重视寒潮、雨雪冰冻防御工作，确保安全合理安排电网运行方式，做好事故预想和电网运行方式调整预案，确保电网安全稳定运行。
3.××部门组织相关单位加强输、变、配电设备巡视，××分公司组织做好通信设备巡视，落实防寒潮、防雨雪冰冻措施，强化电力设备特巡，提前清理线路周边异物，特别防范因覆雪倒伏造成倒杆断线，确保电网设备安全；××部门要抓好各施工现场安全管控，妥善安置易受寒潮、雨雪冰冻灾害影响的室外物品；××部门要做好实施有序用电准备工作，确保生产用电安全；××部门要清查仓库御寒防冻物资装备可用，做好随时领用调拨准备。如发生电网覆冰受损、重要用户停电或电网设施受损影响社会供电，所在单位要立即启动应急响应，及时处置，最大限度减少灾害影响，15 min内向公司××部门和××部门报告相关信息。公司将根据各单位受影响程度，适时启动应急响应，协调组织开展应急处置工作。</td></tr>
</table>

续表

有关措施要求	4.加强供水、供热、供气和疫情防控重点场所等的保电工作,特别关注××厂房等并网线路和涉及"煤改电"的输配电线路保障,遇故障时优先抢修或采取应急供电措施,尽快恢复供电。 5.切实做好抢修装备、物资、工器具、车辆、发电车(机)应急准备工作,发生突发事件后,根据天气和灾害情况,在确保安全的前提下,组织应急抢修队伍随时准备开展电网应急抢修,保电抢修人员注意防风保暖。 6.加强抢修作业现场安全管理,针对寒潮、雨雪冰冻、大风及次生灾害性天气制定针对性措施,所有作业人员严禁超气象和地质条件作业,必要时应停止工作,坚决杜绝人身伤亡事故发生。持续落实各项常态化防疫措施,配置足够的口罩、酒精、消毒液等防护用品,合理安排好后勤保障工作,坚决防止保电和抢修期间发生新冠肺炎传播事件。 7.针对雨雪冰冻造成的道路结冰等交通不利因素,××部门加强公务车辆安全管理,运检部加强生产车辆管理,严格控制车辆使用,选派有丰富经验的驾驶员驾驶车辆,严格控制车速。 ××部门邮箱:×× ××部门联系人:××

抄报:公司领导班子

抄送:公司××部门、××公司、××公司

审核:××× 起草:×××

考核奖励 D_5:考核奖励制度是保证企业统筹安排投入和产出、费用和效益之间的平衡,有效调动员工积极性,保证企业可持续高质量发展的重要举措,考核奖励制度具有以下作用:

① 依据作用:考核有利于人事安排,为员工今后的工作发展提供依据;

② 激励作用:考核结果与奖惩制度紧密联系,有利于调动员工积极性;

③ 提高作用:考核有利于提高工作人员整体素质,更好地适应岗位要求;

④ 监督作用:考核有利于组织内部实行民主监督,对被考核者的出勤、请假、绩效等方面进行民主监督;

⑤ 榜样作用:考核有利于营造良好的工作氛围,可以不断加强组织队伍的建设,充分发挥优秀者的榜样作用;

⑥ 基础作用:考核有利于为下一年工作奠定基础,为实现组织未来的发展目标奠定基础。

电力企业应急救援队伍作为专业的应急救援队伍,在电力抢修时需要第一时间进行应急救援,考核奖励制度能够充分调动队伍积极性,确保队伍的主观能动性,从而保证电力应急救援队伍高效完成救援任务。电力应急救援队伍应建立培训质量评估和考核制度，根据不同的培训目标、对象和内容，分别研究制订培训质量评估和考核标准，将应急管理培训质量评估和考核，纳入现行的应急救援人员培训质量评估和考核体系，统一实施质量评估和考核。在此基础上，适时组织力量开展专项检查。

(2) 人员配置 B_2

人员配置是指人力资源管理部门将所招聘进来的员工分配到相对应的岗位上，对他们进行培训、技能指导，使他们更快地进入工作状态，从而保证企业的正常运转并实现预定目标。

在电力企业应急救援行动中，人是进行行动和救援的实施主体，任何后续的救援行动都离不开基干分队的人员。电力救援队伍人员规模应满足应急救援需求，人员配备数量不应少于 50 人，年龄 40 岁以下队员应占队员总数的三分之二以上。电力救援队伍应设队长和副队长。宜按救援职责不同，设置综合应急救援分队和区域应急救援分队，并设分队长。综合应急救援分队队员应为专职人员，区域应急救援分队队员可为兼职人员。通过合理科学的人员配置加强队伍救援的高效性、时效性及功能性。

队伍定员 D_6：合理的劳动定员是企业用人的科学标准，也是企业人力资源计划的基础，有利于提高员工队伍的素质。对于应急救援队伍而言，人员主要从挂靠单位选取，如确有需要亦可从其他基层单位选取少量人员，但需满足队伍快速集结出发的要求。队伍定员标准决定了该队的基础能力上限，合理的队伍定员能够确保救援队伍在能动性及需求性上保持一定的平衡，对于需求不同的地方配置不同标准的队伍定员，保证电力应急救援队员能力的合理科学发挥。

专业配置 D_7：专业配置是指一个队伍中科学合理配置多种不同专业类型，对于电力应急救援队伍而言，合理的专业配置能够处理各种类型的突发事件，在遭遇不同类型、不同级别的突发事件时能够做到有效处理，通过配备综合救援、应急供电、信息通信、后勤保障四部分专业人员，确保能够应对常见突发事件。

基本素质 D_8：基本素质是指个人适应社会生活最基本的基础知识、基本技能、学习能力及科学与人文素养等，也称为人的基本能力。队伍基本素质由所有个人基本素质构成，个人基本素质由年龄、学历、专业年限、心理素质、政治素养、身体状况、任职情况及体重八部分组成，基本素质反映了该队伍的基本素质平均水平，其高低反映了该队伍的学历、身体等情况。

专业技能 D_9：专业技能是指按照国家规定的职业标准，通过政府授权的考核鉴定机构，对劳动者的专业知识和技能水平进行客观公正、科学规范的评价与认证的活动，从而获取相关技能证书。电力应急救援队伍专业技能是指该队伍能够从事的相关活动及其能力，包括队伍所有个人专业技能，由技能等级、持证情况、培训时长及演练次数四部分组成。专业技能的高低反映了该队伍的电力应急救援专业水平。

实战经历 D_{10}：实战经历是指在实际的作战中亲身经历而获得的丰富的经验。在电力应急救援中，实战经历能够切实加强队伍的实战能力，确保电力应急救援队伍在面临突发事件时具有科学、高效的救援能力，其中队伍实战经历由所有个人实战经历所组成，个人实战经历由个人加入年限、救援次数以及考核评优三部分组成，实战经历的高低反映了该队伍在面临突发事件时的作战能力。

人员管理 D_{11}：人员管理是指队伍的人员更新管理、加强老带新等活动。要优化队伍年龄结构组成，确保电力应急救援队伍的活力及其能力。对于不同规模、不同等级的电力应急救援队伍，保证不同标准的人员更新管理，建立科学规范的人员台账，从而确保人员流动及能力保障。

(3) 培训演练 B_3

培训演练的目的是使所有应急成员能够具备应急所需的知识和技能，有效地实施救援工作，通过培训演练确保其在紧急情况出现时能够及时有效地实施救援工作。

培训 D_{12}：对于电力应急救援队伍而言，进行队伍培训能够有效加强队伍专业技能水平，有效掌握各类应急技能，从而确保在发生突发事件时能够做到有效应对和处置。

计划制订 D_{13}：计划是对未来活动所做的事前预测、安排和应变处理。计划的目的是实现所提出的各项目标，每一项计划都是针对某一个特定目标的，因此，一项计划首先要明确该项计划所针对的目标。在目标明确以后，在计划中还必须说明如何做、谁做、何时做、在何地做、需投入多少资源等基本问题。在本书中，计划专指演练计划，通过制订演练计划，确定应急演练名称、事件及范围，确定应急演练资金、演练目标及人员、演练程序等部分，上报所属公司安全部门，进行应急演练。合理地制订计划，不仅能够保障物尽其用，还能避免资源浪费，用最少的资源换取科学合理的演练计划。

演练拉练 D_{14}：演练字面意思是训练演习、操练，演练可在事故真正发生前暴露预案和程序的缺陷，发现应急资源的不足(包括人力和设备等)，协调各应急部门、机构、人员之间的关系，增强公众应对突发重大事故救援的信心和应急意识，提高应急人员的熟练程度和技术水平，进一步明确各自的岗位职责，提高各级预案之间的协调性，提高整体应急反应能力。电网企业公司演练通常分为大面积停电事件应急演练和其他类型专项应急演练(主要包括防汛应急演练、通信系统突发事件应急演练、雨雪冰冻灾害事件应急演练、防控应急演练等)，通常为桌面演练、实战演练或桌面＋实战演练三种演练类型，通过常态化开展各类应急演练，积极参与政企联动、跨区域联合实战演练，从而提高电网协调处置能力，加强电网企业应急救援队伍能力。

总结评估 D_{15}：总结评估是指总结、评价、估量，是对过去一定时期的工作、学习或思想情况进行回顾、分析，并做出客观评价的书面材料。在本书中，总结评估指对应急演练中发挥的作用及存在的不足进行概括，并形成书面报告进行问题整改。通过对电网应急救援队伍应急演练进行总结评估，总结演练问题并对其进行整改，从而防止问题再度发生，有效提高应急救援队伍应急能力。

(4) 装备配置 B_4

应急救援装备是应急队伍的主要工具，是形成战斗力的基本条件，是提升应急救援工作时应急救援效能的重要保障。对于电力应急救援队伍而言，装备主要包括基础装备、补充装备、特种装备以及应急车辆，装备配置的合理性及科学性与电力企业应急救援队伍能力具有相关性。

基础装备 D_{16}：基础装备是电力应急救援队伍必备的装备，具有普遍适用性，在电力应急救援队伍中，基础装备由单兵装备、生活保障类装备、通信类装备、发电照明类装备、运输类装备 5 项组成，其配置关系着应急救援队伍电力抢险救援能否正常进行。图 4-9 为高原四驱炊事车。

图 4-9　高原四驱炊事车

补充装备 D_{17}：补充装备是指补充基础装备及特种装备中没有的设备(设备可用于电力企业应急救援队伍)。部分装备具有特殊性(或者不具有普遍性)，但该队伍进行相关配置可用于电力企业应急救援，从而提高队伍应急救援能力。

特种装备 D_{18}：特种设备是电力应急救援队伍中为应对特殊、非常规的突发事件所必备的应急救援装备，特种设备分为台风救援类、防汛救援类、高空绳索救援类、危化品救援类、地震救援类、电缆隧道救援类及山火救援类设备，对于不同地区应按照当地社会环境、自然环境等情况配置不同特殊装备，以防在发生非常规型突发事件时无相关应急装备。图 4-10 所示为冲锋舟。

2008 年南方大雪，江西上千里高速仅有一辆铲雪车，从而造成连接江西、湖北、安徽三省高速通道的九江长江大桥大量车辆积压、福银高速公路江西昌九段等高速公路车辆严重拥堵，仅经由九江市区前往九江长江大桥的车辆就滞留 5000 多辆，连绵 30 余公里，造成连续几天几夜的大面积、长距离车辆堵塞，社会损失巨大。因此，电力应急队伍应根

图 4-10 冲锋舟

据当地可能发生的相关突发事件配置部分特种装备，防止在后续救援中因未配置相关装备而造成重大损失。

维护保养 D_{19}：维护保养是指对设备、器材等的检查、试验、修理、配装、分级、回收等，是让工具提高性能、精度，节省开支的办法。对于电力应急救援队伍，在装备未使用期间，应对其进行相关维护保养，装备维护保养由定期维护保养和不定期维护保养两部分组成，前者分为日常保养、月度保养，后者是为减少装备磨损、消除隐患、延长装备使用寿命的保养，保证其使用性及功能完整性，确保在发生电力突发事件时能够有效使用。

应急车辆 D_{20}：应急车辆是电力应急救援队伍在发生突发事件时第一时间赶往现场的交通工具，也是进行抢险救援的重要装置。电力应急救援队伍应根据其队伍规模配置相应数量的应急车辆，从而保证应急救援的时效性，确保电力抢险尽快完成。

4.4.2.2 队伍应急能力动态评估指标

大部分队伍应急能力动态评估指标与个人应急能力动态评估指标含义基本一致，此处不做重复解释，详情可见 4.4.1.2 动态评估指标中的含义详解。

4.5 本章小结

本章依据相关法律法规和指标体系构建原则，结合实地调研和专家意见将评价对象分层次分析，并对评价指标进行了初步归类，然后，使用德尔菲法对初拟指标进行筛选，邀请了 14 位在安全科学、应急管理、电力工程等相关领域从事电力生产、科研教学工作十年以上的专家参与调查，经过两轮专家咨询，从静态评估和动态评估两方面构建了电网企业应急救援队伍个人及队伍应急能力综合评价指标体系，并对指标体系中各指标的含义进行了阐释。

5　应急救援基干分队应急能力评估模型构建

5.1　引　　言

基于第4章电网企业应急救援基干分队个人及队伍应急能力评价指标体系，本章主要从评价指标的权重确定及综合评价方法两方面进行介绍，通过对应急救援基干分队应急能力评价指标体系进行全面梳理，对权重确定方法及综合评价方法进行选择，根据专家意见和实际情况运用层次分析法确定各级指标权重，并结合加权法确定应急救援基干分队个人及队伍应急能力现状。

5.2　基于层次分析法的指标权重确定

5.2.1　指标权重确定方法的选择

在进行多指标综合评价时，各个指标对于评价目标的作用并不是相等的，必须对不同指标赋予相应权重，指标权重就是各个指标对于评价目标的贡献程度以及在评价指标体系中所占地位作用大小的量化值。对于同一组评价指标，不同的权重分配有可能会导致综合评价结果大相径庭甚至截然相反，因此，对指标权重进行合理、严谨的分配对于得出科学、准确的综合评价结果具有十分重要的意义。根据评价指标权重确定方法各自的特点，可大致分为以下两类：

5.2.1.1　主观赋权法

主观赋权法是由专家根据其在行业领域内的理论储备和自身偏好确定评价指标权重的定性分析方法，主要包括相对比较法、专家调查法、层次分析法、序关系分析法等。主观赋权法已发展得比较成熟，且以专家经验判断为依据，确定的指标权重一般情况下能够准确反映各指标重要程度，但该类方法在确定权重时没有考虑评价指标的数字特征以及指标间的相互联系，具有较大的主观随意性。

(1) 层次分析法

层次分析法(analytic hierarchy process，AHP)于20世纪70年代由美国匹兹堡大学教授萨蒂提出，广泛用于解决权重划分决策问题。该方法通过将复杂决策问题分解为多个与决策目标相关联的、相互独立的因素，并分层次归类，构造层次分析模型，从而使得分析问题时更加严谨且条理清晰，只需通过简单计算就可完成决策分析，既简便又实用，是一种将定性与定量分析相结合的层次权重决策分析方法。

层次分析法的基本原理是先根据问题的特性将复杂的问题层次化，并将问题转化为不同的指标，再根据几个指标间的关系进行指标因素的分类，使之成为不同层次的指标，然后对各层次的指标进行对比分析，通过构造判断矩阵并求解，以得到各个层次构成指标的相对权重，最后计算底层相对于系统目标的相对权重值，并以此作为决策的依据。具体步骤如下：

第一，建立层次结构分析模型。分析综合评价目标系统的诸多影响因素，依据各因素间的相互影响和隶属关系构造模型，模型一般自上而下划分为目标层、准则层和因素层，最上层只有一个指标，即综合评价目标，最下层为因素层，由影响综合评价结果的各基本评价指标组成，中间为准则层，若影响因素较多可进一步分层，同一层次影响因素从属于上一层次因素，同时支配下一层次因素，层级分析模型如图 5-1 所示。

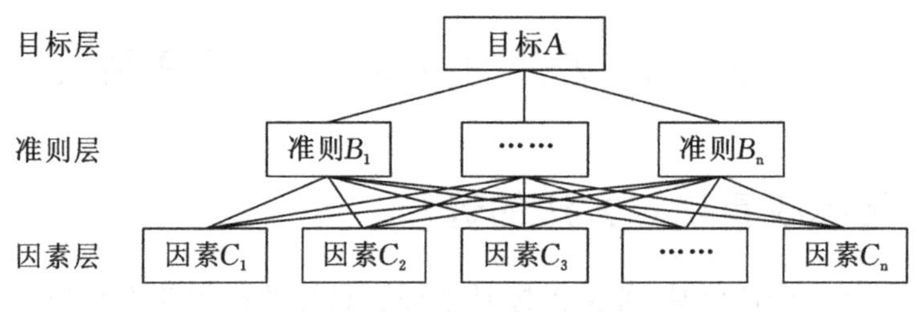

图 5-1　层级结构模型示意图

第二，构造判断矩阵。使用九分位标度法对各层级指标两两之间的相对重要性进行判断并赋予标度值，根据标度值构造相邻层级初始判断矩阵。由九分位标度法赋值特点可知，初始判断矩阵必为反对称矩阵，上层指标 Ai 与其下属 n 个下层指标的初始判断矩阵可表示为：

$$\mathbf{A}=\begin{bmatrix} a_{11} & a_{12} & \cdots & a_{1j} & \cdots & a_{1n} \\ a_{21} & a_{22} & \cdots & a_{2j} & \cdots & a_{2n} \\ \vdots & \vdots & & \vdots & & \vdots \\ a_{i1} & a_{i2} & \cdots & a_{ij} & \cdots & a_{in} \\ \vdots & \vdots & & \vdots & & \vdots \\ a_{n1} & a_{n2} & \cdots & a_{nj} & \cdots & a_{nn} \end{bmatrix}=(a_{ij})_{n\times n}$$

其中，a_{ij} 表示同一层次指标 i 相对于指标 j 的重要性标度值。标度及其含义见表 5-1。

表 5-1 标度及其含义

标度	说明
1	两者重要程度一样高
3	前者比后者重要程度稍微高
5	前者比后者重要程度明显高
7	前者比后者重要程度强烈高
9	前者比后者重要程度极端高
2,4,6,8	表示重要程度介于以上两者接邻状态间

第三,层次单排序及其一致性检验。对应于判断矩阵最大特征根λ_{max}的特征向量,经归一化(使向量中各元素之和等于1)后记为$\boldsymbol{W}$。$\boldsymbol{W}$的元素为同一层次因素对于上一层次某因素相对重要性的排序权值,这一过程称为层次单排序。能否确认层次单排序,则需要进行一致性检验。一致性检验是指对$\boldsymbol{A}$确定不一致的允许范围。其中,n阶一致阵的唯一非零特征根为n;n阶正互反阵$\boldsymbol{A}$的最大特征根$\lambda \geqslant n$,当且仅当$\lambda = n$时,$\boldsymbol{A}$为一致性矩阵。

由于λ连续的依赖于n,则λ比n大得越多,$\boldsymbol{A}$的不一致性越严重,一致性指标用CI计算,CI越小,说明一致性越大。用最大特征值对应的特征向量作为被比较因素对上层某因素影响程度的权向量,其不一致程度越大,引起的判断误差越大。因而可以用$\lambda - n$数值的大小来衡量$\boldsymbol{A}$的不一致程度。定义一致性指标为:

$$CI = \frac{\lambda - n}{n - 1}$$

$CI = 0$,有完全的一致性;CI接近于0,有满意的一致性;CI越大,不一致性越严重。

为衡量CI的大小,引入随机一致性指标RI:

$$RI = \frac{CI_1 + CI_2 + \cdots + CI_n}{n}$$

其中,随机一致性指标与判断矩阵的阶数有关,一般情况下,矩阵阶数越大,则出现一致性随机偏离的可能性也越大,其对应关系如表 5-2 所示。

表 5-2 平均随机一致性指标 RI 标准值

矩阵阶数	1	2	3	4	5	6	7	8	9	10
RI	0	0	0.58	0.90	1.12	1.24	1.32	1.41	1.45	1.49

注:标准不同,RI 的值也会有微小的差异。

考虑到一致性的偏离可能是由于随机原因造成的，因此在检验判断矩阵是否具有满意的一致性时，还需将 CI 和随机一致性指标 RI 进行比较，得出检验系数 CR，公式如下：

$$CR=\frac{CI}{RI}$$

一般地，如果 $CR<0.1$，则认为该判断矩阵通过一致性检验，否则就不具有满意一致性。

第四，层次总排序及其一致性检验。计算某一层次所有因素对于最高层（总目标）相对重要性的权值，称为层次总排序。这一过程是从最高层次到最低层次依次进行的计算，某一层次所有因素对于最高层（总目标）相对重要性的权值，称为层次总排序。这一过程是从最高层次到最低层次依次进行的。

(2) 统计平均数法

统计平均数法（statistical average method）也称专家打分法，是以定性和定量为基础，在此基础上，通过打分等方式做定量评价的一种方法，该方法出现的时间比较早，且应用范围较广。

统计平均数法的原理是以专家对各项评价指标所赋予的相对重要性系数为依据，分别求出平均值，将计算所得的平均数作为各项指标的权重。该方法的具体步骤为：

首先是准备阶段。搜集评价对象的相关资料，根据其具体的情况选定评价指标，然后将选定的评价指标划出评价等级，每个等级的标准用分数表示。然后确定专家，一般选择本行业或本领域中具有丰富的实践经验和扎实的理论知识的专家。

其次是专家初评。专家通过对评价对象的分析和评价，以提交的指标为基础，在不受外界干扰的前提下，根据经验确定评价指标的分数和权数，采用加法评分法、乘法评分法等求出评价对象的总分值，从而得到权重。

随后回收专家意见，收集各位专家所给出的数据，计算各项指标的权数均值和标准差。

最后分别计算各项指标的权数均值和标准差。

这种方法简单、直观性强，在缺乏足够的统计数据和原始资料的情况下，仍然可以发挥作用，得到定量的估计。但其结果具有主观性，与专家的知识水平和实践经验有很大的关联性。

统计平均数法又可以分为专家估测法、加权统计法和频数统计法。

① 专家估测法

设因素集 $U=\{\mu_1,\mu_2,\cdots,\mu_n\}$，现有 k 个专家各自独立地给出各因素 $\mu_i i=(1,2,\cdots,n)$ 的权重，如表 5-3 所示。

表 5-3 专家指标打分及权重结果

专家	因素					
	μ_1	μ_2	…	μ_i	…	μ_n
专家 1	a_{11}	a_{21}	…	a_{i1}	…	a_{n1}
专家 2	a_{12}	a_{22}	…	a_{i2}	…	a_{n2}
⋮	…	…		…	…	…
专家 k	a_{1k}	a_{2k}	…	a_{ik}	…	a_{nk}
权重 a_i	$\frac{1}{k}\sum_{j=1}^{k}a_{1j}$	$\frac{1}{k}\sum_{j=1}^{k}a_{2j}$	…	$\frac{1}{k}\sum_{j=1}^{k}a_{kj}$	…	$\frac{1}{k}\sum_{j=1}^{k}a_{nj}$

根据表 5-3 可以求取各因素权重的平均值作为其权重。

$$a_i=\frac{1}{k}\sum_{j=1}^{k}a_{ij}\ i=(1,2,\cdots,n)$$

即

$$A=\left(\frac{1}{k}\sum_{j=1}^{k}a_{1j},\frac{1}{k}\sum_{j=1}^{k}a_{2j},\cdots,\frac{1}{k}\sum_{j=1}^{k}a_{nj}\right)$$

② 加权统计法

当专家人数少于 30 人时，可以采用加权统计方法来计算权重。具体为：根据权重分配调查表，专家或有关人员提出自己认为最合适的权重，收回此表后，再做权重的统计试验。

按公式 $a_k=\sum_{i=1}^{s}w_ix_i$ 计算得到最后的权重，式中，s 为序号数，w_i 为频率，x_i 为权数值。

③ 频数统计法

设因素集 $U=\{\mu_1,\mu_2,\cdots,\mu_n\}$，专家根据权重分配对因素集中的元素赋予自己认为合适的权重，将收回的权重表，对每个因素进行单因素的权重统计。具体步骤为：

第一步：对因素集 μ_i 在其相对应的权重集 a_{ij} 中找到最大值 M_i 和最小值 m_i，即 $M_i=\max_{1\leqslant j\leqslant k}\{a_{ij}\}$，$m_i=\min_{1\leqslant j\leqslant k}\{a_{ij}\}$；

第二步：选择适当的正整数 p，利用 $\frac{M_i-m_i}{p}$ 计算得权重分为 p 组的组距，并将权重从小到大分成 p 组；

第三步：计算落在每组内权重的频数与频率；

第四步：根据频数与频率的分布情况，一般取最大频率所在分组的组中值为因素 μ_i 的权重 $a_i[i=(1,2,\cdots,n)]$，从而得到权重为：

$$A=(a_1,a_2,\cdots,a_n)$$

（3）网络分析法

网络分析法（analytic network process，ANP）是美国匹兹堡大学的 T.L.Saaty 教授于 1996 年提出的一种适应非独立的递阶层次结构的决策方法，它是在层次分析法（analytic hierarchy process，AHP）的基础上发展而形成的一种新的实用决策方法。

AHP 作为一种决策过程，它提供了一种表示决策因素测度的基本方法。这种方法采用相对标度的形式，并充分利用了人的经验和判断力。在递阶层次结构下，它根据所规定的相对标度 - 比例标度，依靠决策者的判断，对同一层次有关元素的相对重要性进行两两比较，对于决策目标的测度按层次从上到下合成方案。这种递阶层次结构虽然给处理系统问题带来了方便，但同时也限制了它在复杂决策问题中的应用。在许多实际问题中，各层次内部元素往往是相互依赖的，低层元素对高层元素亦有支配作用，即存在反馈。此时系统的结构更类似于网络结构。网络分析法正是适应这种需要，由 AHP 延伸发展得到的系统决策方法。

ANP 首先将系统元素划分为两大部分：第一部分称为控制因素层，包括问题目标及决策准则。所有的决策准则均被认为是彼此独立的，且只受目标元素支配。控制因素中可以没有决策准则，但至少有一个目标。控制层中每个准则的权重均可用 AHP 方法获得。第二部分为网络层，它是由所有受控制层支配的元素组组成的。其内部是互相影响的网络结构，它是由所有受控制层支配的元素组成的，元素之间互相依存、互相支配，元素和层次间内部不独立。递阶层次结构中的每个准则支配的不是一个简单的内部独立的元素，而是一个互相依存、反馈的网络结构。控制层和网络层组成典型 ANP 层次结构，见图 5-2。

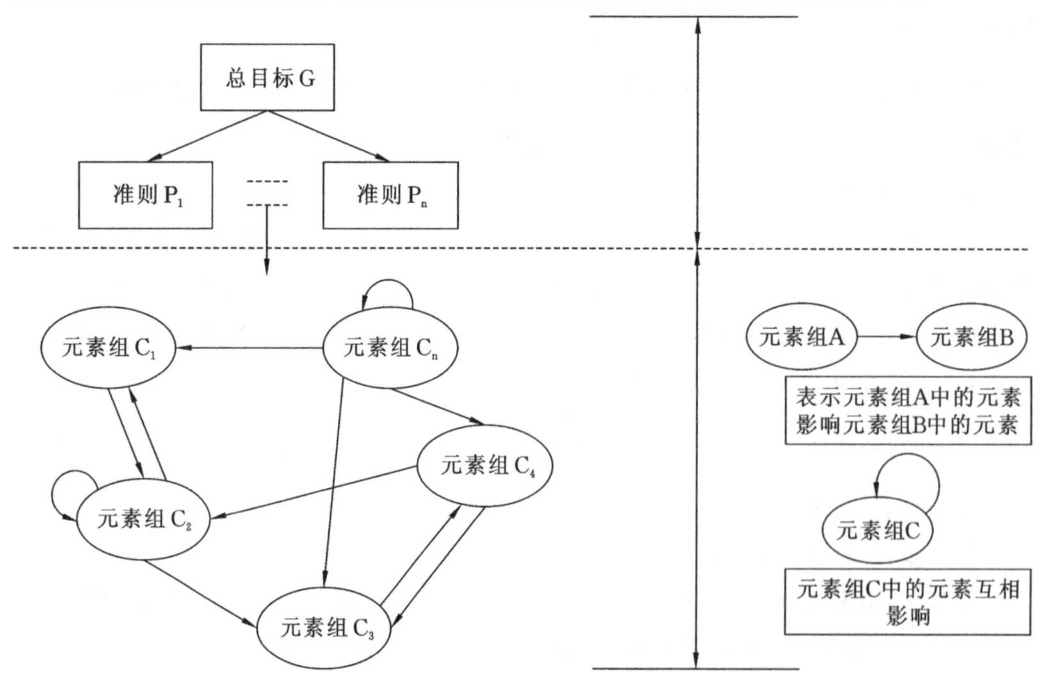

图 5-2　网络分析法的典型结构模型

网络分析法主要是根据评价体系构建指标关联图，通过专家判断，运用1～9标度对各级评价指标打分，构建判断矩阵，并对其进行归一化及一致性处理后得到初始超矩阵

$$\boldsymbol{W}=\begin{bmatrix} W_{11} & \cdots & W_{1N} \\ \vdots & & \vdots \\ W_{N1} & \cdots & W_{NN} \end{bmatrix}$$

并通过构建指标元素间的判断矩阵得到相应的特征向量，从而获得加权矩阵

$$\boldsymbol{A}=\begin{bmatrix} a_{11} & \cdots & a_{1N} \\ \vdots & & \vdots \\ a_{N1} & \cdots & a_{NN} \end{bmatrix}$$

计算得到加权超矩阵$\overline{\boldsymbol{W}}$，最后通过对加权超矩阵$\overline{\boldsymbol{W}}$进行稳定化处理得到各级指标权重。其中加权超矩阵$\overline{\boldsymbol{W}}$计算公式如下：

$$\overline{\boldsymbol{W}}=\begin{bmatrix} w_{11} & \cdots & w_{1N} \\ \vdots & & \vdots \\ w_{N1} & \cdots & w_{NN} \end{bmatrix}=(a_{ij}w_{ij}) \quad i=1,2,\cdots,N, j=1,2,\cdots,N$$

5.2.1.2 客观赋权法

客观赋权法是通过对评价指标数据信息的一系列推导计算，确定评价指标权重的定量分析方法，主要包括熵权法、变异系数法、主成分分析法等。

(1) 熵权法

熵，是德国物理学家克劳修斯在1850年创造的一个术语，用来表示一种能量在空间中分布的均匀程度。原是热力学中的一个物理概念，最先由申农(C.E.Shannon)引入信息论，称为信息熵。在信息论中，信息熵是最重要的一个基本概念，是对不确定性的一种综合度量，表示从一组不确定事物中提供信息量的多少，信息量越大，不确定性就越小，熵就越小。可以根据熵的特性，计算判断事件的随机性和无序程度，以及某个指标的离散度，指标的离散程度越大，则该指标对综合评价的影响越大。

熵权法是一种客观赋权方法，它根据各个指标的变异程度，利用信息熵计算得出各指标的熵权，进而通过熵权对各指标的权重进行修正得到较为客观的指标权重。

熵权法的具体步骤为：

① 数据标准化。将各个指标的数据进行标准化处理：

对于越大越好的指标：

$$x'_{ij}=\frac{x_j - x_{\min}}{x_{\max} - x_{\min}}$$

对于越小越好的指标：

$$x'_{ij}=\frac{x_{\max}-x_j}{x_{\max}-x_{\min}}$$

式中　x'_{ij}——标准值；

x_j——第 j 项指标值；

$x_{\max}$——第 j 项指标的最大值；

$x_{\min}$——第 j 项指标的最小值。

② 计算第 i 项指标第 j 个指标的比重 y_{ij}：

$$y_{ij}=\frac{x'_{ij}}{\sum_{i=1}^{m}X'_{ij}}$$

由此，可以建立数据的比重矩阵 $\boldsymbol{Y}=\{y_{ij}\}_{m\times n}$。

③ 计算指标信息熵值 e 和信息效用值 d

$$e_j=-K\sum_{i=1}^{m}y_{ij}\ln y_{ij}$$

$$d=1-e_j$$

式中，K 为常数。

某项指标的信息效用价值取决于该指标的信息熵 e_j 与1之间的差值，它的值直接影响权重的大小，信息效用值越大，对评价的重要性就越大，权重也就越大。

④ 计算评价指标权重

利用熵权法估算各指标的权重，其本质是利用该指标信息的价值系数来计算，其价值系数越高，对评价的重要性就越大(或称权重越大，对评价结果的贡献越大)。

第 j 项指标的权重为：

$$w_j=\frac{d_j}{\sum_{i=1}^{m}d_j}$$

(2) 变异系数法

变异系数法是一种客观赋权的方法，该方法直接利用各项指标所包含的信息，通过计算得到指标的权重。

基本原理为：在评价指标体系中，取值差异越大的指标越难实现，对于这样的指标则更能体现评价对象间的差异，赋予的权重也越大。例如，在对不同国家的经济发展状况进行评价时，由于人均国内生产总值既能反映各个国家的经济发展水平，还可以反映国家的现代化程度，因此可以选取人均国民生产总值作为评价的标准，如果各个国家的人均国民生产总值没有多大的差别，那用这个指标来衡量现代化程度、经济发展水平就失去了意义。

具体步骤为：

第一步：计算变异系数。在评价指标体系中，各项指标的量纲可能不同，若直接比较各项指标的差别程度会比较困难，须采用各项指标的变异系数来衡量各项指标的差异程度以消除量纲不同的影响。

各项指标的变异系数公式为：

$$V_i = \frac{\sigma_i}{\overline{x}_i}$$

式中　V_i——第 i 项的变异系数，也称标准差系数；

σ_i——第 i 项的标准差；

$\overline{x}_i$——第 i 项指标的平均数。

第二步：计算各项指标的变异系数作为其权重。

各项指标的权重为：

$$W_i = \frac{V_i}{\sum_{i=1}^{n} V_i}$$

(3) 主成分分析法

主成分分析法（principal components analysis ）简称 PCA，是 1933 年由霍特林首先提出的。它通过投影的方法，使数据降低纬度，在损失较少的数据信息的基础上把多个指标转化为几个有代表意义的综合指标。

主成分分析法的基本原理为：

假定有 n 个样本，每个样本共有 p 个变量，构成一个 $n \times p$ 阶的数据矩阵

$$\boldsymbol{X} = \begin{bmatrix} x_{11} & x_{12} & \Lambda & x_{1p} \\ x_{21} & x_{22} & \Lambda & x_{2p} \\ \cdots & \cdots & \cdots & \cdots \\ x_{n1} & x_{n2} & \Lambda & x_{np} \end{bmatrix}$$

当 p 较大时，在 p 维空间中考察问题比较麻烦，为了克服这个问题，可以用较少的几个指标代替原来较多的变量指标达到降低维度的目的。这些较少的综合的指标之间相互独立，且这些指标能够尽量多地反映原来较多的变量指标所反映的信息。

记 $x_1, x_2, \cdots, x_p$ 为原变量指标，新变量指标为 $z_1, z_2, \cdots, z_m (m \leqslant p)$

$$\begin{cases} z_1 = l_{11}x_1 + l_{11}x_2 + \Lambda + l_{11}x_p \\ z_2 = l_{21}x_1 + l_{21}x_2 + \Lambda + l_{21}x_p \\ \quad\cdots\cdots \\ z_m = l_{m1}x_1 + l_{m1}x_2 + \Lambda + l_{m1}x_p \end{cases}$$

其中系数 l_{ij} 的确定原则为：

① z_i 与 $z_j (i \neq j; i, j = 1, 2, \cdots, m)$ 相互无关；

② z_1 是 $x_1, x_2, \cdots, x_p$ 的一切线性组合中方差最大者；

z_2 是与 z_1 不相关的 $x_1,x_2,\cdots,x_p$ 的所有线性组合中方差最大者；

……

z_m 是与 $z_1,z_2,\cdots,z_{m-1}$ 都不相关的所有线性组合中方差最大者。

则新变量指标分别称为原变量指标的第 1,2,…,m 主成分。

从分析中可以看出，主成分分析的实质就是确定原来变量在主成分上的载荷。通过数学基础知识可以证明它们分别是相关矩阵的 m 个较大的特征值所对应的特征向量。

主成分分析法的具体步骤为：

① 计算相关矩阵

$$\boldsymbol{R}=\begin{bmatrix} r_{11} & r_{12} & \Lambda & r_{1p} \\ r_{21} & r_{22} & \Lambda & r_{2p} \\ \cdots & \cdots & \cdots & \cdots \\ r_{p1} & r_{p2} & \Lambda & r_{pp} \end{bmatrix}$$

$r_{ij}(i,j=1,2,\cdots,p)$ 为原变量 x_i 与 x_j 的相关系数，$r_{ij}=r_{ji}$，其计算公式为：

$$r_{ij}=\frac{\sum_{k=1}^{n}(X_{ki}-\overline{X}i)(X_{kj}-\overline{X}j)}{\sqrt{\sum_{k=1}^{n}(X_{ki}-\overline{X}i)^2\sum_{i=1}^{n}(X_{kj}-\overline{X}j)^2}}$$

② 计算特征值与特征向量

a. 解特征方程 $\lambda I-R=0$，常采取雅可比法(Jacobi)求出特征值，并使其按大小顺序排列，即 $\lambda_1>\lambda_2>\Lambda\geqslant\lambda_p\geqslant 0$；

b. 分别求出对应特征值 λ_i 的特征向量 $e_i(i=1,2,\Lambda,p)$，要求 $e_i=1$，即 $\sum_{j=1}^{p}e_{ij}^2=1$，其中 e_{ij} 表示向量的第 j 个分量。

c. 计算主成分贡献率及累计贡献率

贡献率：

$$\frac{\lambda_i}{\sum_{k=1}^{p}\lambda_k}(i=1,2,\Lambda,p)$$

累计贡献率：

$$\frac{\sum_{k=1}^{i}\lambda_k}{\sum_{k=1}^{p}\lambda_k}(i=1,2,\Lambda,p)$$

一般取累计贡献率达 85% ～ 95% 的特征值 $\lambda_1,\lambda_2,\Lambda,\lambda_m$ 所对应的第 1,2,…,m($m\leqslant p$) 个主成分。

d. 计算各主成分载荷：

$$I_{ij}=p(z_i,z_j)=\sqrt{\lambda_i}e_{ij}(i,j=1,2,\Lambda,p)$$

e. 各主成分的得分：

$$Z=\begin{bmatrix} z_{11} & z_{12} & \Lambda & z_{1m} \\ z_{21} & z_{22} & \Lambda & z_{2m} \\ \cdots & \cdots & \cdots & \cdots \\ z_1 & z_2 & \Lambda & z_{nm} \end{bmatrix}$$

5.2.1.3　方法确定

虽然客观赋权法一类的方法以数学原理为依托，有效传递了各个指标的数字特征和相互之间的联系及影响，但该类方法仅仅依靠数字计算确定权重，完全与专家的知识、经验等主观信息割裂开来，导致其确定的指标权重有时与实际重要程度相去甚远。

在实际应用中，层次分析法确定权重带有一定的主观性，但该方法可以将人的主观因素根据一定的标度进行定量化，并且可以充分考虑指标之间的相对重要程度，且由于电力企业应急救援队伍指标体系具有关联性，为减少计算和增加可信度，本书选取较合适的层次分析法对电网企业应急救援队伍进行应急能力权重确定。

5.2.2　指标权重确定

5.2.2.1　确定各级评估指标集

根据上文构建的电网企业应急救援队伍综合应急能力评估指标体系，分别从个人和队伍两方面确定多层次结构分析模型，见图 4-2 和图 4-3。

5.2.2.2　各级指标权重的确定

根据第 4 章构建的电网企业应急救援队伍应急能力评估指标体系，个人和队伍应急能力评估均分为三级指标，下面首先计算个人方面各级指标权重。

基于指标相对重要程度通过两两比较的方式构建判断矩阵，计算其最大特征根及其对应的特征向量。如个人应急能力评价指标中，准则层判断矩阵 $\boldsymbol{R}=\begin{bmatrix} 1 & 2 \\ 1/2 & 1 \end{bmatrix}$，特征向量 $\boldsymbol{W}^{(1)}=(0.67, 0.33)$。指标层判断矩阵对应为 $\boldsymbol{R}_1=\begin{bmatrix} 1 & 3 & 2 \\ 1/3 & 1 & 1 \\ 1/2 & 1 & 1 \end{bmatrix}$，可计算得 $\boldsymbol{W}^{(R1)}=(0.5499, 0.2098, 0.2402)^{\mathrm{T}}$，$CI=0.0091$，$CR=0.0158<0.1$，静态测评对电网应急救援基干分队应急能力影响的权重 $\boldsymbol{W}=0.67\times(0.5499, 0.2098, 0.2402)^{\mathrm{T}}=(0.368, 0.141, 0.161)$，其他同理，其中各级指标权重具体计算过程如下：

(1) 个人综合能力指标权重计算过程

① 一级指标集(表 5-4)

表 5-4　电力应急救援基干分队个人能力指标权重

电网应急救援基干分队个人能力 A	静态测评 A_1	动态测评 A_2	权重	综合权重
静态测评 A_1	1	2	0.67	0.67
动态测评 A_2	1/2	1	0.33	0.33

$CI=0.0091$　$CR=0.0158<0.1$

② 二级指标集(表 5-5、表 5-6)

表 5-5　电力应急救援基干分队个人静态测评能力指标权重

静态测评 A_1	基本素质 A_{11}	专业技能 A_{12}	实战经历 A_{13}	权重	综合权重
基本素质 A_{11}	1	3	2	0.550	0.368
专业技能 A_{12}	1/3	1	1	0.210	0.141
实战经历 A_{13}	1/2	1	1	0.240	0.161

$CI=0.0091$　$CR=0.0158<0.1$

表 5-6　电力应急救援基干分队个人动态测评能力指标权重

动态测评 A_2	基础性动态测评 A_{21}	建设性动态测评 A_{22}	权重	综合权重
基础性动态测评 A_{21}	1	2	0.67	0.22
建设性动态测评 A_{22}	1/2	1	0.33	0.11

$CI=0.0091$　$CR=0.0158<0.1$

③ 三级指标集(表 5-7—表 5-11)

表 5-7　电力应急救援基干分队个人基本素质指标权重

基本素质 A_{11}	C_1	C_2	C_3	C_4	C_5	C_6	C_7	C_8	权重	综合权重
C_1	1	1	1/2	2	1/2	1	2	1/2	0.110	0.040
C_2	1	1	1	2	1/2	1	2	1/2	0.120	0.044
C_3	2	1	1	3	1	1	3	1	0.171	0.063
C_4	1/2	1/2	1/3	1	1/2	1	2	1	0.091	0.033
C_5	2	2	1	2	1	1	2	1	0.166	0.061
C_6	1	1	1	1	1	1	2	1	0.128	0.047
C_7	1/2	1/2	1/3	1/2	1/2	1/2	1	1	0.069	0.025
C_8	2	2	1	1	1	1	1	1	0.147	0.054

$CI=0.0536$　$CR=0.038<0.1$

表 5-8　电力应急救援基干分队个人专业技能指标权重

专业技能 A_{12}	C_9	C_{10}	C_{11}	C_{12}	权重	综合权重
C_9	1	1	1/3	1/3	0.121	0.017
C_{10}	1	1	1/4	1/4	0.104	0.015
C_{11}	3	4	1	1	0.388	0.055
C_{12}	3	4	1	1	0.388	0.055

$CI=0.0035$　$CR=0.0038<0.1$

表 5-9　电力应急救援基干分队个人实战经历指标权重

实战经历 A_{13}	C_{13}	C_{14}	C_{15}	权重	综合权重
C_{13}	1	1/2	1	0.25	0.040
C_{14}	2	1	2	0.5	0.080
C_{15}	1	1/2	1	0.25	0.040

$CI=0$　$CR=0<0.1$

表 5-10　电力应急救援基干分队个人基础性动态测评指标权重

基础性动态测评 A_{21}	C_{15}	C_{16}	C_{17}	C_{18}	权重	综合权重
C_{15}	1	2	0.5	1	0.225	0.050
C_{16}	0.5	1	0.25	1/3	0.101	0.022
C_{17}	2	4	1	1	0.377	0.083
C_{18}	1	3	1	1	0.297	0.065

$CI=0.0153$　$CR=0.017<0.1$

表 5-11　电力应急救援基干分队个人建设性动态测评指标权重

建设性动态测评 A_{22}	C_{19}	C_{20}	C_{21}	C_{22}	C_{23}	C_{24}	C_{25}	C_{26}	C_{27}	C_{28}	权重	综合权重
C_{19}	1	1	1	1	1	1	1	1	1	1	0.1	0.11
C_{20}	1	1	1	1	1	1	1	1	1	1	0.1	0.11
C_{21}	1	1	1	1	1	1	1	1	1	1	0.1	0.11
C_{22}	1	1	1	1	1	1	1	1	1	1	0.1	0.11
C_{23}	1	1	1	1	1	1	1	1	1	1	0.1	0.11
C_{24}	1	1	1	1	1	1	1	1	1	1	0.1	0.11
C_{25}	1	1	1	1	1	1	1	1	1	1	0.1	0.11
C_{26}	1	1	1	1	1	1	1	1	1	1	0.1	0.11
C_{27}	1	1	1	1	1	1	1	1	1	1	0.1	0.11
C_{28}	1	1	1	1	1	1	1	1	1	1	0.1	0.11

$CI=0$　$CR=0<0.1$

(2) 队伍综合能力指标权重计算过程

① 一级指标集(表 5-12)

表 5-12　电网应急救援基干分队能力指标权重

电网应急救援基干分队能力 B	静态测评 B_1	动态测评 B_2	权重	综合权重
静态测评 B_1	1	3	0.75	0.75
动态测评 B_2	1/3	1	0.25	0.25

$CI=0$　$CR=0<0.1$

② 二级指标集(表 5-13—表 5-14)

表 5-13　电力应急救援基干分队队伍静态测评能力指标权重

静态测评 B_1	管理制度 B_{11}	人员配置 B_{12}	培训演练 B_{13}	装备配置 B_{14}	权重	综合权重
管理制度 B_{11}	1	1/3	1	1/2	0.148	0.111
人员配置 B_{13}	3	1	2	2	0.426	0.319
培训演练 B_{12}	1	0.5	1	1	0.195	0.146
装备配置 B_{14}	2	0.5	1	1	0.231	0.173

$CI=0.0153$　$CR=0.017<0.1$

表 5-14　电力应急救援基干分队队伍动态测评能力指标权重

动态测评 A_2	基础性动态测评 A_{21}	建设性动态测评 A_{22}	权重	综合权重
基础性静态测评 A_{21}	1	2	0.67	0.167
建设性动态测评 A_{21}	1/2	1	0.33	0.083

$CI=0.0091$　$CR=0.0158<0.1$

③ 三级指标集(表 5-15—表 5-20)

表 5-15　电网应急救援基干分队能力管理制度指标权重

管理制度 B_{11}	D_1	D_2	D_3	D_4	D_5	权重	综合权重
D_1	1	2	3	2	4	0.385	0.043
D_2	1/2	1	2	1	2	0.203	0.023
D_3	1/3	1/2	1	1/2	1	0.108	0.012
D_4	1/2	1	2	1	2	0.203	0.023
D_5	1/4	1/2	1	1/2	1	0.102	0.011

$CI=0.0153$　$CR=0.017<0.1$

表 5-16 电网应急救援基干分队能力人员配置指标权重

人员配置 B_{12}	D_6	D_7	D_8	D_9	D_{10}	D_{11}	权重	综合权重
D_6	1	1	1/2	1/3	1/4	3	0.100	0.032
D_7	1	1	1/2	1/3	1/4	2	0.091	0.029
D_8	2	2	1	1/2	1/2	3	0.164	0.053
D_9	3	3	2	1	1	4	0.280	0.089
D_{10}	4	4	2	1	1	4	0.311	0.099
D_{11}	1/3	1/2	1/3	1/4	1/4	1	0.055	0.018

$CI=0.0153$ $CR=0.017<0.1$

表 5-17 电网应急救援基干分队能力培训演练指标权重

培训演练 B_{13}	D_{12}	D_{13}	D_{14}	D_{15}	权重	综合权重
D_{12}	1	2	1	2	0.326	0.048
D_{13}	1/2	1	1/2	1	0.163	0.024
D_{14}	1	2	1	3	0.363	0.053
D_{15}	1/2	1	1/3	1	0.148	0.022

$CI=0.0069$ $CR=0.0076<0.1$

表 5-18 电网应急救援基干分队能力装备配置指标权重

装备配置 B_{14}	D_{16}	D_{17}	D_{18}	D_{19}	D_{20}	权重	综合权重
D_{16}	1	4	3	2	2	0.380	0.066
D_{17}	1/4	1	1/2	1/2	1/3	0.081	0.014
D_{18}	1/3	2	1	1	2	0.189	0.033
D_{19}	1/2	2	1	1	2	0.201	0.035
D_{20}	1/2	3	1/2	1/2	1	0.150	0.026

$CI=0.0469$ $CR=0.0419<0.1$

表 5-19 电网应急救援基干分队能力基础性动态测评指标权重

基础性动态测评 B_{21}	D_{21}	D_{22}	D_{23}	D_{24}	权重	综合权重
D_{21}	1	2	1/2	1	0.225	0.038
D_{22}	1/2	1	1/4	1/3	0.101	0.017
D_{23}	2	4	1	1	0.377	0.063
D_{24}	1	3	1	1	0.297	0.050

$CI=0.0153$ $CR=0.017<0.1$

表 5-20　电力应急救援基干分队队伍建设性动态测评指标权重

建设性动态测评 B_{22}	D_{25}	D_{26}	D_{27}	D_{28}	D_{29}	D_{30}	D_{31}	D_{32}	D_{33}	D_{34}	权重	综合权重
D_{25}	1	1	1	1	1	1	1	1	1	1	0.1	0.008
D_{26}	1	1	1	1	1	1	1	1	1	1	0.1	0.008
D_{27}	1	1	1	1	1	1	1	1	1	1	0.1	0.008
D_{28}	1	1	1	1	1	1	1	1	1	1	0.1	0.008
D_{29}	1	1	1	1	1	1	1	1	1	1	0.1	0.008
D_{30}	1	1	1	1	1	1	1	1	1	1	0.1	0.008
D_{31}	1	1	1	1	1	1	1	1	1	1	0.1	0.008
D_{32}	1	1	1	1	1	1	1	1	1	1	0.1	0.008
D_{33}	1	1	1	1	1	1	1	1	1	1	0.1	0.008
D_{34}	1	1	1	1	1	1	1	1	1	1	0.1	0.008

$CI=0$　$CR=0<0.1$

根据上述计算结果得出电网应急救援队伍各级指标权重，进行整理，得到表 5-21 电网应急救援基干分队个人应急能力指标权重及表 5-22 电网应急救援基干分队队伍应急能力指标权重。

表 5-21　电网应急救援基干分队个人应急能力指标权重

目标层	准则层	指标层	基础指标层		综合权重
			因素	权重	
电网应急救援基干分队个人应急能力 A	静态测评 A_1 0.67	基本素质 A_{11} 0.368	年龄 C_1	0.110	0.040
			学历 C_2	0.120	0.044
			专业年限 C_3	0.171	0.063
			心理素质 C_4	0.091	0.033
			政治素养 C_5	0.166	0.061
			身体状况 C_6	0.128	0.047
			任职情况 C_7	0.070	0.025
			体重 C_8	0.147	0.054
		专业技能 A_{12} 0.141	技能等级 C_9	0.121	0.017
			持证情况 C_{10}	0.104	0.015
			培训时长 C_{11}	0.388	0.055
			演练次数 C_{12}	0.388	0.055

续表 5-21

目标层	准则层	指标层	基础指标层		综合权重
			因素	权重	
电网应急救援基干分队个人应急能力 A	静态测评 A_1 0.67	实战经历 A_{13} 0.161	加入应急救援基干分队年限 C_{13}	0.25	0.040
			参加应急救援次数 C_{14}	0.5	0.080
			考核评优 C_{15}	0.25	0.040
		基础性动态测评 A_{21} 0.22	考试 C_{16}	0.225	0.050
			考问 C_{17}	0.101	0.022
			单兵实操 C_{18}	0.377	0.083
			体能素质 C_{19}	0.297	0.065
	动态测评 A_2 0.33	建设性动态测评 A_{22} 0.11	配电安装 C_{20}	0.1	0.011
			输电线路员工脱困应急救援 C_{21}	0.1	0.011
			配电线路应急救援 C_{22}	0.1	0.011
			有限空间脱困救援与抢险保障 C_{23}	0.1	0.011
			应急通信能力 C_{24}	0.1	0.011
			应急驾驶能力 C_{25}	0.1	0.011
			水域救援能力 C_{26}	0.1	0.011
			起重搬运能力 C_{27}	0.1	0.011
			建筑物坍塌破拆搜救 C_{28}	0.1	0.011
			无人机操作与侦察 C_{29}	0.1	0.011

表 5-22　电网应急救援基干分队队伍应急能力指标权重

目标层	准则层	指标层	基础指标层		综合权重
			因素	权重	
电网应急救援基干分队个人应急能力 B	静态测评 B_1 0.75	管理制度 B_{11} 0.111	安全管理 D_1	0.385	0.043
			培训管理 D_2	0.203	0.023
			装备保养 D_3	0.108	0.012
			信息处理 D_4	0.203	0.022
			考核奖励 D_5	0.102	0.011
		人员配置 B_{12} 0.319	队伍定员 D_6	0.100	0.032
			专业配置 D_7	0.091	0.029
			基本素质 D_8	0.164	0.053
			专业技能 D_9	0.280	0.089
			实战经历 D_{10}	0.311	0.099
			人员管理 D_{11}	0.055	0.018

续表 5-22

目标层	准则层	指标层	基础指标层		综合权重
			因素	权重	
电网应急救援基干分队个人应急能力 B	静态测评 B_1 0.75	培训演练 B_{13} 0.146	培训 D_{12}	0.326	0.048
			计划制订 D_{13}	0.163	0.024
			演练拉练 D_{14}	0.363	0.053
			总结测评 D_{15}	0.148	0.022
		装备配置 B_{14} 0.173	基础装备 D_{16}	0.380	0.066
			补充装备 D_{17}	0.081	0.014
			特种装备 D_{18}	0.189	0.033
			维护保养 D_{19}	0.201	0.035
			应急车辆 D_{20}	0.150	0.026
	动态测评 B_2 0.25	基础性动态测评 B_{21} 0.167	考试 D_{21}	0.225	0.038
			考问 D_{22}	0.101	0.017
			单兵实操 D_{23}	0.377	0.063
			体能素质 D_{24}	0.297	0.050
		建设性动态测评 B_{22} 0.083	配电安装 D_{25}	0.1	0.008
			输电线路员工脱困应急救援 D_{26}	0.1	0.008
			配电线路应急救援 D_{27}	0.1	0.008
			有限空间脱困救援与抢险保障 D_{28}	0.1	0.008
			应急通信能力 D_{29}	0.1	0.008
			应急驾驶能力 D_{30}	0.1	0.008
			水域救援能力 D_{31}	0.1	0.008
			起重搬运能力 D_{32}	0.1	0.008
			建筑物坍塌破拆搜救 D_{33}	0.1	0.008
			无人机操作与侦察 D_{34}	0.1	0.008

5.2.3 结果分析

5.2.3.1 个人应急能力指标权重结果分析

(1) 基本素质

从图 5-3 可以看出，在基本素质方面，专业年限和政治素养对基本素质的影响较大，其主要原因为电力应急救援队伍是一支专业性队伍且涉及国家能源安全保密，对于专业要求和政治素养要求较高，个人应加强专业能力的培养，具有良好的政治素养，严格遵守保密要求。

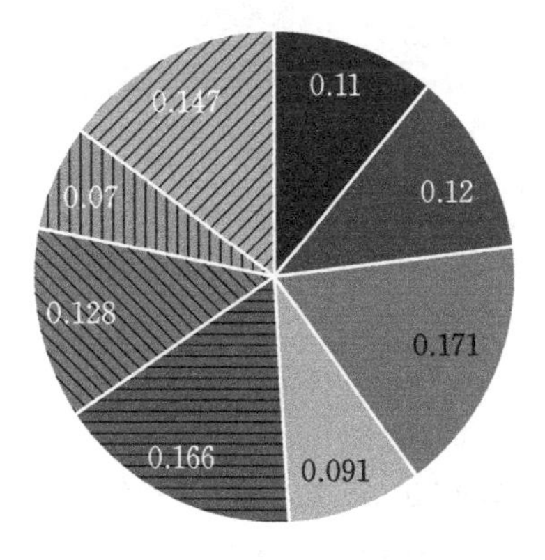

图 5-3 基本素质图

(2) 专业技能

从图 5-4 可以看出，在专业技能方面，培训时长和演练次数对专业技能的影响最大，均为 0.388，持证情况影响最小，因此电力企业应急救援队伍队员应积极参加电力培训及相关演练，提高应急队伍成员自救、互救和参与各类突发事件处置的综合素质。

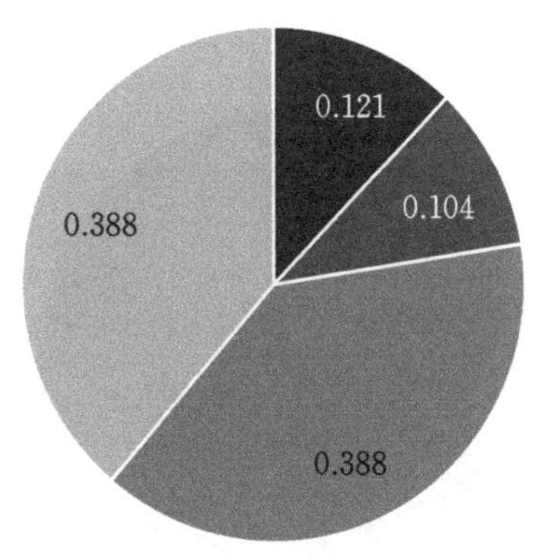

图 5-4 专业技能图

(3) 实战经历

从图 5-5 可以看出，在实战经历方面，参加应急救援次数对实战经历的影响最大，为 0.50，因此电力企业应急救援队伍队员应积极参加各类电力突发事件应急救援，增强自身实际救援能力，实战化能够保证基干队员面对突发事件时的现场处置能力，从而保障电力应急救援。

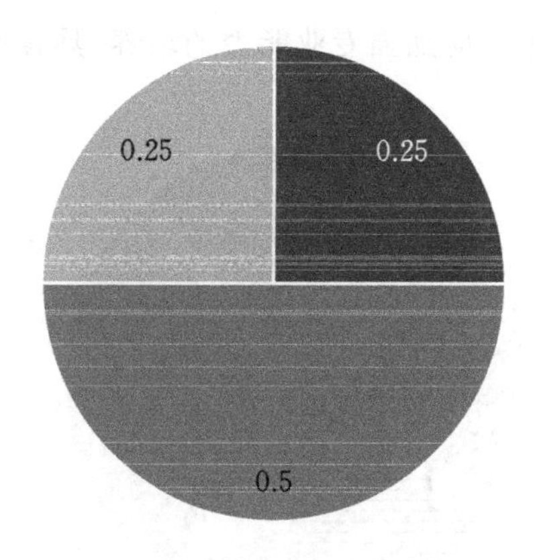

图 5-5 实战经历图

(4) 基础性动态评估

应急救援队伍个人应急能力会随着年龄和身体情况发生变化，不同阶段不同时间的队员个人应急能力亦会发生变化，因此通过对应急救援队员进行基础性动态评估具有现实意义。从基础性动态评估权重分配图(图 5-6)中可以看出，单兵实操对于电力企业应急救援队伍个人应急能力的影响最大，占比达到 0.377，此外，体能素质对于应急救援队伍个人应急能力影响较大，占比 0.297，因此应急救援队员应加强单兵实操训练，日常进行常态化体能训练，保证具有良好的单兵实操能力及体能素质，为电力企业应急救援提供保障。

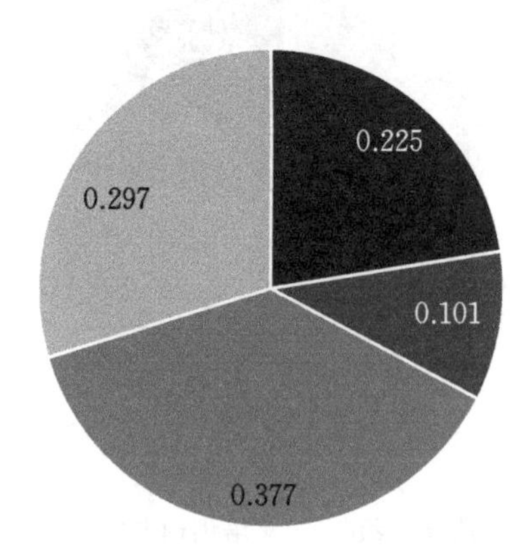

图 5-6 基础性动态评估权重分配图

(5) 建设性动态评估

从图 5-7 可以看出，在建设性动态评估方面，各个指标权重均为0.1，且由于建设性动态评估指标为地方应急救援队伍根据当地地理环境、海拔高度等相关实际情况进行选择性使用，因此电力企业应急救援队伍队员可根据当地实际情况进行现实性补强，从而保证在处理突发事件时,救援力与资源分配做到最优解。

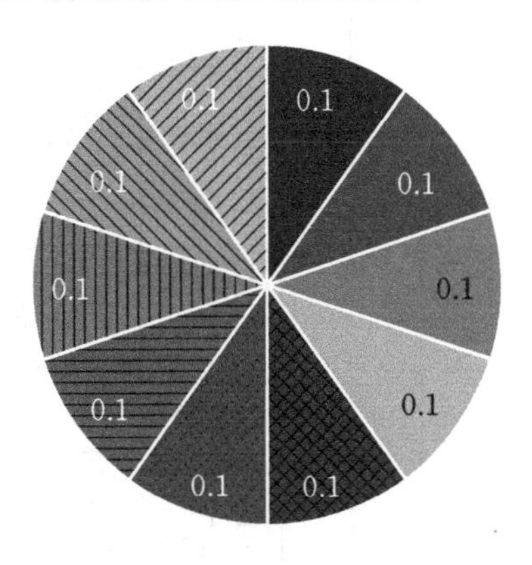

■ 配电安装C_{20}　■ 输电线路员工脱困应急救援C_{21}
■ 配电线路应急救援C_{22}　■ 有限空间脱困救援与抢险保障C_{23}
■ 应急通信能力C_{24}　■ 应急驾驶能力C_{25}
■ 水域救援能力C_{26}　■ 起重搬运能力C_{27}
■ 建筑物坍塌破拆搜救C_{28}　■ 无人机操作与侦察C_{29}

图 5-7　建设性动态评估图

(6) 综合分析

从图 5-8 电力企业应急救援队伍个人应急能力指标权重分配图和表 5-21 电网应急救援基干分队个人应急能力指标权重可知,在应急救援基干分队个人应急能力静态评估中,基本素质 A_{11} 权重最高,为 0.368,其次是实战经历 A_{13},为 0.161,最后是专业技能 A_{12},为 0.141,这说明对个人应急能力而言,个人基本素质能力相对来说更加重要,因此电网企业应加强基干分队筛选入职条件审核,加强个人基本素质考核,切实保证个人应急能力。另外对于个人在静态评估下的指标层优化次序如下:在基本素质方面,应加强政治素养和个人专业年限的限制;在专业技能方面,应加强个人培训演练相关情况的考核,加强个人面对危机的应对能力的考核;在实战经历方面,应加强对个人参加应急救援次数的考核,实战化能够增强基干队员对危机的现场处置能力。对于动态评估而言,应加强分队个人的单兵实操训练及体能素质的考核。

5.2.3.2　队伍应急能力指标权重结果分析

(1) 管理制度

从图 5-9 管理制度指标权重分配图可以看出,安全管理制度对管理制度的影响最大,占比达到 0.385,对于电力企业应急救援而言,建立健全安全管理制度是保证电力企业应急救援队伍安全生产工作的首要要求,安全生产工作是电力维护的头等大事,保证后续行动安全是进行后续作业的前提;其次是培训管理和信息处理,培训管理制度的健全完善有助于电力应急救援队伍加强培训、提高队伍实战处置能力,信息处理制度的健全能够保障电力应急救援队伍的快速反应,确保队伍能够第一时间赶往突发事件现场进行处置。

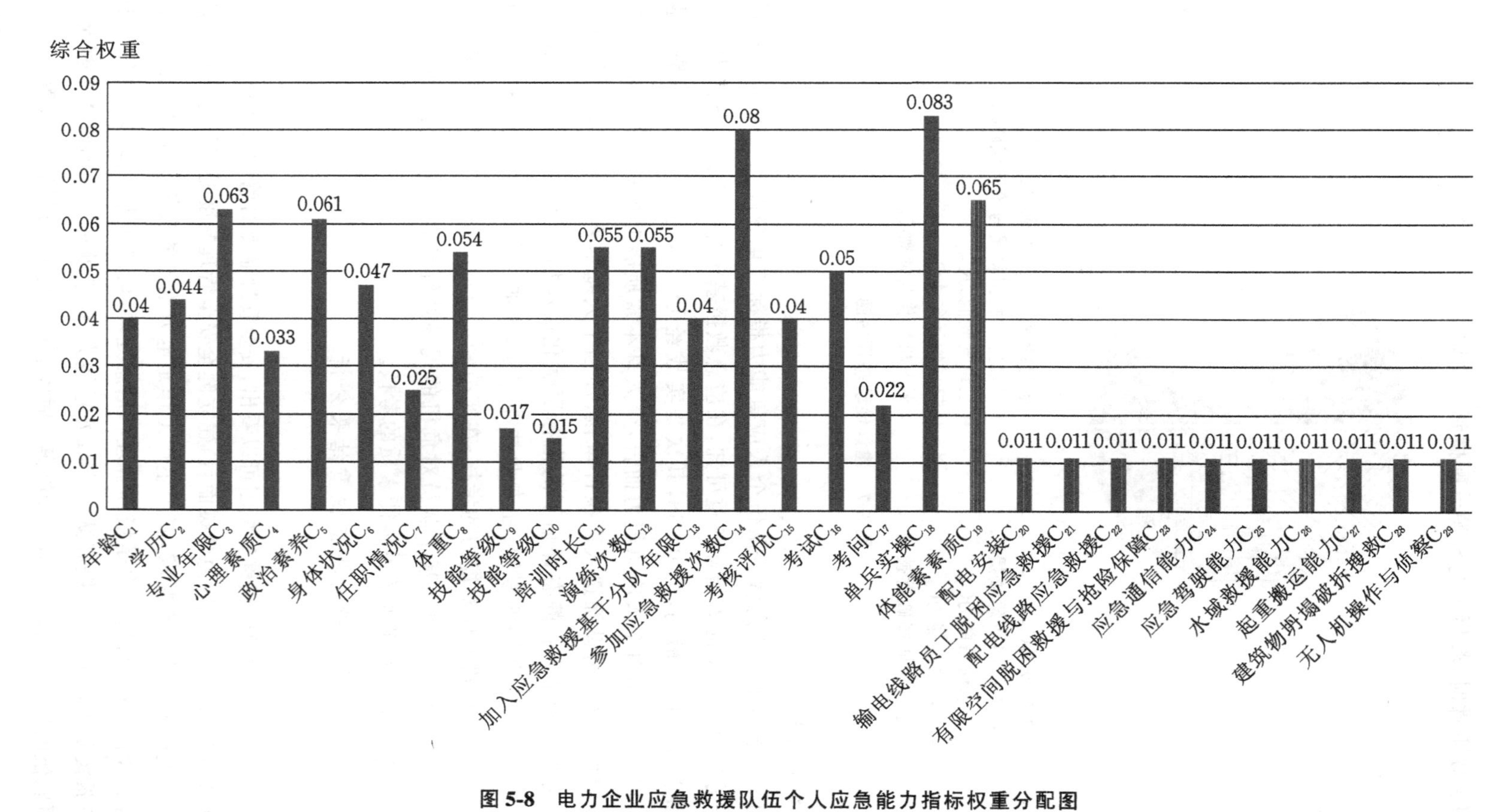

图 5-8　电力企业应急救援队伍个人应急能力指标权重分配图

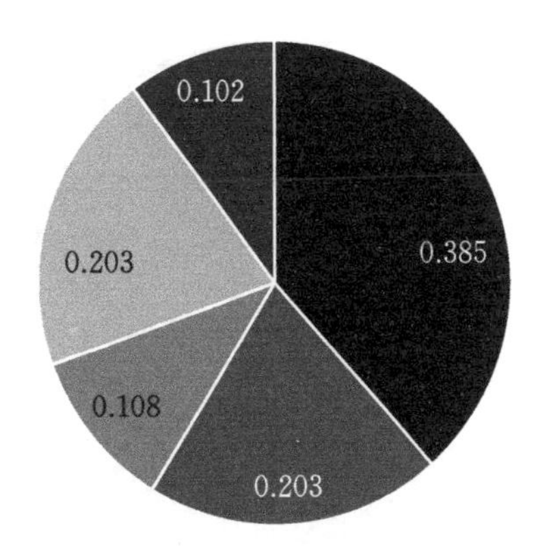

图 5-9　管理制度指标权重分配图

(2) 人员配置

从图 5-10 人员配置指标权重分配图可以看出，实战经历对于人员配置的影响最大，占比达到 0.311，专业技能对于人员配置的影响次之，占比达到 0.28，因此电力应急救援队伍应加强实战经历和专业技能的培养和发展，加强基干分队实战经历和专业技能的考核。

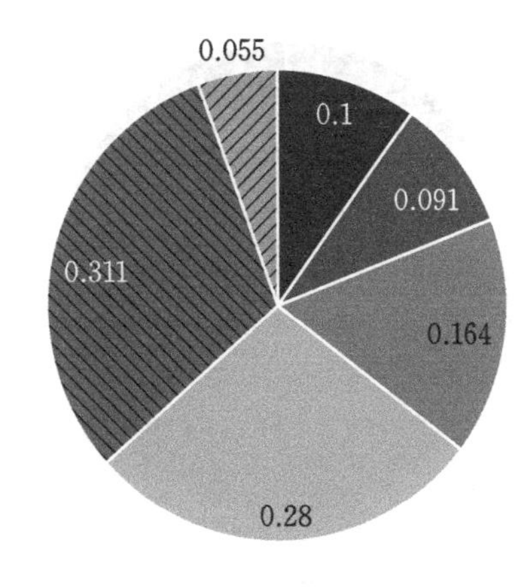

图 5-10　人员配置指标权重分配图

(3) 培训演练

从图 5-11 培训演练指标权重分配图可以看出，演练拉练对于培训演练的影响最大，为 0.363，因此电力应急救援队伍应加强演练拉练，加强实战化演练，从而进一步增强队员救援技能、对救援装备的熟悉程度，提升实际应急救援能力。

(4) 装备配置

从图 5-12 装备配置指标权重分配图可以看出，基础装备对装备配置的影响最大，为

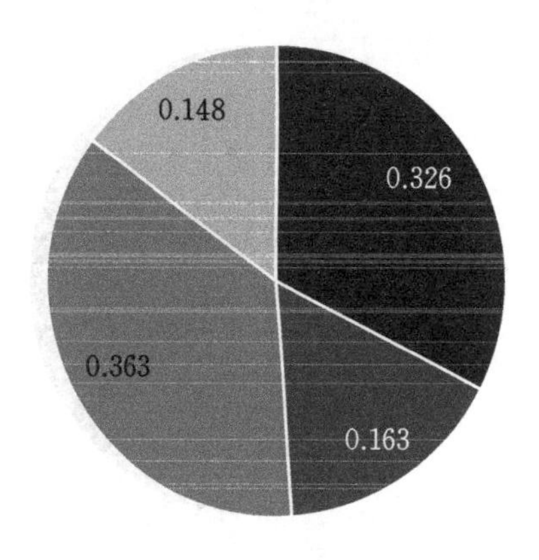

图 5-11 培训演练指标权重分配图

0.38,因此应急救援队伍应加强基础装备的配置,补全完善各类基础装备的配置,确保在面对应急突发事件时可进行常规性应急救援,确保大部分突发事件时都能够做到有效救援;其次为维护保养,权重占比 0.201,可见对于装备而言,应确保装备专业化、规范化和常态化保养,保证在面对突发事件时能够有效使用,从而确保电力应急救援正常进行。

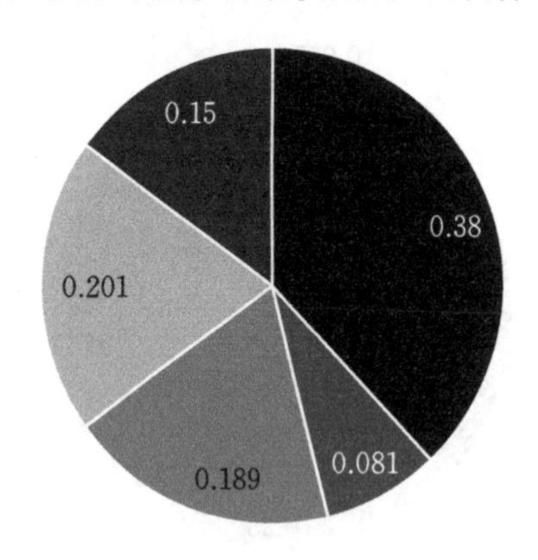

图 5-12 装备配置指标权重分配图

(5) 动态评估

基础性动态评估和建设性动态评估结果与个人应急能力评估结果分析一致,本处不再进行相关分析,详见 5.2.3.1 结果分析中(4)基础性动态评估及(5)建设性动态评估。

(6) 综合分析

从图 5-13 电力企业应急救援队伍应急能力指标权重分配图及表 5-22 电网应急救援基干分队队伍应急能力指标权重可知,人员配置 B_{12} 权重占比最高,为 0.319;装备配置 B_{14} 次之,为 0.173;培训演练 B_{13} 和管理制度 B_{11} 权重占比较小,分别为 0.146 和 0.111,可

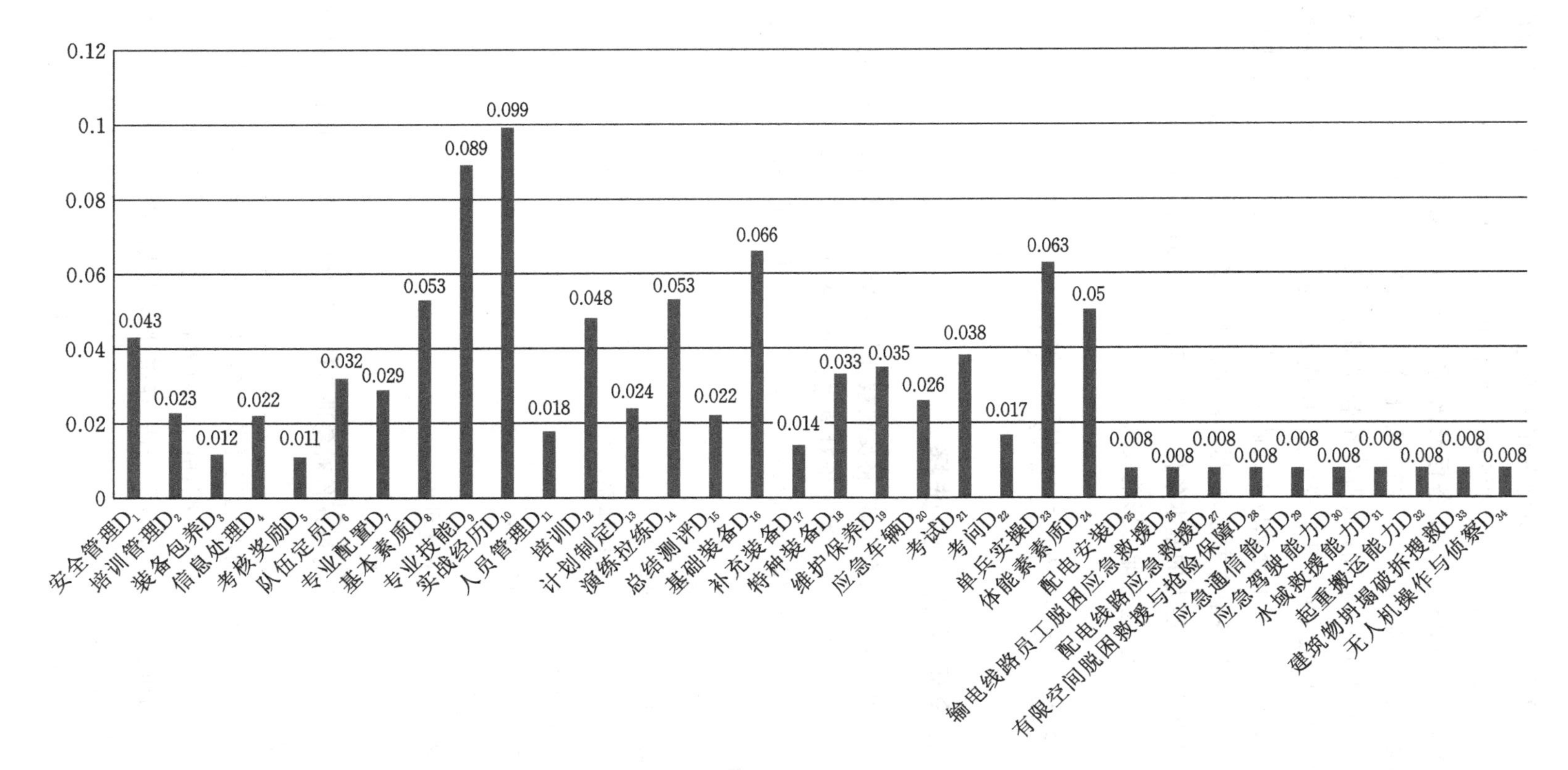

图5-13 电力企业应急救援队伍应急能力指标权重分配图

以看出，在队伍应急能力建设中人员配置和装备配置影响较大，因此电网企业应加强基干分队人员筛选及人员更新，建立人才流动机制，优化人员结构，并加强应急救援基干分队装备配置，逐步为应急救援队伍配备标准化、系列化、通用化的装备，建立落实装备维护保养相关制度，实现专业化、规范化和常态化管理。另外，在静态评估下的指标层优化次序如下：在管理制度方面，应优先加强安全管理相关制度建设与落实，保证后续行动安全是进行后续作业的前提；在人员配置方面，应优先加强基干分队实战经历和专业技能的考核；在培训演练方面，基干分队应加强队伍培训和演练拉练的次数及合理性，合理安排相关培训和演练；在装备配置方面，应尽可能保证基础装备完善和装备维护保养，应急救援装备是形成基干分队能力的基本条件。对于动态评估而言，基干分队的单兵实操训练及体能素质对基干分队应急能力影响较大。

5.3 基于加权法的应急能力综合评价

5.3.1 综合评价方法的选择

综合评价就是以评价目的为基础，将反映被评价对象的多项指标数据和信息整合为一个综合指标，并据此从整体上对被评价对象进行全面的评价。综合评价方法是对事物进行综合评价的关键，是获得综合评价结果的重要手段，决定了评价过程的可行性以及评价结果的合理性。

综合评价的具体实施步骤：

(1) 确定综合评价的目的；

(2) 确定评价指标和评价指标体系；

(3) 求单个指标的评价值；

(4) 确定各个评价指标的权重；

(5) 求综合评价值。

常见综合评价方法包括以下几种：

5.3.1.1 专家会议评价法

专家会议评价法邀请专家对被评价对象进行研究与分析，通过会议讨论得出评价结果。主要步骤是：

首先根据评价对象的具体情况选定评价指标，对每个指标均定出评价等级，每个等级的标准用分值表示；然后以此为基准，由专家对评价对象进行分析和评价，确定各个指标的分值；最后采用加法评分法、加权评分法、连乘评分法或加乘评分法求出各评价对象的总分值，从而得到评价结果。

该方法充分利用专家理论积累、经验判断和直觉偏好进行综合评价，操作简单，方便快捷。但该方法在得出结果过程中主观因素太强，会议讨论往往难以得出一致结果，最终导致综合评价结果客观程度和准确程度不足。

5.3.1.2 数据包络分析法

数据包络分析法运用线性规划模型对同类型、可相互比较单位的输入、输出数据进行计算，以此对其进行相对效益比较，从而得出评价结果。该方法的基本思想是通过生产决策单元(decision making units,DMU)的输入和输出数据进行综合分析，得出每个生产决策单元DMU效率的相对指标，然后将所有生产决策单元DMU效率指标排序，确定相对有效的生产决策单元DMU，同时还可以用投影方法指出非DEA有效或者弱DEA有效的原因，以及应该改进的方向和程度，为管理人员提供管理决策信息。

数据包络分析的原理主要是通过对生产决策单元DMU的输入与输出数据的研究，从相对有效性的角度出发来评价具有相同类型的多投入、多产出决策单元的技术与规模的有效性。

借助数学规划和统计数据确定相对有效的生产前沿面，将各个决策单元投影到DEA的生产前沿面上，并通过比较决策单元DEA偏离前沿面的程度来评价它们的相对有效性。它不需要以参数形式规定生产前沿函数，并且允许生产前沿函数可以因为单位的不同而不同，不需要弄清楚各个评价决策单元的输入与输出之间的关联方式，只需要最终用极值的方法，以相对收益这个变量作为总体上的衡量标准。

该方法完全基于数据信息进行判断，避免了主观因素的影响，可以对多指标复杂系统进行评价，且能通过发现系统薄弱项目而对其进行不断完善。但该方法只能衡量相对效率，无法体现实际发展情况，且评价过程中各个单位的权重都是从最有利于自身的角度进行分配，导致评价结果可能不符合实际。

5.3.1.3 灰色关联度分析法

灰色关联度分析法以各指标数据为依据，通过关联矩阵计算各指标与最优指标间的关联度并进行分析与排序，依此得出评价结果。总体分析流程见图5-14。

该方法计算简单、思路清晰、易于理解，且无须对指标数据进行处理，工作量小，可靠性强。但该方法要求指标数据具有时序性，难以在短期内获取理想指标数据，除此之外，部分情况下难以确定最优指标，且最优指标确定过程带有较强主观性。

5.3.1.4 人工神经网络法

人工神经网络法通过模仿人类大脑运作的原理，根据指标数据进行自主学习和积累经验，不断发掘被评价对象的特性和规律，并以此对其进行综合评价。人工神经网络是一个并行、分布处理结构，它由处理单元及连接的无向信号通道互联而成。这些处理单元具有局部内存，并可以完成局部操作。每一个处理单元有一个单一的输出联接，这个输出可以根据需要被分成希望个数的许多并行联接，且这些并行联接输出相同的信号及

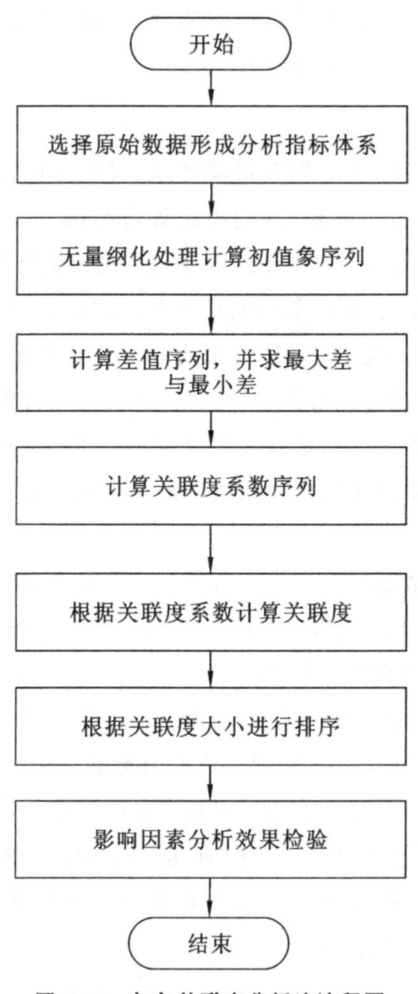

图 5-14　灰色关联度分析法流程图

相应的处理单元的信号，信号的大小不因分支的多少而变化。处理单元的输出信号可以是任何需要的数学模型，每个处理单元中进行的操作必须是完全局部的。也就是说，它必须仅仅依赖于经过输入连接到达处理单元的所有输入信号的当前值和存储在处理单元局部内存中的值。

神经网络有三层结构——输入层、隐藏层、输出层。图 5-15 为人工神经网络结构图。在输入层，对神经网络输入变量；在隐藏层和输出层，进行计算并输出。在神经网络的隐藏层上，存在着依靠 Activation function 来进行运算的“神经元”。

该方法有自学习能力，适应性强。训练好的神经网络配合计算机的高速运算可以快速求取非线性复杂问题最优解。但该方法自学习过程需要提供大量数据进行反复训练，缺乏实用性。

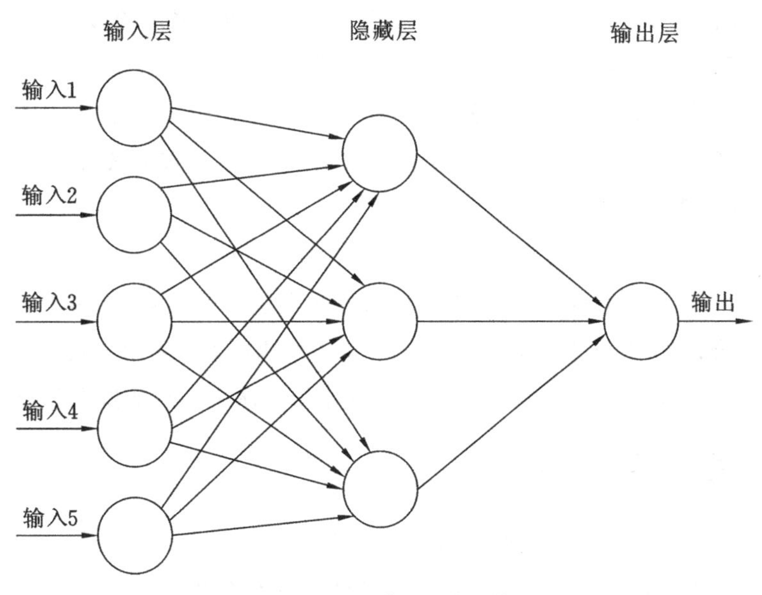

图 5-15　人工神经网络结构图

5.3.1.5　模糊综合评价法

模糊综合评价法根据模糊数学理论，利用隶属函数计算多个因素对被评价对象的隶属度，进而得出综合评价结果。

模糊综合评价法的步骤：

(1) 建立综合评价的因素集；

(2) 建立综合评价的评价集；

(3) 进行单因素模糊评价，获得评价矩阵；

(4) 确定因素权向量；

(5) 建立综合评价模型；

(6) 确定系统总得分。

该方法将定性问题转换为定量问题，很好地解决了涉及模糊概念的综合评价问题，且无须对指标数据进行过多处理，实用性强。但该方法在处理相关指标重叠信息时存在局限性，且其合成算法也有待进一步探讨。

5.3.1.6　逼近理想解排序法

逼近理想解排序法利用目标规划模型计算被评价对象与最优解和最劣解的接近程度，从而对多个评价对象进行择优评价。

具体步骤为：

(1) 将原始数据矩阵正向化。也就是将那些极小型指标、中间型指标、区间型指标对应的数据全部化成极大型指标，方便统一计算和处理。

(2) 将正向化后的矩阵标准化。也就是通过标准化消除量纲的影响。

(3) 计算每个方案各自与最优解和最劣解的距离。

(4) 根据最优解与最劣解计算得分并排序。

该方法计算简便、易于掌握,可应用于不同领域,但其只能对多个对象进行择优排序,不能对单个对象进行综合评价。

由于本书中电网企业应急救援队伍能力评估指标均有评价标准及打分细则,因此为综合考虑指标的重要程度,量化各项指标对总体安全状况的影响,从多方面多因素考虑对事物进行综合评价,并基于相对简单、方便运用的原则,本书采用加权法进行电网企业应急救援队伍应急能力综合评估,从而直接反映基干分队个人和队伍应急能力现状。

5.3.2 指标评分标准

由于本书采用层次分析法确定电网企业应急救援队伍应急能力评估指标权重,各级指标均被赋予一定的权重,为方便后续计算及应用,本书各级指标采用百分制进行评分。

5.3.2.1 个人应急能力评价指标体系

基于以上构建思路,根据《国家电网公司应急救援基干分队管理规定》《应急救援基干分队培训及量化考评规范》等相关规定,构建电网企业应急救援队伍个人应急能力评价指标体系,分别从静态评估和动态评估(动态评估可分为基础性动态评估和建设性动态评估,其中建设性动态评估为地方公司自行选择指标进行评估)两方面进行应急能力评估。静态评估主要通过资料审核打分,动态评估根据专家现场考核进行打分。个人应急能力评价指标体系见图 4-2。

其中静态评估指标体系标准(即测评打分标准)是在《国家电网公司应急救援基干分队管理规定》的具体条款基础上,通过拓展、细化,结合专家经验及实地调研结果得来。如根据《国家电网公司应急救援基干分队管理规定》第十四条"(二)年龄 23 至 45 岁",则本测评体系在兼顾考虑基干队员年龄、体力和工作经验的同时,将其进一步拓展和细化为"年龄在 23~25 岁 70 分,26~28 岁 90 分,29~42 岁 100 分,43~45 岁 80 分,低于 23 或高于 45 岁 60 分,低于 18 岁或高于 60 岁 0 分"。

动态评估指标体系中基础性评价指标中的"体能素质"考核标准,来自《国家综合性消防救援队伍消防员招录体能测试、岗位适应性测试项目及标准》;"单兵实操"考核标准为××省公司基干分队考评标准;动态评估指标体系中建设性评价指标建立及考核标准主要参考《应急救援基干分队培训及量化考评规范》等相关规范。

对于部分体能素质考核项目,体能素质考核应参考当地自然环境、地理位置及队员专业等情况,例如在高海拔地区,跑步等项目考核标准应适当降低,对于高原地区 10 m×

4往返跑按照内地标准可增加1 s;1000 m跑海拔2100～3000 m每增加100 m高度标准递增3 s,3100～4000 m每增加100 m高度标准递增4 s。例如某队员A为海拔2200 m处供电公司应急救援队员,10 m×4往返跑其实际计时为12″9得分10分,按照高海拔标准其可按照11″9得分18分,1000 m实际计时4′15″得分6分,按照高海拔标准其可按照4′9″得分8分。

另对于非综合救援组队员,如信息通信组、后勤保障组队员,对其体能素质专业要求稍低,综合分数可参考以下公式:

$$P_{修正}=P_{原始}\times\tau$$

其中:$P_{修正}$为信息通信及后勤保障类修正分数,$P_{原始}$为参考标准后综合原始得分,τ为修正系数,$\tau\in[1,1.5]$;如某信息通信组队员根据体能素质得分结果为62分,设修正系数τ为1.25,则该队员体能素质综合得分为77.5分,其所属考核项目分数均以修正系数1.25变化。

另外在个人应急能力评估过程中,单兵实操主要指应急救援队员通过个人进行某项作业考核,通过单兵实操情况了解其个人指挥能力或操作能力,并对其进行赋值打分,对于帐篷搭建、高空救援等团体性项目主要根据其个人表现进行打分。

基于《国家电网公司应急救援基干分队管理规定》《应急救援基干分队培训及量化考评规范》等相关规定,结合个人所在基干分队所处地区、各地地理位置及遭遇突发事件类型,针对性对其分队队员进行应急能力建设,以确保在其面临突发事件时能够迅速做出正确反应。通过咨询专家意见,建设性动态评估将从配电安装、输电线路员工脱困应急救援等十部分进行考核评估,建设项目考评总成绩=理论知识考试总成绩×50%+技能考评总成绩×50%。

电网企业应急救援队伍个人应急能力评估指标详细打分标准见附录5。

5.3.2.2 队伍应急能力评价指标体系

基于以上原则,根据《国家电网公司应急救援基干分队管理规定》《应急救援基干分队培训及量化考评规范》等相关规定,构建电网企业应急救援队伍应急能力评价指标体系,分别从静态评估和动态评估(动态评估可分为基础性动态评估和建设性动态评估,其中建设性动态评估为地方公司自行选择指标进行评估)两方面进行能力评估。队伍应急能力评价指标体系见图4-3。

根据国家电网公司相关规定,基于应急救援基干分队构建原则,基础性评价指标从管理制度、人员配置、培训演练及装备配置四部分进行组建。

基础性动态评估指标中考试、考问及体能素质均为队伍平均得分,单兵实操得分中如帐篷搭建、高空救援等团队作业单兵实操根据整体情况进行打分,主要考察队伍帐篷搭建时间、帐篷搭建地点及方位的选择等方面，其余个人作业采用团队平均分。

其余如配电安装、输电线路员工脱困等应急救援建设性评估项目，团队作业实操部分在此处均为考核其团队能力情况，理论部分为队伍中队员整体情况，个人可单独完成的建设性评估项目可直接采用队伍平均分进行判断。

电网企业应急救援队伍应急能力评估指标详细打分标准见附录6。

5.3.3 加权法

加权法能很好地量化各项指标对总体安全状况的影响，且运用较为简单、方便，其计算公式为：

$$P = \sum_{i=1}^{n} P_i \times w_i \tag{5-1}$$

式中 n—— 基础指标的数量；

P_i—— 各指标的综合打分值；

w_i—— 对应权重；

P—— 目标层的评价结果分数。

其评价标准见表5-23。

表5-23 评价标准

序号	等级	得分
1	优秀	90～100
2	良好	80～90
3	中等	70～80
4	合格	60～70
5	不合格	＜60

基于上述层次分析法得到的各级指标权重，结合专家现场考核、资料审核等具体查评方式获取指标具体得分，通过加权法计算得到个人或队伍应急能力评价得分。

5.4 评估导则

5.4.1 评估意义

以省、市级应急救援基干分队为单位，从应急救援基干分队队员和队伍两个方面开展测评，对测评结果进行评价分析，对队伍建设成效进行综合评估，发现应急救援基干分队应急处置能力存在的不足与弊端，提出针对性的建议，以便提升应急救援力量的应急能力，增强应急救援基干分队综合素质，实现应急救援基干分队的科学、正规化管理以及持续健康发展。

通过全面梳理公司应急救援基干分队运行状况和存在问题，结合内外部应急管理工作要求和焦点问题，通过“八个再提升”实现“两个筑牢、六个百分百”，持续推动基干分队管理提质增效，努力打造具备地域特色，平战结合、一专多能、装备精良、训练有素、快速反应、战斗力强的应急救援基干分队，为公司应急快速响应和精准处置提供坚实保障。

(1) 思想认识再提升，筑牢本质基础；

(2) 纪律执行再提升，筑牢作风保障；

(3) 人员配置再提升，档案完整率 100%；

(4) 基础资料再提升，数据准确率 100%；

(5) 装备保障再提升，年度使用率 100%；

(6) 应急技能再提升，培训合格率 100%；

(7) 演练拉练再提升，演练覆盖率 100%；

(8) 评估考核再提升，评估量化率 100%。

5.4.2 评估依据与要求

5.4.2.1 评估依据

GB/T 29639—2020 《生产经营单位生产安全事故应急预案编制导则》

GB 18218—2018 《危险化学品重大危险源辨识》

DL/T 5274—2012 《水电水利工程施工重大危险源辨识及评价导则》

DL/T 5314—2014 《水电水利工程施工安全生产应急能力评估导则》

DL/T 1352—2014 《电力应急指挥中心技术导则》

AQ/T 9009—2015 《生产安全事故应急演练评估规范 》

AQ/T 9007—2019 《生产安全事故应急演练基本规范》

AQ/T 3052—2015 《危险化学品事故应急救援指挥导则》

中华人民共和国主席令第 69 号 《中华人民共和国突发事件应对法》

中华人民共和国主席令第 13 号 《中华人民共和国安全生产法》

国务院 2011 年第 599 号令 《电力安全事故应急处置和调查处理条例》

国务院 2007 年第 493 号令 《生产安全事故报告和调查处理条例》

国务院 2003 年第 393 号令 《建设工程安全生产管理条例》

国发〔2005〕11 号 《国家突发公共事件总体应急预案》

国发〔2021〕36 号 《“十四五”国家应急体系规划》

国办发〔2009〕59号 《国务院办公厅关于加强基层应急队伍建设的意见》

国办发〔2007〕52号 《国务院办公厅关于加强基层应急管理工作的意见》

国办发〔2007〕13号 《国务院办公厅转发安全监管总局等部门关于加强企业应急管理工作的意见的通知》

国办发〔2006〕24号 《关于全面加强应急管理工作的意见》

国家发展改革委2015年第21号令 《电力安全生产监督管理办法 》

国家发展改革委2015年第28号令 《电力建设工程施工安全监督管理办法 》

国务院国资委2013年第31号令 《中央企业应急管理暂行办法》

国家安监总局2015年第74号令 《企业安全生产应急管理九条规定》

国家安监总局2015年第80号令 《生产经营单位安全培训规定》

国家安监总局2016年第88号令 《生产安全事故应急预案管理办法》

安监总应急〔2010〕13号 《国家安全监管总局关于加强基层安全生产应急队伍建设的意见》

安监总厅应急〔2014〕95号 《生产安全事故应急处置评估暂行办法》

国能安全〔2014〕508号 《电力企业应急预案管理办法》

国能发安全〔2018〕58号 《电力行业应急能力建设行动计划(2018—2020年)》

国能综安全〔2014〕953号 《电力企业应急预案评审与备案细则》

电监安全〔2009〕60号 《关于加强电力应急体系建设的指导意见》

电监安全〔2009〕22号 《国家电力监管委员会关于印发《电力突发事件应急演练导则(试行)》等文件的通知》

国务院安委办〔2015〕11号 《国务院安委会办公室关于进一步加强安全生产应急预案管理工作的通知》

国能综安全〔2016〕542号 《国家能源局综合司关于深入开展电力企业应急能力建设评估工作的通知》

5.4.2.2 评估要求

(1) 落实电网企业应急能力建设评估的主体责任。依据《国家电网公司应急救援基干分队管理规定》和有关标准规范,从电网企业应急救援队伍个人应急能力和队伍应急能力两方面综合加强应急能力建设;要将应急救援队伍应急能力建设评估作为企业管理的重要内容,建立健全工作机制,制定评估工作实施方案和年度计划,明确建设措施和保障条件,组织评估专家队伍,客观、公正、独立地开展评估。企业工作方案和年度工作计划以及评估情况要定期报告。

(2) 做好应急能力建设评估的监督管理。国家能源局派出机构要加强应急管理工作的监督,指导企业有计划、有步骤、积极稳妥地推进应急能力建设评估。适时抽查企业应急能力建设评估工作，对未按计划开展评估工作或对评估发现问题整改不力的企业，要限期责令整改。

(3) 建立应急能力建设评估长效机制。要加大评估发现问题的整改力度，将应急能力建设评估与电网企业事故隐患排查治理有机结合，不断优化应急准备。坚持分类指导，对评估得分较低的应急救援队伍，要重点抓改进、促提升；评估得分较高的应急救援队伍，要重点抓建设、促巩固，确保企业应急能力全面提升。

(4) 强化应急能力建设评估的宣传和培训。各单位要做好电力企业应急救援队伍应急能力建设评估的宣传教育，营造浓厚氛围，培育典型、示范引导，不断提高应急能力建设评估的积极性、主动性和创造性。要积极组织专业培训，制订培训计划和培训大纲，依托现有资源，以评估专家、应急管理人员为重点，运用多种方法开展应急培训，不断提高人员专业素质和管理水平。

5.4.3　评估内容与方法

5.4.3.1　评估内容

根据国家能源局综合司《关于深入开展电力企业应急能力建设评估工作的通知》(国能综安全〔2016〕542 号)和国家电网公司《关于深入推进应急能力建设评估工作的通知》文件要求，以国家电网公司下发的《国家电网公司应急救援基干分队管理规定》及《应急救援基干分队培训及量化考评规范》为依据，围绕静态评估与动态评估下属基本素质、专业技能、实战经历、基础性动态评估及建设性动态评估五个方面对电网应急救援队伍队员应急能力进行全面建设与评估，结合静态评估与动态评估下属管理制度、人员配置、培训演练、装备配置、基础性动态评估及建设性动态评估六个方面对电网应急救援队伍应急能力进行全面建设与评估。电网企业应急救援队伍应急能力评估具体指标体系如附录 6 所示。

5.4.3.2　评估方法

应急能力评估以静态评估为主，动态评估为辅。评估范围包括电网企业应急救援队伍建设情况、规章制度实施情况等方面，检查范围包括应急救援队伍近三年来所有情况。

(1) 静态评估

① 静态评估的方法包括资料检查、现场勘查等。

其中个人检查资料应包括身份证影像(正反面)、个人工作牌照片(需与现岗位一致)、最近一次体检报告扫描版(含首页及结论页)、含有本人姓名的基干分队成立或调整发文(可用盖安监部或公司印章的证明替代)、个人技能等级证书扫描件、个人职称等级证书扫描件、个人持证证书扫描件(如电工证、登高证、特种设备作业证、测量证、高压试验证、绳结等证书)、参加培训证明(培训通知或培训回执或培训单位盖章版证明)、个人参加应急救援次数及级别(相关通知或组织救援的单位盖章版证明)及个人考核评优证明(通知或发文或证明)等。

队伍方面检查资料应包括包含本应急救援基干分队全体成员的发文或公司盖章版证明、涉及应急基干分队相关制度(装备保养、奖惩、培训、演练等)、应急救援基干分队年度培训计划(公司发文)、应急救援基干分队年度组织开展的培训(每次培训需提供通知、课件、签到、2 张培训照片)、应急救援基干分队年度演练和拉练计划(发文或盖章版证明材料)、应急救援基干分队年度演练和拉练实施证明材料(每次演练和拉练需提供通知、2 张照片、评估总结)、应急物资及装备清单、应急物资及装备维护保养记录、应急救援基干分队实施应急救援次数(通知或救援单位证明,包含参与救援人员名单)及近三年来退役应急基干分队人员名单等。

现场勘查对象应包括应急装备、物资、信息系统等。

(2) 动态评估

动态评估的方法包括考试、考问、单兵实操、体能素质及建设性动态评估等。

① 考试。考试对象为所有应急救援队员,主要评估其对电力应急救援基础知识、应急救援专业知识、应急理论知识等方面内容的了解程度。

② 考问。考问对象为所有应急救援队员,主要评估其对本岗位应急工作职责、应急基本常识、关键的逃生路线、自保自救手段和措施、相关预案等的内容以及国家相关法律法规等的了解程度。

③ 单兵实操。单兵实操评估对象为所有应急救援队员,应急救援队员分为指挥岗和操作岗,指挥岗主要通过情景演示、问答等形式对其指挥能力、资源调配能力等进行考核,操作岗主要从基础科目和选做科目两个方面进行考核,基础科目主要包括高空救援、指挥部帐篷搭建、外伤包扎、心肺复苏等项目,选做科目包括绳结使用、特种车辆驾驶、现场破拆、现场测绘等作业项目。

④ 体能素质。体能素质评估对象为所有应急救援队员,体能素质考核项目主要包括单向引体向上、10 m×4 往返跑、1000 m 跑及原地跳高等,主要评估其身体素质技能情况。

⑤ 建设性动态评估。建设性动态评估对象为所有应急救援队员,电网企业根据所处地理位置及可能面对的突发事件等选择建设性动态评估项目,其主要考核方式为理论考试+实操,建设项目考评总成绩=理论知识考试总成绩×50%+技能考评总成绩×50%。

(3) 评估得分

评估时应依据评分标准进行打分,然后逐级汇总,并形成实得分,根据指标权重结果计算得到综合得分。

(4) 评估等级

根据评估综合得分分数,评估等级分为优秀、良好、中等、合格及不合格,见表 5-23。

(5) 评估报告

评估人员应根据评估情况撰写评估报告。评估报告应包括编制说明、应急救援队伍基本情况、测评过程概况、电网企业应急救援队伍应急能力测评体系简介、测评结果、存在的主要问题及建议以及下一步提升意见等内容，重点说明电网企业应急救援队伍应急能力建设存在的问题和不足，提出整改要求和建议。

5.4.4 评估组织

(1) 启动阶段

电网企业启动应急救援基干分队应急能力建设工作，以企业红头文件下发《关于印发〈×××应急能力建设“十四五”规划〉的通知》(文号)，应急能力建设规划与安全十四五规划同步制定、同步实施，同时制定印发《国网××电力有限公司安监部关于开展应急基干分队评估的通知》(文号)，要求各级、各单位积极推进应急救援队伍应急能力建设工作。

(2) 创建阶段

电网企业对应急管理相关法律法规、应急管理制度、应急预案体系进行了重新梳理，指导二级单位应急救援队伍开展应急能力建设评估工作。通过对《国家电网公司应急救援基干分队管理规定》《国家电网有限公司应急管理工作规定》等相关管理规定构建指标测评体系。

(3) 应急能力建设情况试点评估

第三方评估机构组织专家对电网企业应急救援队伍应急能力建设情况进行预评估，选取部分电网企业应急救援队伍对照标准进行静动态查评，并提出整改建议，试点评估完成后，企业对照评估组专家提出的问题和建议，逐项完善应急能力建设相关工作，第三方评估机构根据试点评估结果进行测评体系调整。

(4) 应急能力资料收集与测评

根据《国网××电力有限公司安监部关于开展应急基干分队评估的通知》(文号)，企业各职能部门应积极收集应急能力评审资料并发送至省安监部，并由省安监部将资料汇总发送至第三方评估机构联系人。

第三方评估机构根据各公司材料情况进行资料核查，对缺少材料进行汇总并反馈至省安监部，由省安监部继续推动各公司提交资料，待资料收齐后，第三方评估机构根据公司材料进行测评。

(5) 应急能力建设正式评估

第三方评估机构组织评估专家对电网企业应急救援队伍应急能力建设开展现场评估工作，形成评估报告。

5.5 评估实施方案

根据以上内容制定评估实施方案模板，第三方评价机构可参考该模板并结合实际评估情况进行评估实施方案编制。

根据国家能源局综合司《关于深入开展电力企业应急能力建设评估工作的通知》(国能综安全〔2016〕542号)和国家电网公司相关文件要求，以国家电网公司下发的《国家电网公司应急救援基干分队管理规定》及《应急救援基干分队培训及量化考评规范》为依据，第三方评估机构组织专家对××公司开展应急能力现场评估工作。

本次评估时间为××年××月××日至××月××日，本次评估设××个评估组，××个评估组同时开展工作。具体评估实施安排见表5-24。

表5-24 ××公司应急能力评估实施安排表

<table>
<tr><th>日期</th><th>时间</th><th>工作内容</th><th>专家组成员</th><th>考评单位人员</th></tr>
<tr><td colspan="5">创建阶段</td></tr>
<tr><td>××月××日</td><td>全天</td><td>指标测评体系初步构建</td><td>专家组全体成员</td><td>××公司领导、××公司各部门负责人、主要配合人员</td></tr>
<tr><td colspan="5">试点评估阶段</td></tr>
<tr><td>××月××日</td><td colspan="4">专家组到达××公司，召开专家组内部沟通会，并进行现场查评专家组培训(培训内容：应急能力评估规范相关条款、应急评估系统使用、第三方安全评价机构公司应急评估工作要求)</td></tr>
<tr><td rowspan="3">××月××日</td><td>上午</td><td>××公司首次会</td><td>专家组全体成员</td><td>××公司领导、××公司各部门负责人、主要配合人员</td></tr>
<tr><td>下午</td><td>体能测试项目</td><td>专家组全体成员</td><td>基干分队试点评估被抽队员</td></tr>
<tr><td>晚上</td><td>理论考试</td><td>专家组全体成员</td><td>基干分队试点评估被抽队员</td></tr>
<tr><td rowspan="3">××月××日</td><td>上午</td><td>体能测试项目</td><td>专家组全体成员</td><td>基干分队试点评估被抽队员</td></tr>
<tr><td>下午</td><td>单兵实操项目</td><td>专家组全体成员</td><td>基干分队试点评估被抽队员</td></tr>
<tr><td>晚上</td><td>访谈考问</td><td>专家组全体成员</td><td>基干分队试点评估被抽队员</td></tr>
<tr><td rowspan="3">××月××日</td><td>上午</td><td>单兵实操项目</td><td>专家组全体成员</td><td>基干分队试点评估被抽队员</td></tr>
<tr><td>下午</td><td>单兵实操项目</td><td>专家组全体成员</td><td>基干分队试点评估被抽队员</td></tr>
<tr><td>晚上</td><td colspan="3">专家组内部沟通会，集合办公</td></tr>
<tr><td>××月××日</td><td>全天</td><td>试点评估结束，交流讨论，优化评估指标模型</td><td>专家组全体成员</td><td>××公司领导、××公司各部门负责人、主要配合人员</td></tr>
</table>

续表 5-24

日期	时间	工作内容	专家组成员	考评单位人员
资料收集阶段				
××月××日至××月××日	全天	静态评估资料收集及反馈	第三方评价机构	××公司部门负责人主要配合人员
	全天	评估资料数据处理	第三方评价机构	
	全天	静态评估资料测评	专家组全体成员	
正式评估阶段				
××月××日至××月××日	全天	部分静态评估资料现场勘察	专家组全体成员	主要配合人员、全体基干分队队员
	全天	考试	×××责任专家	全体基干分队队员
	全天	考问	×××责任专家	全体基干分队队员
	全天	体能素质测评	专家组全体成员	全体基干分队队员
	全天	单兵实操测评	专家组全体成员	全体基干分队队员
	全天	建设性评估项目测评	专家组全体成员	全体基干分队队员
××月××日	全天	专家组内部沟通会		
××月××日至××月××日	全天	评估结果汇总分析，撰写评估报告	专家组全体成员	

5.6 本章小结

本章通过对实际情况进行分析，以层次分析法来确定指标权重，并对指标权重结果进行相关分析，明确应急能力影响因素的大小；其次通过对综合评价方法进行选择，并提出各级指标评分标准，通过加权法确定电网企业应急救援队伍个人及队伍应急能力，最后基于以上评估模型提出评估导则及评估实施方案，明确实际应用的操作步骤及方法，找出应急救援队伍建设与管理中存在的不足并加以改进。

6 实例分析——以H省电网公司应急救援基干分队为例

6.1 引　　言

通过上文构建的应急救援基干分队评估模型，根据H省电网系统生产和管理实际，结合当地实际情况，选取第4章部分指标构建H省电网应急救援队伍评估体系，根据第5章权重确定结果直接得到本次H省电网公司应急救援基干分队评估指标权重，基于加权法的综合评价对H省公司各分队进行应急能力评估，并根据评估结果提出针对性补强措施。

6.2 H省电网公司应急救援基干分队

H省公司共下辖25支应急救援基干分队，其中省公司级基干分队1支，地市公司级基干分队6支，县公司级基干分队18支。省、市两级均下设综合救援、应急供电、信息通信、后勤保障四个专业组，县公司基干分队独立成队。省公司级现有在册队员50人，地市公司级共有在册队员180人，县公司级共有在册队员180人，合计410人，是H省公司应急救援的主力队伍。

本次测评主要对H省公司省、市公司级7支基干分队进行测评。其中省公司级基干分队(挂靠在H省公司)1支，共参评人员50人，地市公司级应急救援基干分队6支，共参评人员155人(其中B市供电公司20人、G市供电公司20人、F市供电公司23人、E市供电公司30人、C市供电公司31人、D市供电公司31人)，7支队伍本轮共参评205人，占省、市公司级7支基干分队在册队员(230人)的89.13%，占H省公司25支应急救援基干分队总人数(410人)的50.00%。

H省公司所有基干队员均为在职人员，各公司均公布了基干人员名单，制定有相应的基干分队管理制度，各单位积极组织了各基干分队参与拉练与应急救援演练，总体上应急救援能力较强，水平较高。

H省公司各应急救援基干分队在多次应对重特大灾害中，圆满完成了灾区应急供电保障、抢救人员生命、协助政府部门开展救援等任务。近年来，随着队伍壮大和装备补充，已成长为集灾情勘察、先期处置、电网抢修、供电服务、后勤保障及远程视频指挥等功能于一体的立体化、信息化、综合化应急保障队伍。

6.3 评估流程

6.3.1 工作流程

评估流程如下：

一是组建项目团队，依据《国家电网公司应急救援基干分队管理规定》与应急管理相关规定等，构建基干分队应急救援能力评估指标体系。

二是开展试点评估，结合调研、交流、座谈等方式，结合 H 省基干分队特点与管理模式优化评估指标体系，增强其可行性。

三是根据评估指标体系，评估模式分为静态评估和动态评估，评估层级分为队员个人评估和队伍评估。其中静态评估通过收集资料对队员及队伍的各项指标进行评估，动态评估通过考问、考试、演练和实操等形式开展。

四是评估完成后形成评估总结和报告，并形成提升材料。

图 6-1 为应急救援基干分队队伍测评程序框图。

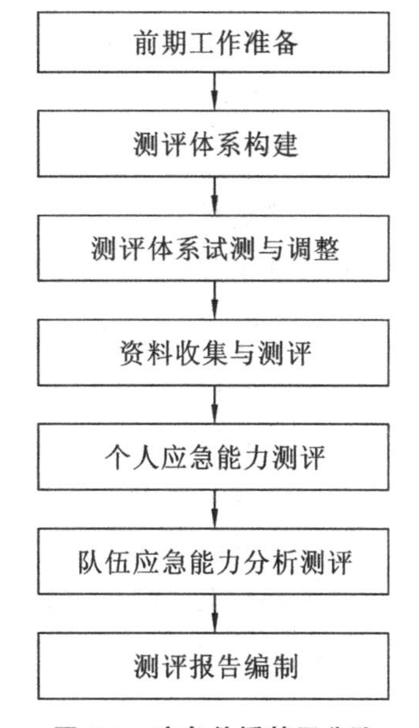

图 6-1 应急救援基干分队队伍测评程序框图

6.3.2 项目开展情况

(1) ××年××月上旬，受 H 省公司分管安全部门委托，第三方评价机构在开展应急救援基干分队现状分析和提升工作需求调研上，根据 H 省公司的实际需求，编制了评测工作实施方案，召开了工作启动会，全面部署 H 省公司应急救援基干分队评测工作。

(2) ××年××月中下旬，组建专家组，并选用外部专家，与高校合作，依据《国家电网公司应急救援基干分队管理规定》与国家应急管理相关规定，经过多轮讨论、数次修改，构建了电网企业应急救援基干分队应急能力评测体系。

(3) ××年××月中上旬，通过网上会议、线上讨论、实地考察等多种形式讨论，并选用一组应急基干分队队员信息进行试点评测，由各方提出指导意见，深入开展模型体系的讨论，不断优化评测指标模型，使评测模型符合国家及国家电网公司规定，易于操作，以便能反映应急救援基干分队真实水平。

(4) ××年××月下旬，第三方评价机构组建现场评测专家组××人，开展了 H 省公司第一批动态评测工作(试点)。动态评测第一批次从 H 省 7 个基干分队抽取队员，参与评测人员共52名，分别开展了考试、考问、实操和体能素质测试工作。随后，根据试点工作的结果，最终调整完善了电网企业应急救援基干分队应急能力评测体系。动态评估安排见表6-1。

表6-1 动态评估安排

时间	工作内容
××月××日	上午：1000 m测试　　晚上：理论考试
××月××日	上午：单杠引体向上、4×10 m往返跑及原地跳高考核　　晚上：专家考问
××月××日	下午至夜晚：心肺复苏及外伤包扎考核
××月××日	全天：营地搭建及高空救援项目考核
××月××日	上午：营地搭建及高空救援项目考核

(5) ××年××月开始，评测组正式开展了H省公司应急救援基干分队评测工作。第三方评价机构公司对H省7个基干分队分别进行了体系培训，并发送了应急救援基干分队静态评测资料清单，收集了各单位应急救援基干分队的基础性资料，先后开展各单位应急救援基干分队动态和静态测评工作。

(6) ××年××月，第三方评价机构对H省公司各参评单位应急救援基干分队评测的动、静态评估资料进行了最终汇总与统计整理，在充分分析与总结的基础上，本着客观、真实、负责、公正的原则，对H省公司各参评基干分队的个人和队伍进行了评测打分，总结了各基干分队人员及队伍的不足，并提出了相对应的措施和建议。

(7) ××年××月，在对H省公司7支参评应急救援基干分队个人和队伍进行动、静态评测的基础上，进行了充分分析、讨论和总结，最终编制了《H省公司应急救援基干分队评测报告》，编写了提升材料。

6.4 应急能力评估

6.4.1 H省应急救援基干分队应急能力评价指标体系

基于第4章应急救援基干分队应急能力评价指标体系，结合本省实际情况及对部分应急救援基干分队管理人员和电力领域相关专家进行咨询，选取并构建H省应急救援基干分队个人和队伍应急能力综合测评指标体系，其主要包括静态测评和动态测评两部分（其中本次静态测评未考虑个人演练次数，动态测评只进行基础性动态测评）。通过个人应急能力测评筛选淘汰不合格的队员，通过队伍应急能力测评掌握队伍真实水平，及时发现问题，改进不足，提高基干分队应急能力。其中基干分队个人、队伍应急能力评价指标体系见图6-2、图6-3，基干分队个人、队伍能力评价指标体系具体标准见表6-2—表6-5。

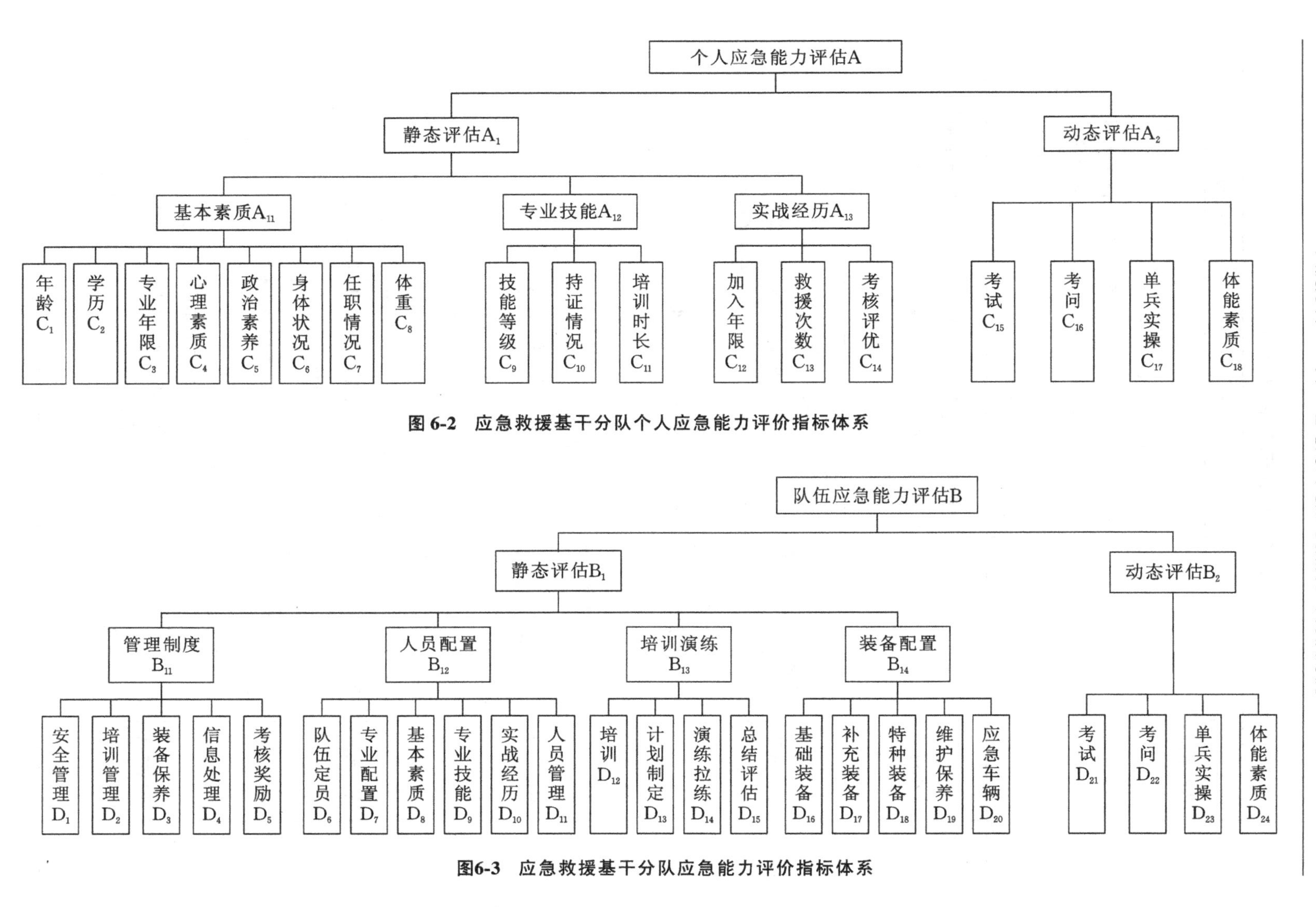

图 6-2　应急救援基干分队个人应急能力评价指标体系

图6-3　应急救援基干分队应急能力评价指标体系

表 6-2　个人静态测评指标体系

序号	建设项目	建设内容	评分标准	参考标准	实得分
A_{11}	基本素质				
C_1	年龄	人员要求年龄 23～45 岁	年龄低于 23 岁或高于 45 岁 60 分，23～25 岁 70 分，26～28 岁 90 分，29～42 岁 100 分，43～45 岁 80 分，年龄低于 18 岁或高于 60 岁 0 分	参考《国家电网公司应急救援基干分队管理规定》	
C_2	学历	人员要求具有中技及以上学历	本科及以上学历 100 分，技校/高中学历 80 分，初中及以下学历 0 分	参考《国家电网公司应急救援基干分队管理规定》	
C_3	专业年限	人员要求从事电力专业工作 3 年以上	低于 3 年 0 分，满 3 年 60 分，满 3 年后每多 1 年加 10 分，满分 100 分	参考《国家电网公司应急救援基干分队管理规定》	
C_4	心理素质	人员要求心理素质良好	根据考问结果打分；基准分 60 分		
C_5	政治素养	人员要求具有良好的政治素质，较强的事业心，遵守纪律，团队意识强	政治面貌（党员 100 分；预备党员 80 分；团员、无党派人士、群众 60 分）		
C_6	身体状况	体检情况	体检合格 100 分，有脂肪肝、胆固醇超标等每项减 10 分，有恐高症、高血压、夜盲症、心脏病等不适合应急救援的疾病为 0 分	参考《国家电网公司应急救援基干分队管理规定》	
C_7	任职情况	根据个人专业编入综合救援、应急供电、信息通信、后勤保障等救援小组，个人是否在辖区内任职	专业对应 100 分，专业相近 80 分，专业差别较大 60 分；个人在辖区内任职加 20 分，不在不加分；满分 100 分	参考《国家电网公司应急救援基干分队管理规定》	

续表 6-2

序号	建设项目	建设内容	评分标准	参考标准	实得分
C_8	体重	体重过低：BMI＜18.5(90 分) 正常范围：18.5≤BMI＜24(100 分) 肥胖前期：24≤BMI＜28(70 分) Ⅰ度肥胖：28≤BMI＜30(60 分) Ⅱ度肥胖：30≤BMI(0 分)	采用 BMI 指数：体重(单位：kg)除以身高(单位：m)的二次方	国际上常用的衡量人体肥胖程度和健康状况的重要标准	
A_{12}	专业技能				
C_9	技能等级	人员要求初级工及以上	无技能证书 0 分，初级工 70 分，中级工 80 分，高级工及以上 100 分	参考《国家电网公司应急救援基干分队管理规定》	
C_{10}	持证情况	人员要求具有电工证、登高证、特种设备作业证等	综合救援类同时含有电工证和登高证 60 分，应急供电类含有电工证 60 分(否决项)；救护、水域救援、医疗救护、无人机、测量、高压试验等方面证书每证加 20 分	参考《国家电网公司应急救援基干分队管理规定》	
C_{11}	培训时长	人员要求初次技能培训每人每年不少于 30 个工作日，以后每年每轮不少于 10 个工作日	省市级单位 初次培训　＞30　90 分 初次培训(25～30)　80 分 初次培训(15～24)　70 分 初次培训　＜15　60 分 县级单位 初次培训　＞30　100 分 初次培训(25～30)　90 分 初次培训(20～24)　80 分 初次培训(10～19)　70 分 初次培训　＜10　60 分 省市级不少于 10 个工作日一次加 10 分，县级每年轮训不少于 5 个工作日一次加 10 分，满分 100 分	参考《国家电网公司应急救援基干分队管理规定》	

续表 6-2

序号	建设项目	建设内容	评分标准	参考标准	实得分
A_{31}	实战经历				
C_{12}	加入应急救援基干分队年限	每个队员服役时间不应少于3年	加入应急救援基干分队年限第1年60分,每多1年加10分,满分100分	参考《国家电网公司应急救援基干分队管理规定》	
C_{13}	参加应急救援次数	个人参加应急救援次数	个人应急救援基准60分,参加本地区(县、市)应急救援1次加10分,参加跨市救援1次加20分,参加跨省救援1次加30分,参加社会性重大救援1次加40分;满分100分	参考《国家电网公司应急救援基干分队管理规定》	
C_{14}	考核评优	个人考核评优主要由国家电网公司、各分部、各网省公司、直属单位及基干分队挂靠单位组成	奖励基准分60分,受到国家电网公司、各分部奖励1次40分;各网省公司、直属单位奖励1次30分;基干分队挂靠单位奖励1次20分	参考《国家电网公司应急救援基干分队管理规定》	

表 6-3　个人动态测评指标体系

序号	测评方式	测评内容	对象	标准分值	评分标准	参考标准	实得分
C_{15}	考试	考试	个人	100	按考试分数打分		
C_{16}	考问	考问	个人	100	按考问分数打分		
C_{17}	单兵实操	考核队员基础科目(高空救援、指挥部帐篷搭建、外伤包扎、心肺复苏) 具体打分标准参见附录2	个人	100	具体见附件8单兵实操评分细则,除综合救援类基干队员其他队员高空救援分数×1.25		
C_{18}	体能素质	单向引体向上(次/3 min); 10 m×4 往返跑(秒); 1000 m跑(min、s); 原地跳高(cm),每项25分 具体打分标准参见附录3	个人	100	具体见附件9体能素质评分细则,除综合救援类基干队员其他队员体能素质得分×1.25	参考《国家综合性校园救援队员消防员招录体能测试、岗位适应性测试项目及标准》	

表 6-4 队伍静态测评指标体系

序号	建设项目	建设内容	评分标准	参考标准	实得分
B_1	管理制度				
D_1	安全管理	按照国家电网公司、各分部、网省公司和相关上级单位应急管理要求，制度、落实本单位应急管理要求	落实国家电网公司、各分部、网省公司和相关上级单位应急管理要求 60 分；省级单位制定本单位应急体系、队伍、装备等管理要求，市县级单位落实应急体系、队伍、装备等管理制度 40 分，少制定或落实 1 项扣 10 分，满分 100 分	参考《国家电网公司应急救援基干分队管理规定》	
D_2	培训管理	各级单位应根据相关法规及当地情况修订落实培训管理相关制度，并应包括队伍技能、管理、教育以及考核等相关方面	省公司落实国家电网公司、各分部、相关上级单位培训管理要求 60 分；省公司根据各单位情况修订管理培训制度 10 分；制定应急技能培训制度 10 分；制定应急教育培训制度 10 分；修订完善培训考核制度 10 分；地市公司落实管理培训制度 25 分；落实应急技能培训制度 25 分；落实应急教育培训制度 25 分；落实完善培训考核制度 25 分	参考《国家电网公司应急救援基干分队管理规定》	
D_3	装备保养	落实装备保养管理制度规定，规定应包含摆放位置，装备管理、使用、摆放及保养方面	装备库房管理制度规定放置在醒目位置 20 分；落实装备管理制度 20 分；落实装备使用制度 20 分；落实装备摆放制度 20 分；落实装备保养制度 20 分	参考《国家电网公司应急救援基干分队管理规定》	
D_4	信息处理	信息处理由预警研判发布、灾情收集上报、应急响应处置、灾后统计分析四部分组成	收集相关信息研判预警发布及时、合理 20 分，灾情数据收集上报迅速、准确 30 分，根据灾情情况应急响应命令发布准确、及时 20 分，应急处置完毕后及时开展统计分析 30 分	参考《国家电网公司应急救援基干分队管理规定》	

续表 6-4

序号	建设项目	建设内容	评分标准	参考标准	实得分
D_5	考核奖励	国家电网公司、直属单位、各分部、网省公司、相关上级单位、各级政府部门、基干分队挂靠单位对应急救援基干分队的表彰奖励	国家电网公司、省级及以上政府相关部门、各分部、直属单位对应急救援基干分队表彰奖励40分/次；省公司、市级政府相关部门对应急救援基干分队表彰奖励30分/次；基干分队挂靠单位（市级）、县级政府相关部门对应急救援基干分队的表彰奖励20分/次，基干分队挂靠单位（县级）对应急救援基干分队的表彰奖励10分/次；个人或团体在应急救援相关科技创新做出贡献，发明专利10分，核心论文10分/篇，满分100分	参考《国家电网公司应急救援基干分队管理规定》	
B_2	人员配置				
D_6	队伍定员	队伍定员标准省级不少于50人，市级不少于20人，县级不少于10人；各级队伍应建立个人身份信息卡	省(50)、市(20)、县(10)，满分100分，省级每少1人扣2分，市级按4分/人，县级5分/人进行扣分；个人身份信息卡应记录姓名、年龄、单位、职务、专业特长、过往病史、过敏药物、血型、单位联系方式等，个人信息卡省级每少1人扣2分，市级按4分/人，县级5分/人进行扣分	参考《国家电网公司应急救援基干分队管理规定》	
D_7	专业配置	应急救援队伍应配备综合救援、应急供电、信息通信、后勤保障四部分专业人员	应急救援队伍一般由综合救援、应急供电、信息通信、后勤保障专业组成，每个专业配置齐全各25分	参考《国家电网公司应急救援基干分队管理规定》	
D_8	基本素质	队伍基本素质由所有个人基本素质所构成，个人基本素质由年龄、学历、专业年限、心理素质、政治素养、身体状况、体检报告及体重八部分组成	队伍中个人基本素质平均分	参考《国家电网公司应急救援基干分队管理规定》	

续表 6-4

序号	建设项目	建设内容	评分标准	参考标准	实得分
D_9	专业技能	队伍专业技能由所有个人专业技能所组成，个人专业技能由技能等级、持证情况以及培训时长三部分组成	队伍中个人专业技能测评结果平均值	参考《国家电网公司应急救援基干分队管理规定》	
D_{10}	实战经历	队伍实战经历由所有个人实战经历所组成，个人实战经历由个人加入年限、救援次数以及考核评优三部分组成	队伍中个人实战经历平均分	参考《国家电网公司应急救援基干分队管理规定》	
D_{11}	人员管理	考虑队伍规模，省级平均人员更新3人/年，市级2人/年，县级1人/年；应建立退役人员管理制度，形成退役人员台账	队伍成立以来省级平均人员更新3人/年，市级2人/年，县级1人/年，不满足更新人次要求的60分，满足要求后每多1人加10分。近三年退役人员台账每少一人扣5分	参考《国家电网公司应急救援基干分队管理规定》	
B_3	培训演练				
D_{12}	培训	各级单位根据承担应急救援任务特点，组织开展培训活动	省市级单位组织每年开展培训活动1次60分，2次80分，高于2次每多1次加10分，未开展为0分；县级单位每年1次80分，2次及以上100分，0次60分，满分100分	参考《国家电网公司应急救援基干分队管理规定》	
D_{13}	计划制订	演练计划制订由确定应急演练名称、事件及范围，确定应急演练资金，确定应急演练目标及人员，确定应急演练程序四部分组成	确定应急演练名称、事件及范围25分；确定应急演练资金25分；确定应急演练目标及人员25分；确定应急演练程序25分	参考《国家电网公司应急救援基干分队管理规定》	

续表 6-4

序号	建设项目	建设内容	评分标准	参考标准	实得分
D_{14}	演练拉练	基干分队每年至少组织、参加两次演练或拉练；专职人员参与演练人员80%，兼职人员60%	省市级单位全队每年平均演练1次60分，2次80分，高于2次每多1次加10分，未开展为0分；县级单位每年1次80分，2次及以上100分，0次60分，满分100分，专职人员和兼职人员参与率每降10%扣10分	参考《国家电网公司应急救援基干分队管理规定》	
D_{15}	总结测评	总结演练问题，并整改问题	演练后开展总结测评60分，对演练中存在的问题整改40分，未整改扣10分/条	参考《国家电网公司应急救援基干分队管理规定》	
B_4	装备配置				
D_{16}	基础装备	基础装备由单兵装备、生活保障类、通信类、发电照明类、运输类装备5项组成	队伍配备单兵装备、生活保障类、通信类、发电照明类、运输类装备，每项装备20分，若某项不全则根据具体情况酌情扣分	参考《国家电网公司应急救援基干分队管理规定》	可参考《国家电网公司应急救援基干分队管理规定》附件3应急装备推荐配置表打分
D_{17}	补充装备	补充基础装备中没有的设备（设备可用于电网企业应急救援基干分队）	无补充装备60分，每多1项加5分，满分100分	参考《国家电网公司应急救援基干分队管理规定》	
D_{18}	特种装备	特种设备分为台风、防汛救援类，高空绳索救援类、危化品救援类、地震救援类、电缆隧道救援类及山火救援类设备	每项加10分，满分100分	参考《国家电网公司应急救援基干分队管理规定》	参考《国家电网公司应急救援基干分队管理规定》附件3应急装备推荐配置表打分

续表 6-4

序号	建设项目	建设内容	评分标准	参考标准	实得分
D_{19}	维护保养	装备保养由定期维护保养和不定期维护保养两部分组成,前者为日常保养、月度保养;后者为减少装备磨损、消除隐患、延长装备使用寿命的保养	日常保养库房、装备清洁、清扫和整理 10 分;月度保养装备充放电、发动机启动、润滑油更换等保养检查记录 40 分,清洗附件及冷却、润滑装置,机体、附件防腐、更换零部件,维修受损装备等维修记录 50 分;满分 100 分	参考《国家电网公司应急救援基干分队管理规定》	
D_{20}	应急车辆	根据队伍规模,配置应急车辆	省级 6 辆,市级 4 辆,县级 2 辆,60 分,低于该标准 0 分,县级每多 1 辆加 20 分,市级加 15 分,省级加 10 分	参考《国家电网公司应急救援基干分队管理规定》	

表 6-5 队伍动态测评指标体系

序号	测评方式	测评内容	对象	标准分值	评分标准	实得分
D_{21}	考试	考试	队伍	100	队伍考试平均分得分	
D_{22}	考问	考问	队伍	100	队伍考问平均分得分	
D_{23}	单兵实操	单兵实操	队伍	100	队伍单兵实操平均分得分	
D_{24}	体能素质	体能素质	队伍	100	队伍体能素质平均分得分	

6.4.2 指标权重确定

根据第 5 章各级指标计算过程和计算结果,将未进行测评指标权重分配至同一级指标权重,得到权重结果见表 6-6 和表 6-7。

表 6-6 电网应急救援基干分队个人应急能力指标权重

目标层	准则层	指标层	基础指标层		综合权重
			因素	权重	
电网应急救援基干分队个人应急能力 A	静态测评 A_1 0.67	基本素质 A_{11} 0.368	年龄 C_1	0.110	0.040
			学历 C_2	0.120	0.044
			专业年限 C_3	0.171	0.063
			心理素质 C_4	0.091	0.033
			政治素养 C_5	0.166	0.061
			身体状况 C_6	0.128	0.047
			任职情况 C_7	0.070	0.025
			体重 C_8	0.147	0.054

续表 6-6

目标层	准则层	指标层	基础指标层		综合权重
			因素	权重	
电网应急救援基干分队个人应急能力 A	静态测评 A_1 0.67	专业技能 A_{12} 0.141	技能等级 C_9	0.192	0.027
			持证情况 C_{10}	0.174	0.025
			培训时长 C_{11}	0.634	0.089
		实战经历 A_{13} 0.161	加入应急救援基干分队年限 C_{12}	0.25	0.040
			参加应急救援次数 C_{13}	0.5	0.080
			考核评优 C_{14}	0.25	0.040
	动态测评 A_2 0.33	考试 C_{15}		0.225	0.074
		考问 C_{16}		0.101	0.033
		单兵实操 C_{17}		0.377	0.125
		体能素质 C_{18}		0.297	0.098

表 6-7　电网应急救援基干分队应急能力影响因素权重

目标层	准则层	指标层	基础指标层		综合权重
			因素	权重	
电网应急救援基干分队个人应急能力 B	静态测评 B_1 0.75	管理制度 B_{11} 0.111	安全管理 D_1	0.385	0.043
			培训管理 D_2	0.203	0.023
			装备保养 D_3	0.108	0.012
			信息处理 D_4	0.203	0.022
			考核奖励 D_5	0.102	0.011
		人员配置 B_{12} 0.319	队伍定员 D_6	0.100	0.032
			专业配置 D_7	0.091	0.029
			基本素质 D_8	0.164	0.053
			专业技能 D_9	0.280	0.089
			实战经历 D_{10}	0.311	0.099
		培训演练 B_{13} 0.146	人员管理 D_{11}	0.055	0.018
			培训 D_{12}	0.326	0.048
			计划制定 D_{13}	0.163	0.024
			演练拉练 D_{14}	0.363	0.053
			总结测评 D_{15}	0.148	0.022

续表 6-6

目标层	准则层	指标层	基础指标层		综合权重
			因素	权重	
电网应急救援基干分队个人应急能力 B	静态测评 B_1 0.75	装备配置 B_{14} 0.173	基础装备 D_{16}	0.380	0.066
			补充装备 D_{17}	0.081	0.014
			特种装备 D_{18}	0.189	0.033
			维护保养 D_{19}	0.201	0.035
			应急车辆 D_{20}	0.150	0.026
	动态测评 B_2 0.25	考试 D_{21}		0.225	0.056
		考问 D_{22}		0.101	0.025
		单兵实操 D_{23}		0.377	0.094
		体能素质 D_{24}		0.297	0.074

6.4.3 基于加权法的应急能力评估

根据电网企业应急救援基干分队应急能力测评体系，对 H 省公司 7 支参评的应急救援基干分队(205 人)进行了个人和队伍应急能力打分测评，结果如下：

6.4.3.1 个人应急能力测评结果

本次测评共有 7 支队伍参评，共 205 人，采用动态和静态相结合的测评方法对人员基本素质、专业技能等 8 个方面(18 个维度)进行个人应急能力测评，个人应急能力测评结果如下：

(1) 人员基本素质方面

H 省公司各参评单位应急救援基干分队 205 人中，从人员基本素质方面有 19 人评估 60 分以下，占比 9.27%；14.63%的应急救援队伍人员基本素质方面得分在 60～70 分之间。详见图 6-4 基干分队人员基本素质评估得分占比图。

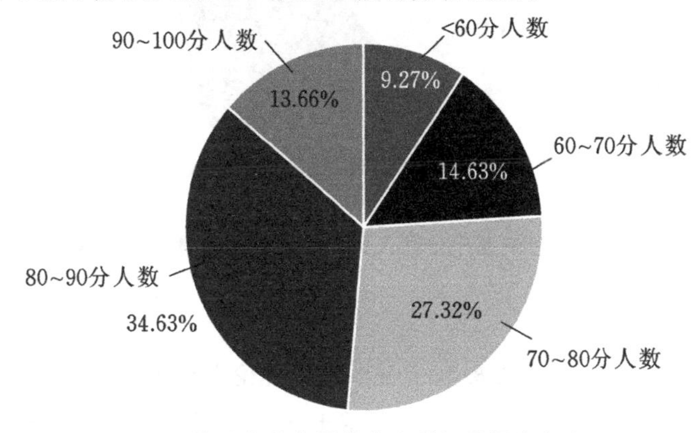

图 6-4 基干分队人员基本素质评估得分占比图

（2）专业技能方面

H省公司各参评单位应急救援基干分队205人中，人员专业技能方面有138人评估60分以下，占比67.32％。所有的7个参评队伍中评估得分60分以下的人员占绝大多数。详见图6-5基干分队人员专业技能评估得分占比图。

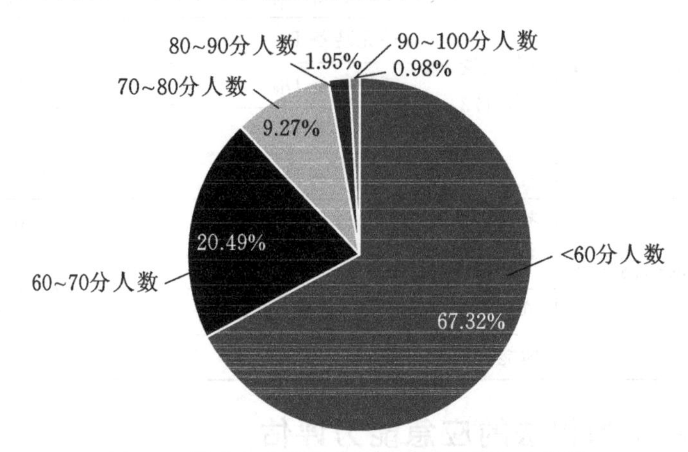

图6-5　基干分队人员专业技能评估得分占比图

（3）实战经历方面

H省公司各参评单位应急救援基干分队205人中，人员实战经历方面有128人评估60～70分之间(60分是兜底分)，占比62.44％，80分以上队员占比仅达到14.15％。详见图6-6基干分队人员实战经历评估得分占比图。

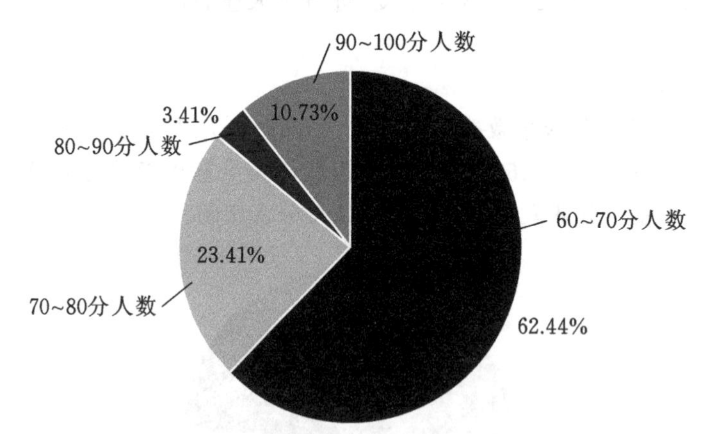

图6-6　所有基干分队人员实战经历评估得分占比图

（4）现场理论考试

由图6-7可知，各参评应急救援基干分队现场理论考试得分80分以下累计44人，占比21.46％。无60分以下情况，但存在5名基干队员考试在60～70分之间，7支队伍在理论考试中，成绩70分以下的人员占比2.44％，70～80分人员占比19.2％，80～90分人员占比26.82%,90分以上人员占比51.71%。各单位仍然要继续加强监督各基干队员应急救援相关理论知识的学习与培训。详见图6-7基干分队人员理论考试得分占比图。

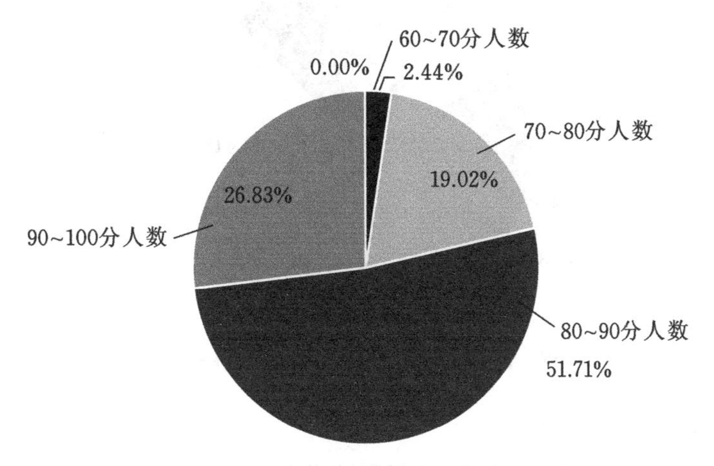

图6-7　基干分队人员理论考试得分占比图

(5) 现场考问

由图6-8可知,H省公司存在8名基干队员现场考问得分在60分以下,占总人数的3.9%,考问成绩70分以下的人员29人,占总人数的14.14%;累计66人得分80分以下,占比32.18%。各队伍要加强其队员学习应急救援相关专业知识及应急技能的教育与培训。详见图6-8基干分队人员现场考问得分占比图。

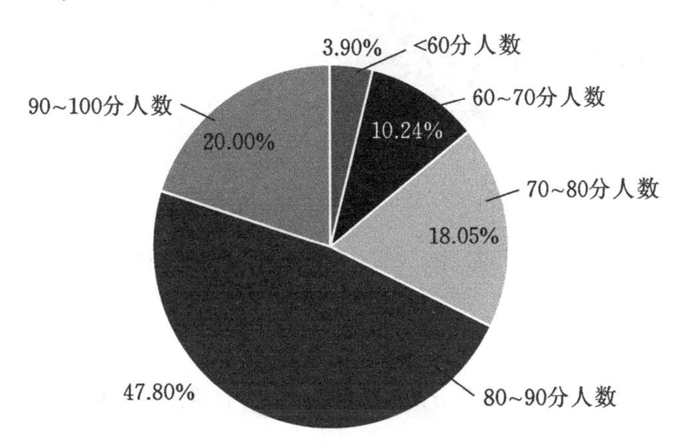

图6-8　基干分队人员现场考问得分占比图

(6) 单兵实操情况

由图6-9可知,H省公司存在8名基干队员单兵实操得分60分以下,占总人数的3.9%;单兵实操70分以下的人员26人,占总人数的12.68%。各单位基干队伍要加强队员应急救援实操演练,提高队员的应急救援操作技能。详见图6-9基干分队人员单兵实操评估得分占比图。

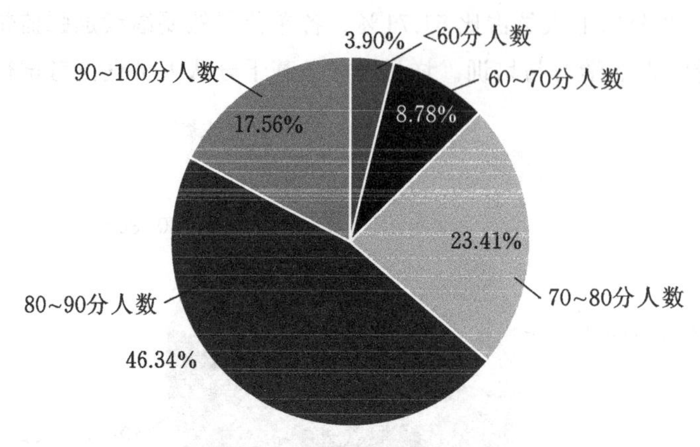

图 6-9　基干分队人员单兵实操评估得分占比图

（7）体能素质测试情况

总体上看，7 个参评队伍 205 人，体能测试得分 60 分以下的共有 53 人，占总人数的 25.85%；得分 70 分以下的共有 92 人，占总人数的 44.88%；得分 90 分以上的仅 3 人，占总人数的 1.46%。说明各参评基干分队在个人体能素质上还存在一定的差距，各队伍下一步应加强各自队员的体能训练，提高个人身体素质，以更好地提高队伍的整体应急救援水平。详见图 6-10 基干分队人员体能素质评估得分占比图。

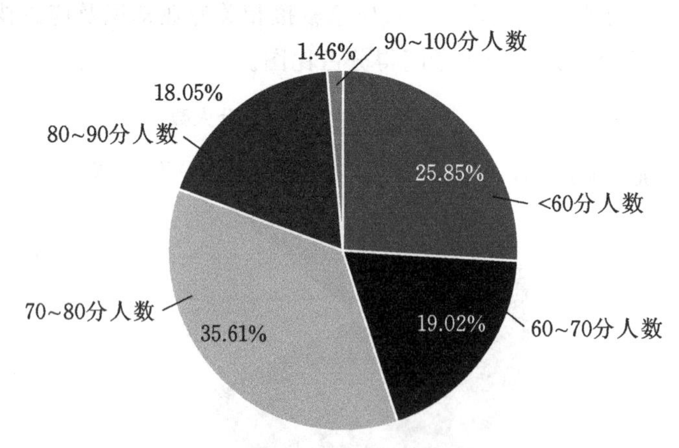

图 6-10　基干分队人员体能素质评估得分占比图

（8）个人应急能力测评情况

总体上，7 支参评队伍共 205 人，经过权重综合分析，其最终测评成绩低于 60 分的共有 8 人，占比本次测评总人数的 3.90%；测评成绩 60～70 分的有 54 人，占本次测评总人数的 26.34%；测评成绩 70～80 分的有 110 人，占本次测评总人数的 53.66%；测评成绩 80～90 分的有 40 人，占本次测评总人数的 19.51%；测评成绩 90 分以上的仅 1 人。详见图 6-11 基干分队人员应急能力综合评估得分占比图。

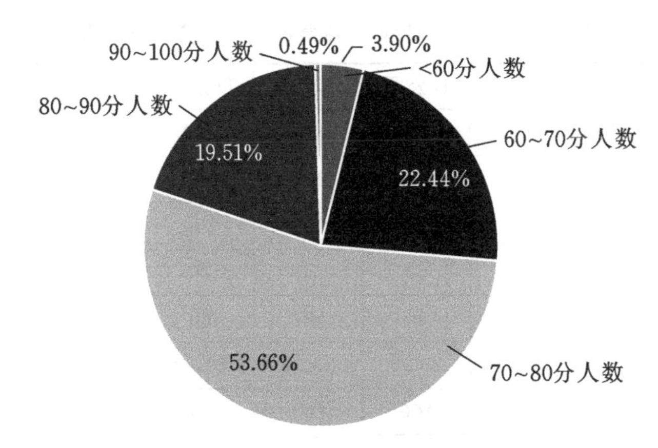

图6-11　基干分队人员应急能力综合评估得分占比图

综上,H省公司7支参评基干分队205人中,除了少数基干队员(总人数3.90%)综合得分低于60分外,其他96.10%的基干队员个人应急能力综合得分均在60分以上。

6.4.3.2　队伍应急能力测评结果

H省公司共有7支队伍参评,各参评单位队伍应急能力测评结果如下:

A公司基干分队静态得分63.72,动态得分21.85,综合总得分85.66,是7个应急救援基干分队表现最优的队伍,特别是在队伍培训演练与队伍人员动态测评方面表现优异,但在具体的人员考核奖励方面稍有不足。

C公司基干分队静态得分63.54,动态得分21.20,综合得分84.82。在队伍培训演练及队伍动态测评方面较好,但在基础装备方面稍有不足。

E公司基干分队静态得分62.24,动态得分21.26,综合得分83.58。在队伍人员培训演练与队伍动态测评等方面良好,但在人员管理、装备配置方面稍有不足。

G公司基干分队静态得分61.20,动态得分19.33,综合得分80.61。在培训演练方面较好,但在装备配置、队伍动态测评方面稍有不足。

F公司基干分队静态得分62.24,动态得分17.27,综合得分80.17。在培训演练方面较好,但在队伍动态测评等方面稍有不足。

B公司基干分队静态得分58.43,动态得分19.67,综合得分78.18。在管理制度方面较好,其他几个方面稍有不足。

D公司基干分队静态得分60.26,动态得分17.15,综合得分77.48。在管理制度、培训演练方面较好,但在队伍动态测评方面稍有不足。

总体上本次7支应急救援基干分队的测评成绩良好,均达77分以上,总体上在应急管理制度、应急培训演练等方面比较规范,但在人员管理、装备配备和队伍动态测评方面稍有不足。各单位参评队伍应急能力测评结果详细得分见表6-8。

表 6-8　各单位参评队伍应急能力测评结果一览表

评价指标		A公司	B公司	C公司	D公司	E公司	F公司	G公司
管理制度	安全管理	100	100	100	100	100	100	100
	培训管理	100	100	100	100	100	100	100
	装备保养	100	100	100	100	100	100	100
	信息处理	60	60	70	70	60	70	60
	考核奖励	60	60	60	60	60	100	60
	管理制度得分	87.90	87.90	89.93	89.93	87.90	94.01	87.90
人员配置	队伍定员	100	100	100	100	100	100	100
	专业配置	100	100	100	100	100	100	100
	基本素质	81.94	71.52	84.19	69.97	77.3	75.97	81.46
	专业技能	63.43	55.44	68.91	52.63	63.54	59.32	59.01
	实战经历	69.6	64	65.08	60.32	64.08	63.04	63.25
	人员管理	90	100	100	100	100	100	100
	人员配置得分	76.89	71.76	77.94	69.57	75.00	73.27	74.15
培训演练	培训管理	100	100	100	100	100	100	100
	计划制订	100	75	75	75	75	75	75
	演练拉练	100	100	100	100	100	100	100
	总结测评	100	60	100	60	100	100	100
	培训演练得分	100.00	90.01	95.93	90.01	95.93	95.93	95.93
装备配置	基础装备	78	80	60	85	79	65	62
	补充装备	100	80	100	100	100	100	100
	特种装备	100	80	100	100	100	100	100
	维护保养	100	60	100	60	90	100	100
	应急车辆	60	60	100	100	60	100	60
	装备配置得分	85.74	73.06	84.9	86.36	84.11	86.8	79.66
静态测评权重综合得分		63.72	58.43	63.54	60.26	62.24	62.83	61.20
动态测评	考试	87.94	87.45	80.13	82.74	79.30	85.74	87.95
	考问	88.64	85.00	83.87	68.19	88.73	74.83	69.80
	单兵实操	85.44	73.08	84.33	71.19	91.74	81.56	79.69
	体能素质	90.23	78.09	90.37	55.70	80.71	39.61	69.88
动态测评权重综合得分		21.85	19.67	21.20	17.15	21.26	17.27	19.33
队伍最终得分		85.66	78.18	84.82	77.48	83.58	80.17	80.61

6.5 评估结果与讨论

本次对H省公司7个单位的应急救援基干分队进行了测评，在测评的过程中，主要存在以下问题：

(1) 人员基本素质方面。部分基干队员年龄不满足23～45岁要求，17.56%的基干队员专业年限不足，36.10%的队员身体状况不满足要求或未提供体检报告。

建议：按照《国家电网公司应急救援基干分队管理规定》，对不满足基干队员基本素质要求的人员进行调整，确保人员年龄处于23～45岁，身体健康，无恐高症、高血压等妨碍工作的病症，现场电力专业工作3年以上。

(2) 专业技能方面。经评估，占比38.05%的综合救援组和应急供电组基干队员未见与工作性质相关的资格证件(登高证或电工证)。

建议：各单位应加强基干队员取证工作，相关部门协调配合，与属地应急管理部门联系，积极督促相关人员培训取证。

(3) 人员理论和技能知识方面。经评估，部分应急救援基干队员应急理论和技能知识掌握不熟练，成绩低于80分的人员数量占比分别为21.46%和32.18%。

建议：各单位应依据《应急救援基干分队培训及量化考评规范》要求，结合日常安全培训、集训等多种方式，系统学习应急救援基本理论和专业技能知识。

(4) 单兵实操方面。未完全掌握包扎、心肺复苏、高空救援与帐篷搭设等单兵实操技能的基干队员人数分别为10人、8人、7人、8人。

建议：各应急救援基干分队应加强日常训练、集训力度，采取逐个达标考核方式，加强单兵实操技能的考评。

(5) 体能素质方面。经评估，部分基干队员体能素质相对偏低，如单杠引体向上、1000 m跑测试项目分别有24.88%、33.66%人员得分为60分以下。

建议：各单位应鼓励、引导基干队员加强体能训练，利用每年集训机会加大队员体能测评力度，确保各队员体能素质满足应急救援要求。

(6) 装备配置与保养方面。各基干分队基础装备配置不全，如单兵装备、生活保障类装备、通信类装备、发电照明类装备、运输类装备这5类装备有不同程度的缺失；部分基干分队装备保养工作不全面，保养记录不全。

建议：各单位应依据《国家电网公司应急救援基干分队管理规定》“附件3 省市县公司三级应急队伍装备推荐配置表 基础综合类”要求，结合各单位自身特点及所处地域社会环境、自然环境、气候环境及可能面临的灾害种类等实际因素，差异化配备装备，并按照《国网××电力有限公司应急装备维护管理实施细则》要求，规范装备维护保养业务流程，落实专人定期对应急装备进行保养维护，并建立完整的装备维护台账。

(7) 基干分队演练计划方面。部分基干分队演练计划制订不完善，缺少应急演练事件及范围和应急演练资金等关键内容。

建议：各单位应按《国家电网公司应急救援基干分队管理规定》及各队伍的实际情况，认真做好演练计划，确保演练内容真实、不漏项。特别是应急演练事件和范围及演练资金的落实情况，要在每次的演练计划中明确。

6.6 改进措施

根据本次H省公司应急救援基干分队测评结果，结合H省公司的实际情况，参考国家电网公司有关应急救援基干分队的管理规定与文件要求，基干分队主要从以下几个方面做改进：

(1) 人员配置方面

① 调整年龄结构。按照《国家电网公司应急救援基干分队管理规定》，优化调整公司应急救援基干分队年龄组成，在综合考虑年龄与技能均衡基础上，充分吸纳专业年轻骨干，持续提升队伍活力。

② 优化人员组成。优先选调有专业特长、技能特长，身体素质状况良好的公司职工，充分考虑队伍人员专业技能、知识结构、实战经历、人员持证等方面的搭配，实现队员优势叠加、短板互补，增强队伍的整体能力。

③ 建立队员“后备库”。将三年轮换的退役队员组建成为应急基干分队后备库，以备发生重大突发事件时如有现役队员缺位能及时补充，增强队伍抗风险能力。

(2) 应急装备方面

① 装备配置齐全。依据《国家电网有限公司应急管理工作规定》和《国家电网公司应急救援基干分队管理规定》“附件3省市县公司三级应急队伍装备推荐配置表”要求，有计划地补充完善装备物资。应急装备配置宜按地域特色配置，要体现地域差异化，即根据各单位自身特点及所处地理条件、气候环境等因素科学配备装备，逐步为应急救援队伍配备标准化、系列化、通用化的装备。

② 加强装备的维护保养，实现专业化、规范化和常态化。宜在应急库房内建立应急装备专用维护保养区，实现应急装备快速、安全、高质高效完成保养。严格执行《国网H省电力有限公司应急装备维护管理实施细则》，规范装备维护保养业务流程，建立装备维护台账，统一纳入应急指挥系统。

(3) 应急技能方面

① 推行“准军事化管理”。定期开展全封闭式军事训练，开展相关基干队员体能训练、技能锻炼，以及基干分队应急救援能力集中测评，全程执行军事化管理，提升队伍纪律意识。

② 强化培训与演练。根据公司应急救援基干分队的技能需求，有计划、有组织、有重点、有实效地组织应急队伍的业务学习、教育、培训和演练，采取日常训练、节日活动、技

术竞赛、技术交流、“双盲”演练等多种形式，开展多种类型的应急培训与演练，保证各应急基干队员初次技能培训每人每年不少于30个工作日，日常每年轮训不少于10个工作日的要求。

③ 一专多能，提升协作能力。强化“一专”，每位应急队员至少精通一项应急救援技能，同时掌握两个及以上其他应急救援技能，确保综合救援组、应急供电组、信息通信组、后勤保障组互为后备，在人员不足或其他紧急情况下可以同时开展相关应急工作。

(4) 评估考核方面

① 建立正向激励机制，实施基干队员从业资格化。加大基干队员考核激励力度，大力加强基干队员物质或精神方面的奖励，如年度个人考核加分、评先选优加分、优先推选专家等，从“要我加入基干分队”到“我要加入基干分队”转变，提升基干分队工作热情与积极性。

② 加大基干队员筛选面，提高基干队员素质。各单位可根据各相关人员的工作性质及专业要求情况，将所有可纳入基干队伍的人员均纳入筛选范围，然后在人数充足的前提下做减法，择优选择符合要求的队员。特别是将每年新入职的大学生纳入重点考察范围，鼓励其积极参与基干分队的集训与演练，可将其作为应急救援基干分队的后备生力军。

6.7 本章小结

本章将前面章节构建的指标体系与评价模型根据实际情况进行修正，并应用于H省7支应急救援基干分队实例中。首先对评估流程进行相关介绍，再通过上述章节计算出的指标权重结合实际指标得分情况进行应急能力综合评估，并对评估结果进行相关分析，找出各队伍应急能力工作中的薄弱项，并提出改进措施。评价结果与H省7支应急救援基干分队应急能力现状基本相符，说明评价方法是有效、实用的，可应用于实际电网企业应急救援队伍应急能力综合评价中。

参 考 文 献

[1] 国家电网公司.国家电网公司应急救援基干分队管理规定[M].北京:中国电力出版社.2017.

[2] 国家电网有限公司.国家电网有限公司电力安全工器具管理规定[M].北京:中国电力出版社.2021.

[4] 国网浙江省电力公司培训中心.电网企业应急救援案例分析[M].北京:中国电力出版社.2017.

[5] 田迎祥.电网企业应急救援[M].北京:中国电力出版社.2020.

[6] 高统彪.电力建设企业应急能力建设实践与评估[M].武汉:武汉理工大学出版社.2020.

[7] 张韶华,吴鹏,王海涛,等.基于层次分析法的应急救援基干分队评价指标体系研究[J].价值工程,2021,40(25):10—12.

[8] 张萍.电网企业应急体系管理研究[D].北京:华北电力大学,2016.

[9] 杨悦.电网应急管理体系及应急能力评价[D].北京:华北电力大学,2011.

[10] 李建.电网企业应急管理研究:以宁夏电力公司为例[D].北京:华北电力大学,2013.

[11] 王春晨.电网企业自然灾害突发事件应急能力评估[D].北京:华北电力大学,2017.

[12] 谭显东,刘俊,徐志成,等.“双碳”目标下“十四五”电力供需形势[J].中国电力,2021,54(5):1-6.

[13] 胡源,薛松,张寒,等.近30年全球大停电事故发生的深层次原因分析及启示[J].中国电力,2021,54(10):204-210.

[14] 邓雅支.公共安全视角下消防救援队伍应急救援能力建设研究——以S市为例[D].济南:济南大学,2019.

[15] 国网湖北省电力有限公司应急培训基地.电网企业应急管理知识手册[M].北京:中国电力出版社.2019.

[16] 国网冀北电力有限公司.电网企业应急管理知识题库[M].北京:中国电力出版社.2016.

[17] 国网浙江省电力公司培训中心.电网企业应急救援技术[M].北京:中国电力出版社.2016.

[18] 吕智显，王永西.基层公安消防部队应急救援能力建设研究[M].北京：中国环境出版社.2014.

[19] 和丽秋，范茂魁，陈松.云南消防部队综合应急救援能力建设研究[M].北京：中国环境出版社.2015.

[20] 国家电网有限公司.国家电网有限公司应急工作管理规定[M].北京：中国电力出版社.2020.

[21] 国家电网公司.国家电网公司电力安全工作规程(变电部分)[M].北京：中国电力出版社.2009.

[22] 国家电网公司.国家电网公司电力安全工作规程(线路部分)[M].北京：中国电力出版社.2009.

[23] 李保杰，刘岩，李洪杰，等.从乌克兰停电事故看电力信息系统安全问题[J].中国电力，2017，50(05)：71-77.

[24] 韩晓彤，赖增鹏，江伟.电亮救灾现场——贵州水城“7·23”特大山体滑坡电力应急救援纪实[J].当代电力文化，2019(08)：74-75.

[25] 吴昕婷.基于电力系统的自然灾害应急管理研究[J].武汉理工大学学报(社会科学版)，2008(02)：188-191.

附录1　电力企业应急救援队伍培训能力分类表

序号	能力种类	能力项	人员掌握级别		
			初级	中级	高级
1	基础知识	国家应急管理机制和要求、法律法规	掌握	掌握	掌握
2		电网企业应急管理	掌握	掌握	掌握
3		电网企业突发事件预防与应对	掌握	掌握	掌握
4		电力安全工作规程	掌握	掌握	掌握
5	专业知识	灾情勘察与报告、紧急避险	掌握	掌握	掌握
6		现场紧急救护技术	掌握	掌握	掌握
7		应急供电照明技术	掌握	掌握	掌握
8		常用应急装备使用与维护技术	掌握	掌握	掌握
9		通用应急通信技术	掌握	掌握	掌握
10	相关知识	应急心理调适	掌握	掌握	掌握
11		户外生存技术	掌握	掌握	掌握
12	基本技能	应急体(适)能	掌握	掌握	掌握
13		紧急救护能力	掌握	掌握	掌握
14		应急供电照明能力	掌握	掌握	掌握
15		常用应急装备使用与维护能力	掌握	掌握	掌握
16		危机公关与媒体应对能力	掌握	掌握	掌握
17		行动营地搭建、运营与保障	掌握	掌握	掌握
18	专业技能一	配电安装		可选	可选
19	专业技能二	输电线路员工脱困拯救		可选	可选
20	专业技能三	配电线路应急救援		可选	可选
21	专业技能四	电缆隧道等有限空间脱困救援与抢险保障		可选	可选
22	专业技能五	应急通信能力		可选	可选
23	专业技能六	应急驾驶能力		可选	可选
24	专业技能七	水域救援能力		可选	可选
25	专业技能八	起重搬运能力		可选	可选

续表

序号	能力种类	能力项	人员掌握级别		
			初级	中级	高级
26	专业技能九	建筑物坍塌破拆搜救		可选	可选
27	专业技能十	无人机操控与侦察		可选	可选
28	相关技能	应急值班管理		掌握	掌握
29		应急救援基干分队管理			掌握
30		应急演练组织与管理能力			掌握
31	综合素养	职业道德	掌握	掌握	掌握
32		企业文化	掌握	掌握	掌握
33		沟通技巧与团队建设		掌握	掌握
34		电力应用文		掌握	掌握
35		技能培训与传授技艺			掌握

附录2　电力企业应急救援队伍培训项目详情表

序号	能力种类	能力项	培训内容	课时(小时)
1	基础知识	国家应急管理机制和要求、法律法规	1 应急管理相关法律和法规	6
			1.1 国内外应急管理法制建设现状	
			1.2 应急法律建设的重要性和紧迫性	
			1.3《中华人民共和国突发事件应对法》	
			1.4《生产安全事故应急条例》	
			1.5《中华人民共和国防震减灾法》等其他相关应急法律和标准	
			2 安全应急法律知识	
			2.1《中华人民共和国安全生产法》	
			2.2 安全生产监督管理	
			2.3《电力安全事故应急处置和调查处理条例》	
			3 应急预案管理要求	
			3.1《突发事件应急预案管理办法》	
			3.2《国家总体应急预案》	
			4 法律基础知识	
			4.1《中华人民共和国合同法》基础知识	
			4.2 劳动合同	
2		电网企业应急管理	1 突发事件应急管理	4
			2 电力企业应急管理	
			2.1 电力企业应急管理体系建设	
			2.2 电力企业应急能力建设	
			2.3 电力企业应急管理风险源分析	
			2.4 电力企业应急救援关键点分析	
3		电网企业突发事件预防与应对	1 电网企业突发事件预防与应对	4
			1.1 电网企业突发事件分类与特点	
			1.2 电网企业突发事件危险源分析	
			1.3 电网企业突发事件紧急避险	

续表

序号	能力种类	能力项	培训内容	课时(小时)
3	基础知识	电网企业突发事件预防与应对	1.4 电网企业突发事件应急救援原则	4
			1.5 电网企业突发事件个人安全防护标准	
			2 电网企业应急救援案例精选	
			2.1 应急救援的功能与特性	
			2.2 自然灾害、事故灾难、公共卫生事件和社会安全事件中的紧急救援案例	
			2.3 电力企业应急救援相关案例分析	
			2.4 应急救援案例及经验教训总结	
4		电力安全工作规程	1《国家电网公司电力安全工作规程》	6
			1.1 电力安全工作规程(输电部分)	
			1.2 电力安全工作规程(变电部分)	
			1.3 电力安全工作规程(配电部分)	
			2 电力建设安全工作规程	
5		灾情勘察与报告、紧急避险	1 灾情勘察与报告	3
			1.1 供电设施损毁、客户停电、道路损毁、社会秩序、气候环境等重点勘察事项	
			1.2 灾情勘察重要报告事项及报送要求	
			2 灾情勘察报告常用通信方式及安全防护	
			2.1 灾情勘察常用通讯联络与信息回传装备简介	
			2.2 灾情勘察常用通信设备使用与简要故障排除	
			2.3 灾情整理常用音视频编辑软件使用	
			2.4 灾情勘察个人安全防护要求	
			3 灾情勘察紧急避险	
			3.1 灾情勘察(电力生产场景)危险分析与避险措施	
			3.2 灾情勘察(野外环境)危险分析与避险措施	
6		现场紧急救护技术	1 常见紧急救护知识	12
			1.1 现场救护的目的和意义	
			1.2 现场急救的原则	
			1.3 突发情况的紧急救护规范	
			1.4 现场救护核心概念—生存链	
			1.5 急救的基本程序、现场检查内容	
			1.6 外伤急症、内科急症的急救	

续表

序号	能力种类	能力项	培训内容	课时(小时)
6	基础知识	现场紧急救护技术	1.7 创伤、骨折、中暑、触电、窒息、有害气体中毒急救等急救内容	12
			1.8 传染性疾病的基本急救和防护措施	
			2 伤员转移搬运	
			2.1 常用搬运方法	
			2.2 脊柱损伤搬运的要点及注意事项	
7		应急供电照明技术	1 应急发电技术	20
			1.1 常用应急发电机分类、原理、构造、性能介绍	
			1.2 应急发电机的使用方法及安全注意事项	
			1.3 应急发电机的维护及常见故障排除	
			1.4 应急发电车的分类、原理、构造、性能	
			1.5 应急发电车的使用方法及安全注意事项	
			1.6 应急发电车的维护及常见故障排除	
			2 应急照明技术	
			2.1 常用应急泛光灯的分类、原理、构造、性能	
			2.2 应急泛光灯的使用方法及安全注意事项	
			2.3 应急泛光灯的维护及常见故障排除	
			3 应急供电接入流程、工艺标准、作业规范	
8		常用应急装备使用与维护技术	1 防护类装备	18
			1.1 身体防护装备的标准化操作与维护方法	
			1.2 呼吸防护装备的标准化操作与维护方法	
			2 救援类装备实用技术	
			2.1 排水救援装备操作与维护方法	
			2.2 烘干救援装备操作与维护方法	
			2.3 通排风救援装备操作与维护方法	
			2.4 侦测救援装备操作与维护方法	
			3 后勤保障装备实用技术	
			3.1 单兵宿营装备的标准化操作与维护方法	
			3.2 班组宿营装备的标准化操作与维护方法	
			3.3 餐饮车等生活装备的标准化操作与维护方法	
			3.4 野战炊事车等生活装备的标准化操作与维护方法	

续表

序号	能力种类	能力项	培训内容	课时(小时)
9	基础知识	通用应急通信技术	1 应急通信技术概论 2 应急通信系统使用与维护 2.1 卫星通信系统的组成和使用方法相关知识 2.2 数字集群/中继系统的组成和使用方法相关知识 2.3 单兵图传系统的组成和使用方法相关知识 2.4 骨传导通信装置的组成和使用方法相关知识 2.5 救援现场营地会议系统的组成和使用方法相关知识	24
10	相关知识	应急心理调适	1 心理测评评估 2 心理抗压训练与心理疏导 2.1 心理训练简介 2.2 黑暗适应训练 2.3 高空适应训练 2.4 污腐脏臭适应训练 2.5 火灾现场适应训练 2.6 本体受伤体验训练 2.7 伤残及尸体处理适应训练 2.8 自我心理放松训练	6
11	相关知识	户外生存技术	1 户外生存技术与装备 1.1 服装与环境关系 1.2 户外着装分层原理 1.3 户外装备(如野炊、单兵帐篷装备等) 1.4 背包构成及封包分层 2 野外安全知识 2.1 野外生存技巧(如行进技巧、扎营技巧、求生技巧等) 2.2 野外潜在风险管理 2.3 野外个人防护技术	4
12	基本技能	应急体(适)能	1 力量耐力与相对力量训练 1.1 神经肌肉适应 1.2 相对力量(自重)	1/每日

续表

序号	能力种类	能力项	培训内容	课时(小时)
12	基本技能	应急体(适能)	1.3 力量耐力	1/每日
			2 心肺功能训练	
			2.1 有氧基础	
			2.2 有氧效率	
			2.3 无氧耐力	
			3 身体功能训练	
			3.1 灵活性	
			3.2 稳定性	
			3.3 动作模式(推拉旋转)	
			4 灵敏性训练	
			4.1 神经反应	
			4.2 速度训练	
			4.3 敏捷训练	
13		紧急救护能力	1 创伤急救处理	20
			1.1 掌握出血种类(按出血位置分类、按损伤血管分类)	
			1.2 包扎材料选择方法	
			1.3 局部加压包扎法	
			1.4 指压止血法	
			1.5 屈肢加垫止血法	
			1.6 绞棒止血法	
			1.7 止血带止血法	
			1.8 身体各部位的包扎方法及注意事项	
			1.9 内脏膨出的处理原则及方法	
			2 骨折急救处理	
			2.1 骨折的特征	
			2.2 固定材料的选择	
			2.3 固定原则、固定具体方法	
			2.4 上臂骨折的固定	
			2.5 颈椎损伤的固定	
			2.6 盆骨损伤的固定	
			2.7 大腿骨折躯干固定法	

续表

序号	能力种类	能力项	培训内容	课时(小时)
13	基本技能	紧急救护能力	3 现场心肺复苏	20
			3.1 心跳停止的鉴别及病理生理特征	
			3.2 心脏呼吸骤停临床表现	
			3.3 掌握意识丧失的识别	
			3.4 握颈动脉搏动识别	
			3.5 胸部按压部位识别	
			3.6 气道开放方法	
			3.7 掌握心肺复苏(人工循环)操作要点及流程方法	
			3.8 体外除颤仪的使用	
			3.9 判度心肺复苏有效的指征	
			4 伤员转移搬运	
			4.1 脊柱损伤的伤员体位翻转	
			4.2 颈椎损伤的颈部及体位固定	
			4.3 握抬轿法搬运	
			4.4 脊椎损伤搬运	
			4.5 颈椎损伤搬运	
14		应急供电照明能力	1 应急发电车实操	6
			2 应急发电机实操	
			3 应急照明设备实操	
15		常用应急装备使用与维护能力	1 防护类装备操作	30
			1.1 身体防护装备实操	
			1.2 呼吸防护装备实操	
			2 救援类装备操作	
			2.1 排水救援装备实操	
			2.2 烘干救援装备实操	
			2.3 通排风救援装备实操	
			2.4 侦测救援装备实操	
			3 后勤保障装备操作	
			3.1 单兵宿营装备实操	
			3.2 班组宿营装备实操	
			3.3 餐饮车等生活装备实操	
			3.4 野战炊事车等生活装备实操	

续表

序号	能力种类	能力项	培训内容	课时(小时)
16	基本技能	危机公关与媒体应对能力	1 危机公关的一般知识	20
			1.1 危机管理的一般概述	
			1.2 危机对企业的五种损害预测	
			1.3 日常危机处理机制构成	
			1.4 企业危机管理的主要困境	
			1.5 危机预警内容(风险确认、风险评估、风险应对策略、风险向危机转化过程)	
			1.6 企业危机预警信号	
			1.7 明确危机管理小组构成	
			1.8 危机管理人员应具备的素质	
			1.9 危机管理计划的编写	
			2 互联网背景下的媒体	
			2.1 互联网背景下的媒体特征	
			2.2 网民舆论与媒体舆论的相互影响	
			2.3 媒体人员特征	
			2.4 互联网的信息传播效应	
			2.5 网络舆情管理的具体流程	
			3 危机公关和媒体应对的策略和原则	
			3.1 危机公关通用目标、应对媒体有效传播通用准则	
			3.2 危机中媒体公关的具体路径	
			3.3 与媒体沟通的要点	
			3.4 与记者沟通的原则把握	
			3.5 应对突发事件中媒体的黄金法则	
			3.6 突发事件媒体应对常见的 21 个问题	
			3.7 危机管理人员日常媒体关系管理的 8 个基本原则	
			4 角色互动演练	
			4.1 答记者问	
			4.2 专访的四种方式	
			4.3 个人身体语言呈现	

续表

序号	能力种类	能力项	培训内容	课时(小时)
17	基本技能	行动营地搭建、运营与保障	1 营地选址与搭建	18
			1.1 营地选址	
			1.2 营地搭建	
			1.3 营地功能分区	
			2 营地运营	
			3 营地卫生消杀防疫	
18	专业技能一	配电安装	1 配电安装基础	40
			1.1 配电安装作业流程	
			1.2 供电专业知识	
			1.3 负荷计算及材料选取	
			1.4 配电箱组装、双控开关安装、布线工艺	
			2 照明与供电网络搭建	
			2.1 临时板房低压照明网络搭建	
			2.2 临时板房低压供电网络搭建	
			2.3 临时帐篷低压照明网络搭建	
			2.4 临时帐篷低压供电网络搭建	
19	专业技能二	输电线路员工脱困拯救	1 高空作业人员坠落与防坠	120
			1.1 输电线路高处坠落风险分类	
			1.2 输电线路高空坠落事故的技术原因分析	
			1.3 输电线路高处坠落防范措施	
			1.4 输电线路高空应急救援基本原则	
			1.5 被困人员现场自救技术	
			1.6 悬吊创伤综合症的预防与处置	
			2 绳索救援装备认知与管理	
			2.1 绳索的选用及基本知识	
			2.2 高空救援装备构成及相关参数	
			2.3 救援装备建档管理	
			2.4 救援装备检查、保养维护与报废	
			2.5 高空救援装备使用(上升器、下降器、止坠器等)	
			2.6 PPE 装备组装及作业管理	
			3 绳索基础技能	

续表

序号	能力种类	能力项	培训内容	课时(小时)
19	专业技能二	输电线路员工脱困拯救	3.1 固定点绳结制作技术	120
			3.2 连接绳结制作技术	
			3.3 保护绳结制作技术	
			3.4 锚点架设角度分立技术	
			3.5 基础锚点系统架设技术	
			3.6 平衡锚点系统架设技术	
			3.7 Y 型锚点系统架设技术	
			3.8 担架类型及配件使用	
			3.9 被困人员担架进入技术	
			3.10 担架临时固定技术	
			3.11 担架固定后人员保护技术	
			4 救援系统	
			4.1 滑轮和机械效益系统构成	
			4.2 简单机械效益系统架设	
			4.3 复合机械效益系统架设	
			4.4 机械效益系统搭建注意事项	
			4.5 机械效益系统分析方法	
			4.6 主系统构成及架设	
			4.7 保护系统构成及架设	
			4.8 下放保护系统架设	
			4.9 保护提升系统架设	
			4.10 下放系统与提升系统转换技术	
			4.11 保护系统通过绳结技术	
			5 个人绳索技能	
			5.1 坠落制停基本原理	
			5.2 个人防坠落作业系统	
			5.3 坠落保护系统架设及应用	
			5.4 上升、下降技术	
			5.5 微距上升、下降技术	
			5.6 通过绳结技术	
			5.7 绳索通道转换技术	

续表

序号	能力种类	能力项	培训内容	课时(小时)
19	专业技能二	输电线路员工脱困拯救	5.8 通过中途锚点技术	120
			5.9 水平横切技术	
			5.10 被困人员双向疏散系统应用	
			5.11 地面释放向下疏散系统应用	
			5.12 陪同向下疏散系统应用	
			5.13 分段陪同向下疏散系统应用	
			6 救援技能	
			6.1 被困人员接近与稳定技术	
			6.2 绳桥系统组件构成及参数	
			6.3 绳桥系统搭建注意事项	
			6.4 绳桥系统受力分析	
			6.5 导线水平横移系统搭建与应用	
			6.6 斜拉绳桥系统搭建与应用	
			6.7 横渡系统构成及工作原理	
			6.8 V 型救援系统搭建与应用	
			6.9 T 型救援系统搭建与应用	
20	专业技能三	配电线路应急救援	1 配电线路自然灾害风险辨识	36
			1.1 各类自然灾害对配电设施的危害	
			1.2 配电设施灾后风险识别	
			1.3 配电救援作业内容及危险点与防范措施	
			2 配电线路洪涝灾害抢险	
			2.1 洪涝灾害的形成	
			2.2 洪涝灾害的危害(环境破坏、经济损失、水源污染、食品污染、媒介生物滋生、传染病流行)	
			2.3 洪涝灾害防范措施	
			2.4 水域个人防护装备使用	
			2.5 配电救援安全事项与防范措施	
			2.6 配电救援工作流程	
			3 配电线路杆塔高空应急救援	
			3.1 绝缘斗内人员受困横担保护点工作绳救援技术	
			3.2 绝缘斗臂车高空作业时故障失灵人员受困救援技术	

续表

序号	能力种类	能力项	培训内容	课时(小时)
20	专业技能三	配电线路应急救援	3.3 掌握作业人员临近带电体下方释放救援技术(带电)	36
			3.4 作业人员触电受困上放释放救援技术(停电)	
			3.5 作业人员杆体中段受困释放救援技术	
21	专业技能四	电缆隧道等有限空间脱困救援与抢险保障	1 有限空间基础知识	20
			1.1 有限空间定义及特点	
			1.2 有限空间作业特点及事故发生条件	
			1.3 有限空间常见安全警示标识	
			2 有限空间危害因素辨识与防控措施	
			2.1 有限空间缺氧富氧危害因素与防控措施	
			2.2 有限空间气体有害因素与防控措施	
			2.3 有限空间其他危害因素与防控措施	
			2.4 坠物或坠人危害与防控措施	
			3 有限空间危害识别与进入管理	
			3.1 有限空间的识别.评估和分类	
			3.2 有限空间主要危害因素辨识与评估	
			3.3“差别化”作业程序及防护设备设施配置	
			3.4 有限空间管理措施	
			3.5 有限空间进入安全程序	
			4 有限空间气体测试	
			4.1 有限空间需要进行气体测试的情况	
			4.2 气体测试的顺序和测试要求	
			4.3 气体测试程序和测试设备操作	
			4.4 氧气浓度测试	
			4.5 有限空间易燃气体蒸汽粉尘测试	
			4.6 有限空间气体测试注意事项	
			4.7 便携式气体检测报警仪使用	
			4.8 气体检测管装置使用	
			5 有限空间现场作业安全措施	
			5.1 有限空间作业危险特性	
			5.2 有限空间作业安全的一般要求	

续表

序号	能力种类	能力项	培训内容	课时(小时)
21	专业技能四	电缆隧道等有限空间脱困救援与抢险保障	5.3 有限空间动火作业安全措施	20
			5.4 缺氧危险作业安全要求	
			5.5 有限空间涂装作业安全要求	
			5.6 有限空间燃气热力电缆通信作业安全措施	
			5.7 有限空间电焊作业安全措施	
			5.8 排水管网有限空间作业安全措施	
			6 有限空间现场作业防护设备设施配置	
			6.1 有限空间作业防护设备设施配置基本要求	
			6.2 个人安全防护用具	
			6.3 有限空间防坠落用具	
			6.4 有限空间作业安全防护设备	
			7 个人呼吸防护用品	
			7.1 呼吸防护用品分类及选择	
			7.2 个人呼吸防护用品选择原则和注意事项	
			7.3 呼吸防护用品的使用和维护	
			7.4 有限空间作业常用的呼吸防护用品	
			7.5 呼吸防护用品管理	
			8 有限空间安全事故应急救援与现场急救	
			8.1 有限空间作业安全事故案例	
			8.2 有限空间事故应急救援预案编写	
			8.3 有限空间事故应急救援体系	
			8.4 有限空间常见安全事故类型	
			8.5 有限空间现场救援能力	
22	专业技能五	应急通信能力	1 各通信系统的基本操作和连接方法	45
			1.1 卫星通信系统的基本操作	
			1.2 数字集群/中继系统的搭建、日常维护	
			1.3 应急指挥智能调度系统各终端的基本操作、日常维护	
			1.4 单兵图传系统连接操作、日常维护	
			1.5 电缆隧道通信保障及人员监测单元的连接操作	
			1.6 骨传导通信装置的基本操作	

续表

序号	能力种类	能力项	培训内容	课时(小时)
22	专业技能五	应急通信能力	1.7 救援现场营地会议系统的基本操作、日常维护	45
			2 各通信系统的简单故障排除	
			2.1 卫星通信系统的简单故障排除	
			2.2 数字集群/中继系统的简单故障排除	
			2.3 应急指挥智能调度系统各终端的简单故障排除	
			2.4 单兵图传系统常见故障排除	
			2.5 电缆隧道通信保障及人员监测单元的简单故障排除	
			2.6 骨传导通信装置的简单故障排除	
			2.7 救援现场营地会议系统的维护及简单故障排除	
			3 各通信系统实操	
23	专业技能六	应急驾驶能力	1 小型越野车驾驶能力	46
			1.1 小型越野车辆在各种气候环境下通过各种障碍的风险及应对能力	
			1.2 小型越野车辆行驶过程中脱困能力	
			2 水上交通工具驾驶能力	
			2.1 冲锋舟驾驶	
			2.2 橡皮艇驾驶	
			2.3 水路两栖全地形车驾驶	
			3 载具倾覆脱困自救	
			3.1 陆路载具内的脱困自救	
			3.2 水陆载具的脱困自救	
24	专业技能七	水域救援能力	1 落水人员的紧急救助	16
			2 浮动码头的搭建	
			2.1 浮筒组装搭建简易浮桥、码头	
			2.2 船只横连、筏排组连搭建简易浮桥、码头	
			2.3 油桶连接、钢架管搭建简易浮桥、码头	
			2.4 简易浮桥、码头通行的注意事项	
			3 船艇抢险救援物资运输的平衡与固定	
			4 涉水(拖舟)行进的防护与危险点	
			4.1 涉水(拖舟)行进的防护	
			4.2 涉水(拖舟)行进的危险点	

续表

序号	能力种类	能力项	培训内容	课时(小时)
25	专业技能八	起重搬运能力	1 常用绳扣绑扎	8
			2 常用起重作业设备操作	
			2.1 手拉葫芦的使用	
			2.2 滑轮的使用	
			2.3 机动绞磨的使用	
			2.4 千斤顶的使用	
			2.5 滚杠的使用	
			2.6 抱杆的使用	
26	专业技能九	建筑物坍塌破拆搜救	1 搜索技术与装备操作	120
			1.1 搜索定义及要求	
			1.2 搜索队伍组织结构	
			1.3 评估搜救现场信息	
			1.4 搜索标记及现场信息识别	
			1.5 声波/振动生命探测仪使用	
			1.6 光纤光学搜索仪使用	
			1.7 人工搜索基本方法	
			1.8 仪器搜索基本方法	
			1.9 综合搜索基本方法	
			2 破拆技术与装备操作	
			2.1 破拆概述及理念	
			2.2 破拆装备种类及相关参数	
			2.3 手动破拆工具使用	
			2.4 机动、电动破拆工具使用	
			2.5 液压破拆工具使用	
			2.6 破拆现场评估及注意事项	
			2.7 破拆营救策略	
			2.8 破拆实施技巧	
			3 破拆对象的结构特点与风险防范	
			3.1 建筑物倒塌原因、用途和面积	
			3.2 地震破坏模式	

续表

序号	能力种类	能力项	培训内容	课时(小时)
26	专业技能十	建筑物坍塌破拆搜救	3.3 破拆区域人员占有率	120
			3.4 建筑物二次倒塌可能性	
			4 顶升技术与装备操作	
			4.1 顶撑技术概述	
			4.2 顶撑技术构成及影响因素	
			4.3 顶撑队伍组成及功能	
			4.4 顶撑类型	
			4.5 顶撑程序	
			4.6 顶撑设备使用	
			4.7 顶撑技术策略及注意事项	
			5 构建筑物坍塌破拆搜救与营救	
			5.1 地震救援中房屋建筑震害	
			5.2 钢筋混凝土框架结构和砖混结构房屋震害	
			5.3 工业厂房及空旷房屋震害	
			5.4 建筑物安全评估及地震救援安全要求	
			5.5 地震救援现场情况特点	
			5.6 施救中需要观察、了解的基本情况	
			5.7 施救中建筑物安全评估	
			5.8 救援行动中的安全管理、风险评估、安全措施、场地控制	
			5.9 救援行动中的营救人员个人防护	
			6 现场破拆的安全防护和现场安全检查	
			6.1 现场破拆安全检查	
			6.2 现场破拆安全防护	
27	专业技能十一	无人机操控与侦察	1 无人机操控理论知识	160
			2 无人机电脑模拟操控训练	
			3 无人机真机飞行操控训练	
			3.1 穿越机训练	
			3.2 考试机训练	
			3.3 无人机图传系统使用	
			3.4 航线规划及超视距飞行训练	

续表

序号	能力种类	能力项	培训内容	课时(小时)
28	相关技能	应急值班管理	1 应急值班员工作职责	8
			2 应急值班工作要求	
			2.1 日常时段应急值班工作要求	
			2.2 突发事件应急值班工作要求	
			2.3 重要保电时段应急值班工作要求	
			2.4 应急值班报表管理要求	
			3 应急指挥领导小组应急装备物资管理	
			4 现场音视频采集终端、编辑软件的使用	
29		应急救援基干分队管理	1 应急救援基干分队基础管理	31
			1.1 应急救援基干分队管理概述	
			1.2 应急救援基干分队计划与目标管理	
			1.3 应急救援基干分队制度建设和管理	
			1.4 应急救援基干分队标准化工作	
			1.5 应急基干队员管理和思想政治工作	
			1.6 应急救援基干分队绩效管理	
			1.7 应急救援基干分队管理中的资料、档案管理	
			1.8 应急救援基干分队管理者的职业素养修炼	
			2 应急救援基干分队安全管理	
			2.1 应急救援基干分队安全管理概述	
			2.2 安全管理的五个要素	
			2.3 安全工作规程的贯彻实施	
			2.4 安全管理和预防事故的措施	
			2.5 安全性评价	
			2.6 应急救援基干分队安全生产奖惩考核	
			2.7 应急救援基干分队队长、副队长及安全员安全职责	
			3 应急救援基干分队质量管理	
			3.1 培训、救援质量管理基本知识	
			3.2 应急救援基干分队培训、救援质量管理的意义和要求	
			3.3 电力企业班组质量管理的内容和方法	

续表

序号	能力种类	能力项	培训内容	课时(小时)
29	相关技能	应急救援基干分队管理	4 应急救援基干分队技术管理	31
			4.1 应急救援基干分队救援技术管理的任务和内容	
			4.2 应急救援基干分队救援技术管理制度	
			5 应急救援基干分队装备(设备)管理	
			5.1 应急救援基干分队装备(设备)管理的任务和内容	
			5.2 应急救援基干分队装备(设备)管理制度	
			5.3 应急救援基干分队装备(设备)定级	
			6 应急救援基干分队救援管理	
			6.1 应急救援基干分队救援工作流程	
			6.2 应急救援基干分队的救援工作任务和内容	
30		应急演练组织与管理能力	1 应急演练分类	8
			2 应急演练筹备	
			2.1 演练计划编制	
			2.2 演练组织机构设立(包括领导小组、策划导调组、技术支持组、后勤保障组)	
			2.3 演练资料准备(包括工作方案、演练手册、参演人员手册、演练脚本、演练流程图、情景引导 PPT 及音视频文件、应急演练评估表、演练安全保障方案、技术保障方案、现场准备)	
			3 应急演练实施(包括演练启动、演练执行、过程控制、演练结束、现场点评)	
			4 应急演练评估及报告编写(包括归档上报、演练评估、改进提升)	
31	综合素养	职业道德	1 职业道德规范基础	8
			1.1 职业道德	
			1.2 全国职工守则	
			1.3 基础行为规范	
			2 职业道德形象规范	
			2.1 外在形象规范	
			2.1 一般行为规范	

续表

序号	能力种类	能力项	培训内容	课时(小时)
31	综合素养	职业道德	2.3 具体行为规范	8
			3 应急基干队员行为规范	
			4 国家电网有限公司员工相关职业道德规范	
32		企业文化	1 企业文化的一般概念	8
			1.1 企业文化的概念和内容	
			1.2 企业文化的功能	
			2 国家电网有限公司企业文化理念	
			2.1 核心价值观	
			2.2 发展战略	
			2.3 行为规范	
			2.4 文化理念	
			2.5 企业标识	
33		沟通技巧与团队建设	1 沟通	24
			1.1 沟通的概念及重要性	
			1.2 沟通的过程	
			1.3 沟通的类型	
			1.4 有效沟通	
			2 团队概述	
			2.1 团队的定义	
			2.2 团队的种类	
			2.3 团队对组织的益处	
			2.4 团队对个人的益处	
			2.5 团队成员各类角色	
			2.6 团队发展的各个阶段	
			2.7 团队建设的原则	
			3 协调	
			3.1 协调的概念	
			3.2 协调范围.内容和程序	
			3.3 协调的原则和工作方法	
			3.4 协调的形式和艺术	
			4 团队的合作与信任	

续表

序号	能力种类	能力项	培训内容	课时(小时)
33	综合素养	沟通技巧与团队建设	4.1 团队合作的意义	24
			4.2 有效合作的前提	
			4.3 信任的内涵	
			4.4 彼此信任对团队的意义	
			5 冲突	
			5.1 团队冲突	
			5.2 应对冲突的策略	
			5.3 冲突的基本概念	
			5.4 冲突管理的方式	
			5.5 有效解决冲突的技术方法	
			5.6 案例分析	
			6 建设高绩效的团队	
			6.1 团队解决问题的方法	
			6.2 团队的基本特征	
			6.3 失败团队的成因	
			6.4 高绩效团队的特点	
			6.5 建设高绩效团队的条件和途径	
			6.6 团队领导的素质修养及工作方法	
34		电力应用文	1 事务文书	8
			1.1 应用文概述	
			1.2 计划	
			1.3 总结	
			1.4 调查报告	
			1.5 会议记录	
			2 电力应急专业技术与科技论文	8
			2.1 电力应急专业技术论文	
			2.2 科技论文的写作规范	
35		技能培训与传授	1 班组培训基本概念	
			1.1 企业培训基本知识	
			1.2 班组培训的任务、内容和要求	
			1.3 在岗培训的基本方法	

续表

序号	能力种类	能力项	培训内容	课时(小时)
35	综合素养	技能培训与传授	2 师带徒制度与师徒合同	8
			3 岗位练兵与技术比武	
			4 班组培训组织	
			4.1 班组培训项目方案的制定	
			4.2 现场标准化作业指导书的编制	
			4.3 班组培训项目的组织实施和质量保证	

附录3　电力企业应急救援队伍应急能力指标调查问卷

尊敬的专家：

您好！非常感谢您能在百忙之中抽出时间接受我们的调查，为了进一步了解电力企业应急救援队伍应急能力受到哪些因素的影响，以便构建全面的电力企业应急救援队伍应急能力评价指标体系，特邀请您为我们的指标筛选提出宝贵意见。您的宝贵意见将有助于我们更好地完善电力企业应急救援队伍应急能力评价指标体系！

第一部分　电力企业应急救援队伍应急能力综合评价指标筛选

请您根据初步构建出的电力企业应急救援队伍应急能力评价指标体系，结合自己的专业知识和工作经验，对评价指标与电力企业应急救援队伍应急能力的相关程度进行打分，本次问卷采用5分制打分法：

1分——完全无关；

2分——比较无关；

3分——一般；

4分——比较相关；

5分——非常相关。

请您在附表3-1和附表3-2中对初拟指标的相关程度进行打分。

附表3-1　初拟个人应急能力指标相关程度均值汇总表

一级指标	相关程度均值	二级指标	相关程度均值	三级指标	相关程度均值
静态测评 A_1		基本素质 A_{11}		年龄 C_1	
				学历 C_2	
				专业年限 C_3	
				心理素质 C_4	
				政治素养 C_5	
				身体状况 C_6	
				体能情况 C_7	
				任职情况 C_8	
				体重 C_9	

续附表 3-1

一级指标	相关程度均值	二级指标	相关程度均值	三级指标	相关程度均值
静态测评 A_1		专业技能 A_{12}		技能等级 C_{10}	
				持证情况 C_{11}	
				培训时长 C_{12}	
				演练次数 C_{13}	
		实战经历 A_{13}		加入应急救援基干分队年限 C_{14}	
				参加应急救援次数 C_{15}	
				考核评优 C_{16}	
动态测评 A_2		基础性动态测评 A_{21}		考试 C_{17}	
				考问 C_{18}	
				单兵实操 C_{19}	
				体能素质 C_{20}	
		建设性动态测评 A_{22}		配电安装 C_{21}	
				输电线路员工脱困应急救援 C_{22}	
				配电线路应急救援 C_{23}	
				有限空间脱困救援与抢险保障 C_{24}	
				应急通信能力 C_{25}	
				应急驾驶能力 C_{26}	
				水域救援能力 C_{27}	
				起重搬运能力 C_{28}	
				建筑物坍塌破拆搜救 C_{29}	
				无人机操作与侦察 C_{30}	

附表 3-2　初拟队伍应急能力指标相关程度均值汇总表

一级指标	相关程度均值	二级指标	相关程度均值	三级指标	相关程度均值
静态测评 B_1		管理制度 B_{11}		安全管理 D_1	
				培训管理 D_2	
				装备保养 D_3	
				信息处理 D_4	
				考核奖励 D_5	

续附表 3-2

一级指标	相关程度均值	二级指标	相关程度均值	三级指标	相关程度均值
静态测评 B_1		人员配置 B_{12}		队伍定员 D_6	
				专业配置 D_7	
				基本素质 D_8	
				专业技能 D_9	
				实战经历 D_{10}	
				人员管理 D_{11}	
		培训演练 B_{13}		培训 D_{12}	
				计划制定 D_{13}	
				资源保障 D_{14}	
				演练拉练 D_{15}	
				总结测评 D_{16}	
		装备配置 B_{14}		基础装备 D_{17}	
				补充装备 D_{18}	
				特种装备 D_{19}	
				维护保养 D_{20}	
				应急车辆 D_{21}	
动态测评 B_2		基础性动态测评 B_{21}		考试 D_{22}	
				考问 D_{23}	
				单兵实操 D_{24}	
				体能素质 D_{25}	
		建设性动态测评 B_{22}		配电安装 D_{26}	
				输电线路员工脱困应急救援 D_{27}	
				配电线路应急救援 D_{28}	
				有限空间脱困救援与抢险保障 D_{29}	
				应急通信能力 D_{30}	
				应急驾驶能力 D_{31}	
				水域救援能力 D_{32}	
				起重搬运能力 D_{33}	
				建筑物坍塌破拆搜救 D_{34}	
				无人机操作与侦察 D_{35}	

第二部分　专业水平自评

请您就以下四个方面对您打分的影响程度进行判断，在适合的选项内打√：

判断依据	大	中	小
生产经验			
理论储备			
参考文献			
直觉判断			

请您就您对电力企业应急救援队伍应急能力评价方面相关理论和工作的熟悉程度进行自评，在适合的选项内打√：

熟悉水平	非常熟悉	比较熟悉	一般	比较陌生	非常陌生
自评					

非常感谢您对本次问卷调查的支持！

附录 4　电力企业应急救援队伍装备推荐配置表

附表 4-1　电力企业应急救援队伍装备推荐配置表(基础综合类)

序号	分类			单位
	大类	中类	小类	
1	应急电源、照明类	电源类	移动应急充电方舱	台
2			5 kW 发电机	台
3			50 kW 静音发电机	台
4			100 kW 静音发电机	台
5			供电接入及设备维修工具组合	套
6		照明类	4.5 泛光灯(自带发电机)	台
7			10 米泛光灯(自带发电机)	台
8			充电照明灯	台
9			车载探照灯	盏
10			升降工作灯(自带蓄电池)	台
11			防爆手提探照灯	台
12	应急通信类	卫星通信类	卫星通信车(动中通)	辆
13			卫星通信车(静中通)	辆
14			指挥车	辆
15			卫星通信保障方舱	套
16			便携式卫星站	台
17			海事卫星电话	台
18			铱星电话	台
19			北斗卫星短报文终端	套
20		公网通信类	数字集群通信终端	台
21			单兵视频采集终端	套
22			内网移动办公电脑/平板	台
23			户外笔记本/户外平板	台

续附表 4-1

序号	分类			单位
	大类	中类	小类	
24	应急通信类	公网通信类	应急指挥智能调度终端	台
25			无线数字对讲终端	套
26			无线数字对讲车载台	套
27			短波电台	台
28			340M 单兵背负通信系统	台
29			4G LTE 局域通信系统	台
30			隧道通信保障单元	套
31			隧道人员实时检测及图像回传设备	套
32		辅助通信类	无人机	台
33			语音通信融合器	套
34			光纤通信设备	套
35	运输车辆类	人员运输类	轻型客车	辆
36			越野车	辆
37		物资运转类	皮卡车	辆
38			起重货运车	辆
39			箱式装备运输车	辆
40			越野卡车	辆
41		车辆保障类	汽车防滑链	套
42			15 m 封车绳	根
43			车辆应急工具箱	套
44	单兵装备类	个人防护类	应急工作服	套
45			防寒服	套
46			抢险救援服	套
47			雨靴	双
48			绝缘工作鞋	双
49			防穿刺救援靴	双
50			登山徒步鞋	双
51			防割手套	副
52			线手套	副

续附表 4-1

序号	分类			单位
	大类	中类	小类	
53	单兵装备类	个人防护类	安全帽	顶
54			护膝肘	套
55			反光背心	套
56			护目镜	个
57			防护口罩	只
58			个人急救包	套
59		携行类	个人单兵背包(带背负系统)	个
60		餐饮保障类	组合餐具	套
61			防风打火机	个
62			72小时食品包	个
63			单兵炉具套锅	套
64			便携生活水桶	个
65			水壶	个
66			单兵净水器	个
67			净水丸	盒
68		宿营保障类	防潮垫	块
69			睡袋	套
70			单兵帐篷	套
71		保障救援类	工兵铲	把
72			安全带	副
73			头灯	个
74			指南针	个
75			充电宝	个
76			荧光棒	根
77			热帖	盒
78			救生绳(50 m一根)	根
79			望远镜	个
80			GPS定位仪	台
81			照相机	部
82			摄像机	部
83			单兵太阳能充电板	块

续附表 4-1

序号	分类			单位
	大类	中类	小类	
84	医疗救护类	生命救助类	自救式呼吸器	个
85			除颤仪	台
86		医疗保障类	急救箱	个
87			骨折固定夹板	个
88			急救毯	条
89		担架类	折叠担架	副
90			脊柱固定担架	副
91			铲式担架	副
92			卷式担架	副
93			篮式担架	副
94	应急综合类	机动器械类	汽油链锯	把
95			高枝油锯	把
96			断线钳	台
97		手动器械类	铁锹	把
98			十字镐	把
99			凿子	根
100			撬棍	根
101			短把锤	把
102			大锤	把
103			钢锯	把
104		仪器仪表类	万用表	台
105		救援保障类	扩音器	台
106			移动电缆盘	个
107			背负式油(水)桶	个
108			便携式灭火器	个
109			绳索发射枪	把
110			围栏	组

续附表 4-1

序号	分类			单位
	大类	中类	小类	
111	后勤保障类	餐饮保障类	野战餐车	辆
112			净水车	辆
113			便携折叠桌椅	套
114			30 人野战灶炉	套
115			饮用水净水器	台
116		住宿保障类	枕巾、床单、被套	套
117			棉被、褥子、枕头	套
118			行军床	张
119		生活保障类	消杀喷淋器	台
120			移动厕所	套
121			便携淋浴袋	个
122			垃圾桶	个
123			垃圾袋	个
124			防水篷布	张
125			冷暖空气发生器	台
126		安全保障类	设备接地线	套
127	行动营地搭建类	营帐类	框架充气式帐篷	套
128			野战帐篷(5×8 m)	套
129			野战帐篷(3×4 m)	套
130		办公保障类	现场指挥部装备方舱	台
131			便携折叠办公桌	张
132			便携折叠办公椅	张
133			杉木杆	根
134			配电箱	个
135			配电接入材料	套

附表 4-2　电力企业应急救援队伍装备推荐配置表(特种装备类)

序号	分类			单位
	大类	中类	小类	
1	台风、防汛救援类	特种车辆类	抽水车	辆
2		内涝救援类	大功率抽水泵	台
3			20 m 消防水带	条
4			编织袋	个
5			便携清洗机	台
6			供电设备烘干机	台
7		水上救援类	救生衣	件
8			救生圈	个
9			橡皮艇	艘
10			冲锋舟	艘
11			水上救援专用绳索	条
12	高空绳索救援类	救援支架类	三脚架(带绞盘)	套
13		个人防护类	半身安全带	副
14			全身安全带	副
15			头盔	个
16			保护用手套	副
17		绳索类	辅绳	米
18			静力绳	米
19			动力绳	米
20		操作器械类	双滑轮	个
21			单滑轮	个
22			分力板	个
23			下降保护器	个
24			D 型丝扣主锁	个
25			O 型丝扣主锁	个
26			60 cm 成型扁带	条
27			120 cm 成型扁带	条
25			止坠器	个
29			势能吸收器	个

续附表 4-2

序号	分类			单位
	大类	中类	小类	
30	高空绳索救援类	操作器械类	成套快挂	个
31			8 字环	个
32			左手上升器	个
33			右手上升器	个
34			脚踏圈	个
35	危化品救援类	个人防护类	重型隔热防化服	套
36			轻型防化服	套
37			全封闭气密化学防化服	套
38			全面罩正压空气呼吸器	台
39			一次性化学防护服	套
40			防护手套	双
41			防护靴	双
42		仪器仪表类	热成像仪	台
43			可燃气体检测仪	台
44			便携式多种有毒气体检测仪(二氧化碳、硫化氢、一氧化碳、氨气、氯气)	台
45			智能型水质分析仪	台
46			核放射探测仪	台
47			综合电子气象仪	台
48			漏电探测仪	台
49		救援保障类	双接口快速充气泵	台
50			洗消站	台
51	地震救援类	生命探测仪器	音频生命探测仪	台
52			蛇眼生命探测仪	台
53			雷达生命探测仪	台
54		破拆类	液压动力站破拆组合	套
55			液压双输出机动泵	台
56			手动液压泵	台
57			液压油管	根

续附表 4-2

序号	分类			单位
	大类	中类	小类	
58	地震救援类	破拆类	液压扩张钳	台
59			液压剪扩钳	台
60			切割环锯	台
61			内燃凿岩机	台
62			电动凿岩机	台
63			无齿锯	台
64			手动破拆器组合	套
65			手枪钻	台
66		顶撑支护类	重型支撑套具	套
67			5 t 起重气垫	个
68			10 t 起重气垫	个
69			220 t 起重气垫	个
70			30 t 起重气垫	个
71			气瓶及连接件	套
72			液压千斤顶专用泵	个
73			液压千斤顶	台
74	电缆隧道救援类	灭火处置类	高压脉冲水枪(防导电)	台
75		检测仪器仪表类	漏电检测棒	个
76			便携式多台一气检测仪(有毒、可燃)	台
77			热成像仪	台
78		氧气供应类	正压式空气呼吸器	台
79			便携式氧气供应源	套
80		抢修环境搭建类	排烟机	台
80			通风机	台
82			高压清洗机	台
83			干风机	台
84			排污泵	台
85			双接口快速充气泵	台

续附表 4-2

序号	分类			单位
	大类	中类	小类	
86	火山救援类	火情检测类	便携式测距仪	台
87			便携式红外望远镜	台
88			无人机	台
89		灭火、脱困类	风力灭火器	台
90			脉冲气压喷雾水枪	台
91			高压细水雾灭火机	台
92		变电站防火类	油锯	台
93			高枝锯	台
94			便携消防泵	台
95			2 t 水袋	个
96		个人防护类	个人山火防护套装	套
97		救援保障类	20 L 背油(水)桶	个
98			高压气体充气泵	台

附录 5　个人应急能力评估指标评分标准

序号	建设项目	建设内容	评分标准	参考标准	实得分
A_{11}	基本素质				
C_1	年龄	人员要求年龄 23～45 岁	年龄在 23～25 岁 60 分，26～28 岁 90 分，29～42 岁 100 分，43～45 岁 80 分，低于 23 或高于 45 岁 0 分	参考《国家电网公司应急救援基干分队管理规定》	
C_2	学历	人员要求具有中技及以上学历	本科及以上学历 100 分，技校/高中学历 80 分，初中及以下学历 0 分	参考《国家电网公司应急救援基干分队管理规定》	
C_3	专业年限	人员要求从事电力专业工作 3 年以上	低于 3 年 0 分，满 3 年 60 分，满 3 年后每多 1 年加 10 分，满分 100 分	参考《国家电网公司应急救援基干分队管理规定》	
C_4	心理素质	人员要求心理素质良好	根据考问结果打分		
C_5	政治素养	人员要求具有良好的政治素质，较强的事业心，遵守纪律，团队意识强	政治面貌（党员 100 分；预备党员 80 分；团员、无党派人士、群众 60 分）		
C_6	身体状况	体检情况	体检合格 100 分，有脂肪肝、胆固醇超标等每项减 10 分，有恐高症、高血压、夜盲症、心脏病等不适合应急救援的疾病为 0 分	参考《国家电网公司应急救援基干分队管理规定》	
C_7	任职情况	根据个人专业编入综合救援、应急供电、信息通信、后勤保障等救援小组，个人是否在辖区内任职	专业对应 100 分，专业相近 80 分，专业差别较大 60 分；个人在辖区内任职加 20 分，不在不加分；满分 100 分	参考《国家电网公司应急救援基干分队管理规定》	

续表

序号	建设项目	建设内容	评分标准	参考标准	实得分
C_8	体重	体重过低：BMI＜18.5(90分) 正常范围：18.5≤BMI＜24(100分) 肥胖前期：24≤BMI＜28(70分) Ⅰ度肥胖：28≤BMI＜30(60分) Ⅱ度肥胖：30≤BMI(0分)	建议采用BMI指数：体重(单位：kg)除以身高(单位：m)的二次方	国际上常用的衡量人体肥胖程度和健康状况的重要标准	
A_{12}	专业技能				
C_9	技能等级	人员要求初级工或初级职称及以上	无技能证书或职称0分，初级工或助理工程师70分，中级工或工程师80分，高级工及以上100分	参考《国家电网公司应急救援基干分队管理规定》	
C_{10}	持证情况	人员要求具有电工证、登高证、特种设备作业证等	综合救援类同时含有电工证和登高证60分，应急供电类含有电工证60分(否决项)；救护、水域救援、医疗救护、无人机、测量、高压等方面证书每证加20分	参考《国家电网公司应急救援基干分队管理规定》	
C_{11}	培训时长	人员要求初次技能培训每人每年不少于30个工作日，以后每年每轮不少于10个工作日	省市级单位 初次培训　＞30　90分 初次培训(25～30)80分 初次培训(15～24)70分 初次培训　＜15　60分 县级单位 初次培训　＞30　100分 初次培训(25～30)90分 初次培训(20～24)80分 初次培训(10～19)70分 初次培训　＜1060分 省市级不少于10个工作日一次加10分，县级每年轮训不少于5个工作日一次加10分，满分100分	参考《国家电网公司应急救援基干分队管理规定》	

续表

序号	建设项目	建设内容	评分标准	参考标准	实得分
C_{12}	演练次数	人员要求演练每人每年不少于2次	个人未参加应急演练60分，每多参加一次20分，满分100分	参考《国家电网公司应急救援基干分队管理规定》	
A_{31}	实战经历				
C_{13}	加入应急救援基干分队年限	每个队员服役时间不应少于3年	加入应急救援基干分队年限第1年60分，每多1年加10分，满分100分	参考《国家电网公司应急救援基干分队管理规定》	
C_{14}	参加应急救援次数	个人参加应急救援次数	个人未参加应急救援60分，参加本地区（县、市）应急救援1次加10分，参加跨市救援1次加20分，参加跨省救援1次加30分，参加社会性重大救援1次加40分；满分100分	参考《国家电网公司应急救援基干分队管理规定》	
C_{15}	考核评优	个人考核评优主要由国家电网公司、各分部、各网省公司、直属单位及基干分队挂靠单位组成	受到国家电网公司、各分部奖励40分/次；各网省公司、直属单位奖励30分/次；基干分队挂靠单位奖励20分/次，未受到奖励60分	参考《国家电网公司应急救援基干分队管理规定》	
A_{21}	基本性动态评估				
C_{16}	考试	考试	按考试分数打分		
C_{17}	考问	考问	按考问分数打分		
C_{18}	单兵实操	指挥岗：指挥能力、资源调配能力（通过情景演示的问答形式） 操作岗：考核队员基础科目（高空救援、指挥部帐篷搭建、外伤包扎、心肺复苏）和选做科目（绳结使用、特种车辆驾驶、现场破拆、现场测绘等），基础科目必选每项25分，选做科目每项加10分 注：对于团体性项目如帐篷搭建、高空救援中此处对个人表现进行打分	具体见附件8单兵实操评分细则		

续表

序号	建设项目	建设内容	评分标准	参考标准	实得分
C_{19}	体能素质	单向引体向上(次/3分钟); 10米×4往返跑(秒); 1000米跑(分、秒); 原地跳高(厘米),每项25分; 注:根据当地海拔高度进行标准调整。 另对于非综合救援组队员如信息通信、后勤保障组队员对于体能素质专业要求稍低,综合分数可参考以下公式: $P_{修正}=P_{原始}\times\tau$ 其中:$P_{修正}$为信息通信及后勤保障类修正分数,$P_{原始}$为参考标准后综合原始得分,τ为修正系数,$\tau\in[1,1.5]$	具体见附件9体能素质评分细则	参考《国家综合性消防救援队员消防员招录体能测试、岗位适应性测试项目及标准》	
A_{21}	建设性动态评估				
C_{20}	配电安装	1. 配电符合计算、材料选取和配电安装方法; 2. 不同场景下配电网搭建能力	理论+实操	《应急救援基干分队培训及量化考评规范》	
C_{21}	输电线路员工脱困应急救援	1. 绳索基础技能和救援技能; 2. 复杂场景绳索救援系统搭建能力	理论+实操	《应急救援基干分队培训及量化考评规范》	
C_{22}	配电线路应急救援	1. 配电救援危险点、防范措施和安全注意事项; 2. 救援流程和作业方法	理论+实操	《应急救援基干分队培训及量化考评规范》	

续表

序号	建设项目	建设内容	评分标准	参考标准	实得分
C_{23}	有限空间脱困救援与抢险保障	1. 有限空间定义及特点； 2. 有限空间作业救援风险辨识、安全防护和救援能力	理论＋实操	《应急救援基干分队培训及量化考评规范》	
C_{24}	应急通信能力	应急救援中所需应急通信各软、硬件的基本操作方法	理论＋实操	《应急救援基干分队培训及量化考评规范》	
C_{25}	应急驾驶能力	1. 各种路况下的陆地、水面交通工具驾驶； 2. 脱困自救	理论＋实操	《应急救援基干分队培训及量化考评规范》	
C_{26}	水域救援能力	1. 落水人员的紧急救援； 2. 浮动码头的搭建技能	理论＋实操	《应急救援基干分队培训及量化考评规范》	
C_{27}	起重搬运能力	1. 常用起重搬运设备和工具的使用； 2. 吊装指挥信号的正确使用	理论＋实操	《应急救援基干分队培训及量化考评规范》	
C_{28}	建筑物坍塌破拆搜救	1. 建筑物倒塌的原因和范围； 2. 建筑物安全评估及地震救援安全要求； 3. 救援行动中的安全管理、风险评估、防范措施、场地控制、个人防护和救援能力	理论＋实操	《应急救援基干分队培训及量化考评规范》	
C_{29}	无人机操作与侦察	1. 无人机操控理论知识和图传系统操作技能； 2. 真机飞行和超视距无人机操控能力	理论＋实操	《应急救援基干分队培训及量化考评规范》	

附录 6　队伍应急能力评估指标评分标准

序号	建设项目	建设内容	评分标准	参考标准	实得分
B_1	基本素质				
D_1	安全管理	按照国家电网公司、各分部、网省公司和相关上级单位应急管理要求，制度、落实本单位应急管理要求	落实国家电网公司、各分部、网省公司和相关上级单位应急管理要求 60 分；省级单位制定本单位应急体系、队伍、装备等管理要求，市县级单位落实应急体系、队伍、装备等管理制度 40 分，少制定或落实 1 项扣 10 分，满分 100 分	参考《国家电网公司应急救援基干分队管理规定》	
D_2	培训管理	各级单位应根据相关法规及当地情况修订落实培训管理相关制度，并应包括队伍技能、管理、教育以及考核等相关方面	省公司落实国家电网公司、各分部、相关上级单位培训管理要求 60 分；省公司根据各单位情况修订管理培训制度 10 分；制定应急技能培训制度 10 分；制定应急教育培训制度 10 分；修订完善培训考核制度 10 分；地市公司落实管理培训制度 25 分；落实应急技能培训制度 25 分；落实应急教育培训制度 25 分；落实完善培训考核制度 25 分	参考《国家电网公司应急救援基干分队管理规定》	
D_3	装备保养	落实装备保养管理制度规定，规定应包含摆放位置，装备管理、使用、摆放及保养方面	装备库房管理制度规定放置在醒目位置 20 分；落实装备管理制度 20 分；落实装备使用制度 20 分；落实装备摆放制度 20 分；落实装备保养制度 20 分	参考《国家电网公司应急救援基干分队管理规定》	
D_4	信息处理	信息处理由预警研判发布、灾情收集上报、应急响应处置、灾后统计分析四部分组成	收集相关信息研判预警发布及时、合理 20 分，灾情数据收集上报迅速、准确 30 分，根据灾情情况应急响应命令发布准确、及时 20 分，应急处置完毕后及时开展统计分析 30 分	参考《国家电网公司应急救援基干分队管理规定》	

续表

序号	建设项目	建设内容	评分标准	参考标准	实得分
D_5	考核奖励	国家电网公司、直属单位、各分部、网省公司、相关上级单位、各级政府部门、基干分队挂靠单位对应急救援基干分队的表彰奖励	国家电网公司、省级及以上政府相关部门、各分部、直属单位对应急救援基干分队表彰奖励40分/次；省公司、市级政府相关部门对应急救援基干分队表彰奖励30分/次；基干分队挂靠单位(市级)、县级政府相关部门对应急救援基干分队的表彰奖励20分/次，基干分队挂靠单位(县级)对应急救援基干分队的表彰奖励10分/次；个人或团体在应急相关科技创新做出贡献，发明专利10分，核心论文10分/篇，满分100分	参考《国家电网公司应急救援基干分队管理规定》	
B_2	人员配置				
D_6	队伍定员	队伍定员标准省级不少于50人，市级不少于20人，县级不少于10人；各级队伍应建立个人身份信息卡	省(50)、市(20)、县(10)，满分100分，省级每少1人扣2分，市级4分/人，县级5分/人进行扣分；个人身份信息卡应记录姓名、年龄、单位、职务、专业特长、过往病史、过敏药物、血型、单位联系方式等，个人信息卡省级每少1人扣2分，市级4分/人，县级5分/人进行扣分	参考《国家电网公司应急救援基干分队管理规定》	
D_7	专业配置	应急救援队伍应配备综合救援、应急供电、信息通信、后勤保障四部分专业人员	应急救援队伍一般由综合救援、应急供电、信息通信、后勤保障专业组成，每个专业配置齐全各25分	参考《国家电网公司应急救援基干分队管理规定》	
D_8	基本素质	队伍基本素质由所有个人基本素质所构成，个人基本素质由年龄、学历、专业年限、心理素质、政治素养、身体状况、体检报告及体重八部分组成	队伍中个人基本素质平均分	参考《国家电网公司应急救援基干分队管理规定》	

续表

序号	建设项目	建设内容	评分标准	参考标准	实得分
D_9	专业技能	队伍专业技能由所有个人专业技能所组成,个人专业技能由技能等级、持证情况、培训时长及演练次数四部分组成	队伍中个人专业技能评估结果平均值	参考《国家电网公司应急救援基干分队管理规定》	
D_{10}	实战经历	队伍实战经历由所有个人实战经历所组成,个人实战经历由个人加入年限、救援次数以及考核评优三部分组成	队伍中个人实战经历平均分	参考《国家电网公司应急救援基干分队管理规定》	
D_{11}	人员管理	考虑队伍规模,省级平均人员更新3人/年,市级2人/年,县级1人/年;应建立退役人员管理制度,形成退役人员台账	队伍成立以来省级平均人员更新3人/年,市级2人/年,县级1人/年,不满足更新人次要求的60分,满足要求后每多1人加10分。近三年退役人员台账每少一人扣5分	参考《国家电网公司应急救援基干分队管理规定》	
B_3	培训演练				
D_{12}	培训	各级单位根据承担应急救援任务特点,组织开展培训活动	省市级单位每年组织开展培训活动1次60分,2次80分,高于2次每多加1次加10分,未开展为0分;县级单位每年1次80分,2次及以上100分,0次60分,满分100分	参考《国家电网公司应急救援基干分队管理规定》	
D_{13}	计划制订	演练计划制订由确定应急演练名称、事件及范围、确定应急演练资金、确定应急演练目标及人员、确定应急演练程序四部分组成	确定应急演练名称、事件及范围25分;确定应急演练资金25分;确定应急演练目标及人员25分;确定应急演练程序25分	参考《国家电网公司应急救援基干分队管理规定》	

续表

序号	建设项目	建设内容	评分标准	参考标准	实得分
D_{14}	演练拉练	基干分队每年至少组织、参加两次演练或拉练；专职人员参与演练人员80%，兼职人员60%	省市级单位全队每年平均演练次数1次60分，2次80分，高于2次每多加1次加10分，未开展为0分；县级单位每年1次80分，2次及以上100分，0次60分，满分100分，专职人员和兼职人员参与率每降10%扣10分	参考《国家电网公司应急救援基干分队管理规定》	
D_{15}	总结评估	总结演练问题，并整改问题	演练后开展总结评估60分，对演练中存在的问题整改40分，未整改10分/条	参考《国家电网公司应急救援基干分队管理规定》	
B_4	装备配置				
D_{16}	基础装备	基础装备由单兵装备、生活保障类、通信类、发电照明类、运输类装备5项组成	队伍配备单兵装备、生活保障类、通信类、发电照明类、运输类装备，每项装备20分，若某项不全则根据具体情况酌情扣分	参考《国家电网公司应急救援基干分队管理规定》	可参考《国家电网公司应急救援基干分队管理规定》附件3应急装备推荐配置表打分
D_{17}	补充装备	补充基础装备及特种装备中没有的设备(设备可用于电力企业应急救援队伍)	无补充装备60分，每多1项加5分，满分100分	参考《国家电网公司应急救援基干分队管理规定》	
D_{18}	特种装备	特种设备分为台风、防汛救援类，高空绳索救援类、危化品救援类、地震救援类、电缆隧道救援类及山火救援类设备	无特种装备60分，每多一项加10分，满分100分	参考《国家电网公司应急救援基干分队管理规定》	可参考《国家电网公司应急救援基干分队管理规定》附件3应急装备推荐配置表打分

续表

序号	建设项目	建设内容	评分标准	参考标准	实得分
D_{19}	维护保养	装备保养由定期维护保养和不定期维护保养两部分组成，前者为日常保养、月度保养；后者为减少装备磨损、消除隐患、延长装备使用寿命的保养	日常保养库房、装备清洁、清扫和整理 10 分；月度保养装备充放电、发动机启动、润滑油更换等保养检查记录 40 分，清洗附件及冷却、润滑装置，机体、附件防腐、更换零部件，维修受损装备等维修记录 50 分；满分 100 分	参考《国家电网公司应急救援基干分队管理规定》	
D_{20}	应急车辆	根据队伍规模，配置应急车辆	省级 6 辆，市级 4 辆，县级 2 辆，60 分，低于该标准 0 分，县级每多 1 辆加 20 分，市级 15 分，省级 10 分	参考《国家电网公司应急救援基干分队管理规定》	
B_{21}	基本性动态评估				
D_{21}	考试	考试	队伍考试平均分得分		
D_{22}	考问	考问	队伍考问平均分得分		
D_{23}	单兵实操	单兵实操	队伍单兵实操平均分得分；其中团体性单兵实操得分如帐篷搭建、高空救援等为该团队打分结果		
D_{24}	体能素质	体能素质	队伍体能素质平均分得分		
B_{22}	建设性动态评估				
D_{25}	配电安装	1.配电符合计算、材料选取和配电安装方法； 2.不同场景下配电网搭建能力	队伍理论＋实操平均分得分	《应急救援基干分队培训及量化考评规范》	
D_{26}	输电线路员工脱困应急救援	1. 绳索基础技能和救援技能； 2. 复杂场景绳索救援系统搭建能力	队伍理论＋队伍实操平均分得分	《应急救援基干分队培训及量化考评规范》	
D_{27}	配电线路应急救援	1. 配电救援危险点、防范措施和安全注意事项； 2. 救援流程和作业方法	队伍理论＋队伍实操平均分得分	《应急救援基干分队培训及量化考评规范》	

续表

序号	建设项目	建设内容	评分标准	参考标准	实得分
D_{28}	有限空间脱困救援与抢险保障	1. 有限空间定义及特点； 2. 有限空间作业救援风险辨识、安全防护和救援能力	队伍理论＋队伍实操平均分得分	《应急救援基干分队培训及量化考评规范》	
D_{29}	应急通信能力	应急救援中所需应急通信各软、硬件的基本操作方法	队伍理论＋队伍实操平均分得分	《应急救援基干分队培训及量化考评规范》	
D_{30}	应急驾驶能力	1. 各种路况下的陆地、水面交通工具驾驶； 2. 脱困自救	队伍理论＋队伍实操平均分得分	《应急救援基干分队培训及量化考评规范》	
D_{31}	水域救援能力	1. 落水人员的紧急救援； 2. 浮动码头的搭建技能	队伍理论＋队伍实操平均分得分	《应急救援基干分队培训及量化考评规范》	
D_{32}	起重搬运能力	1. 常用起重搬运设备和工具的使用； 2. 吊装指挥信号的正确使用	队伍理论＋队伍实操平均分得分	《应急救援基干分队培训及量化考评规范》	
D_{33}	建筑物坍塌破拆搜救	1. 建筑物倒塌的原因和范围； 2. 建筑物安全评估及地震救援安全要求； 3. 救援行动中的安全管理、风险评估、防范措施、场地控制、个人防护和救援能力	队伍理论＋队伍实操平均分得分	《应急救援基干分队培训及量化考评规范》	
D_{34}	无人机操作与侦察	1. 无人机操控理论知识和图传系统操作技能； 2. 真机飞行和超视距无人机操控能力	队伍理论＋实操平均分得分	《应急救援基干分队培训及量化考评规范》	

附录7　应急救援基干分队测评考问表

应急救援基干分队测评考问表

考问专家签名：　　　　　　　　　　　　　　　　　时间：　　年　　月　　日

现场考问内容：

(1) 请问应急救援基干分队的职责有哪些？20分

(2) 请问省公司、地市供电公司基干分队内部一般分为哪几个小组，分别有什么职责？20分

(3) 请问关于应急技能培训，初次技能和每年轮训要求时间为多少？心肺复苏（或包扎、高空救援等）操作流程和注意事项有哪些？20分

(4) 请问本单位突发事件分为哪四类，自然灾害应急预案包含哪几部分内容？20分

(5) 请问应急救援基干分队个人身份信息卡上包含哪些内容？10分

(6)请问您对于应急救援基干分队的建设有什么意见或建议？10分

<table>
<tr><td rowspan="4">1～4题评分标准：
熟悉 15～20分；
较熟 10～14分；
不熟 0～9分。</td><td rowspan="7">标准分：
1) 20分
2) 20分
3) 20分
4) 20分
5) 10分
6) 10分</td><td>考问对象</td><td></td><td></td><td></td><td></td><td></td><td></td><td></td></tr>
<tr><td>1)</td><td></td><td></td><td></td><td></td><td></td><td></td><td></td></tr>
<tr><td>2)</td><td></td><td></td><td></td><td></td><td></td><td></td><td></td></tr>
<tr><td>3)</td><td></td><td></td><td></td><td></td><td></td><td></td><td></td></tr>
<tr><td rowspan="3">5～6题评分标准：
熟悉 8～10分；
较熟 5～7分；
不熟 0～4分。</td><td>4)</td><td></td><td></td><td></td><td></td><td></td><td></td><td></td></tr>
<tr><td>5)</td><td></td><td></td><td></td><td></td><td></td><td></td><td></td></tr>
<tr><td>6)</td><td></td><td></td><td></td><td></td><td></td><td></td><td></td></tr>
</table>

附录8　单兵实操项目及标准

救援指挥部搭建评分标准(100分)

项目名称	救援指挥部搭建	参赛队伍			比赛时间	2021年____月____日	
参赛人员							
任务及要求		根据现场提供的装备、工器具及材料,队伍配合,安全、规范、迅速完成救援指挥部搭建及恢复等操作					
装备、工具及材料		帐篷、铁锹、大锤、桌椅、对讲机、安全帽、手套等					
评分标准	序号	项目	质量要求	评分细则	分值	扣分原因	得分
	1	准备工作	人员、装备、工器具、材料、场地、开工会等全部准备工作就绪		10		
	1.1	人员集结	行动迅速、队伍整齐精神饱满、着装统一	队伍不整齐、行动迟缓散漫、精神懈怠、着装不规范不统一,酌情扣0.1～0.5分	2		
	1.2	装备检查	检查合格,篷布无破损,零部件齐全完好,标识完整齐全	没进行检查扣2分;检查不仔细,扣0.5分	2		
	1.3	工器具、材料准备	检查所需工器具及材料,完好无缺损,分类摆放整齐,篷布折叠规则、摆放整齐(可以摆管件、材料,但篷布不能展开)	不检查扣2分;检查不仔细,影响搭建扣0.1～0.5分;摆放凌乱不整齐扣0.1～0.3分;篷布未整理、不规则扣0.1～0.3分	2		
	1.4	开工会	召开开工会,明确任务及人员分工,安全交底清楚	分工不明确,影响搭建酌情扣0.1～0.5分;安全交底不清楚扣0.1～0.5分,没召开开工会扣1分	2		
	1.5	场地平整	检查场地,需要平整的进行平整	场地影响搭建,未进行平整扣0.5～1分	2		
	裁判员下令开始操作,计时开始						
	2	帐篷搭建	完成帐篷搭建,并进行锚固、设置排水沟、室内设施布置等工作		80		

续表

	序号	项目	质量要求	评分细则	分值	扣分原因	得分
评分标准	2.1	搭建	(1) 金属框架组装正确、规则、牢固，管材及拉紧件无错位，叉接及连接到位，吻合严密。 (2) 帐顶金属部分拉紧，松弛适当。 (3) 帐顶布及围帐布组装美观、无褶皱；上下粘接严密、内绳以活扣系好；左右平整、无偏差；门窗紧闭。 (4) 四角设地锚、拉线紧固；拉线松紧适当，两端绳结简洁、适用，连接牢固。 (5) 设置排水沟(宽度20 cm深度20 cm)，帐篷下沿四周培土帘以土压实，成斜面以引流雨水。 (6) 棚内摆放桌椅1套。 (7) 动作合理、技术规范、操作娴熟无失误	(1) 框架组装不牢固、管材位置错误每处扣2分；连接松垮不到位每处扣2分。 (2) 帐顶拉筋太紧太松每处扣1分，双钩未调整至与顶布平行每处扣0.5分，锋利面朝上每处扣1分。 (3) 帐布组装不严密、有褶皱扣1分，门窗未关闭扣1分。 (4) 绳结不规范扣0.5分，拉线连接不牢固扣1分，使用大锤违反安全要求扣2分。 (5) 排水沟设置不符合要求扣1分，培土未压实扣1分，无斜面扣1分，培土帘有外露扣0.5分。 (6) 桌椅布置位置不当扣0.5分。 (7) 动作不合理，帐顶金属架组装顺序不当每处扣2分，操作不熟练酌情扣0.5～2分。 (8) 帐布拖地拉拽扣1分，踩踏帐布扣1分。 (9) 帐顶抬起时倾斜扣1分，队员步伐不一致扣1分	60		
	2.2	团队配合	分工明确、配合流畅	分工不明确，跑位混乱扣0.5～2分，配合不流畅，出现严重失误扣1～5分	10		
	2.3	安全文明	安全、规范，紧张、文明	安全防护不到位扣1分，人员受伤扣3分，损坏装备、工器具及材料扣2分，比赛态度不认真、不端正扣1分，精力不集中，动作拖沓不紧凑扣0.5～1分，精神面貌差扣1分	10		

续表

	序号	项目	质量要求	评分细则	分值	扣分原因	得分
评分标准	搭建完成，汇报裁判员，计时结束，裁判员检查						
	3	恢复	根据裁判员指令，将帐篷拆除，恢复至开始前状态。拆除恢复后，列队集合，汇报，结束	(1) 拆除过程有明显倒杆情况扣1分；随手扔器材、工器具扣1分。 (2) 篷布折叠里面朝外扣1分，窗户不闭合扣0.5分。 (3) 材料、工器具摆放不整齐扣1分。 (4) 5 min内完成，超出5 min扣2分	10		
得分合计					100		
比赛用时							
裁判员签字							
本队最终得分							
参赛队领队确认							

高空救援项目评分标准(100分)

项目名称		高空救援	参赛人员		比赛时间	××年××月××日
任务及要求		根据现场提供的装备、工器具及材料，安全、规范、迅速完成高空救援项操作				
考核资源		全防护安全带、登高脚扣、登高板、吊绳、滑轮、千斤套等				
序号	项目名称	质量要求	评分细则	分值	扣分原因	得分
1	工作准备(8分)，计时开始					
1.1	着装	1.着装统一(应急服、作战靴)	1.未按统一着装，扣1分； 2.未系紧鞋带，扣0.5分； 3.未佩戴安全帽，扣2.5分	3		

续表

序号	项目名称	质量要求	评分细则	分值	扣分原因	得分
1.2	选取装备、穿戴与卸装备	1.选择安全、适合的装备； 2.正确穿、脱装备； 3.按规定分解装备；(救援头盔1顶；已连挽索及手升的救援安全带1套；IDS一套；救援短连接绳一条；脚踏带1组；锁具1把；其他个人装备自定。以上装备须摆放整齐，不得赛前组装) 4.按次序穿戴装备	1.穿戴装备时未先佩戴头盔，扣1分； 2.专用头盔未系紧帽带、帽带出现绞绕，扣1分/处； 3.全身安全带穿戴好后出现绞绕，扣1分/处； 4.全身安全带腿带、腰带、胸带编带头未收纳，扣1分/处； 5.安全带腿环未扣，扣2分； 6.穿戴装备时掉落装备扣1分/次； 7.挽索未挂好，扣1分； 8.脚踏带未收纳、拖地，扣1分； 9.穿戴好装备，未经裁判允许即上绳，扣1分； 10.未在指定区域脱装备，扣3分； 11.脱装备时掉落装备，扣1分/次； 12.装备分解时扔摔装备，扣2分/次； 13.装备分解不彻底，扣1分/个； 14.遗落装备，扣1分/次； 15.脱装备时踩踏绳索、装备扣2分/次	5		
2	高空救援(57分)					
2.1	器械上升	1. 正确使用止坠器； 2. 正确连接上升器械； 3. 稳定上升	1. 止坠器装反，扣3分； 2. 止坠器未测试，扣1分； 3. 上升起步摆荡过大，扣1分； 4. 上升过程中止坠器过低(低于肩)，扣2分； 5. 上升过程中过度旋转(1圈以上)，扣1分； 6. 到达顶端未按规定打点，扣3分； 7. 手升卡绳结，扣1分； 8. 制动手脱离制动端时下降器未锁定，扣2分； 9. 器械安装错误，扣1分/次； 10. 胸升开合后未关闭，扣1分； 11. 下降器连接锁横向受力，扣0.5分； 12. 踩踏绳索，扣1分/次； 13. 未戴个人防护手套，扣0.5分	5		

续表

序号	项目名称	质量要求	评分细则	分值	扣分原因	得分
2.2	通过中途锚点	1. 保持至少4个安全连接点； 2. 防止摆荡； 3. 保持止坠器在高处	1. 连接转换绳索时，未先转换下降，扣1分； 2. 器械安装错误，扣1分； 3. 止坠器过低，扣3分； 4. 转移过程牛尾受力(手升未解)，扣1分； 5. 过U线时缺失保护点(缺失1点，扣3分；缺失2点，扣5分；缺失3点，无成绩)； 6. 过U线时摆荡过大，扣1分； 7. 偏移过程中止坠器受力，扣1分； 8. 未达到垂直状态解除保护点(解除1点，扣3分；解除2点，扣5分)； 9. 过U线时胸升底部受力，扣3分； 10. 垂直上升时下段器械连接未解除，扣1分； 11. 手升卡绳结，扣1分； 12. 顶端未打点，扣3分； 13. 绳索缠绕，扣1分； 14. 绳索兜挂，扣1分； 15. 制动手脱离制动端时下降器未锁定，扣2分/次； 16. 胸升开合后未关闭，扣1分； 17. 下降器连接锁横向受力，扣0.5分； 18. 止坠器过度受力，扣1分； 19. 未完成或放弃该项不得分	12		
2.3	绳索转换	1. 保持至少4个安全连接点； 2. 转下降状态； 3. 防止摆荡； 4. 保持止坠器在高处	1. 连接转换绳索时，未先转换下降，扣1分； 2. 器械安装错误，扣1分； 3. 止坠器过低，扣3分； 4. 转移过程牛尾受力(手升未解)，扣1分； 5. 换绳时摆荡过大，扣1分； 6. 换绳时缺失保护点(缺失1点，扣3分；缺失2点，扣5分；缺失3点，无成绩) 7. 制动手脱离制动端时下降器未锁定，扣2分/次； 8. 止坠器过度受力，扣1分； 9. 未达到垂直状态解除保护点(解除1点，扣3分；解除2点，扣5分；) 10. 换绳时胸升底部受力，扣3分； 11. 下降时下段器械连接未解除，扣1分； 12. 绳索缠绕，扣1分； 13. 胸升开合后未关闭，扣1分； 14. 下降器连接锁横向受力，扣0.5分； 15. 未完成或放弃该项不得分	10		

续表

序号	项目名称	质量要求	评分细则	分值	扣分原因	得分
2.4	基础下降	1. 防止手升遗忘； 2. 严禁速度过快； 3. 稳定下降	1. 止坠器过度受力，扣1分； 2. 转移过程牛尾受力(手升未解)，扣1分； 3. 制动手脱离制动端时下降器未锁定，扣2分/次； 4. 器械安装错误，扣2分； 5. 下降时产生卡顿现象，扣1分/次； 6. 胸升开合后未关闭，扣1分； 7. 下降器连接锁横向受力，扣0.5分	5		
2.5	通过绳结	1. 下降状态转上升状态； 2. 微距下降； 3. 掌握适当距离	1. 止坠器过低，扣3分； 2. 止坠器过度受力，扣1分； 3. 过绳结时产生小冲坠，扣1分； 4. 胸升开合后未关闭，扣1分； 5. 转移过程牛尾受力(手升未解)，扣1分； 6. 器械安装错误，扣1分； 7. 微距下降时胸升呈全开状态，扣2分； 8. 下降器连接锁横向受力，扣0.5分； 9. 未完成或放弃该项不得分	15		
2.6	带人下降救援	1. 伤员安全连接； 2. 保护伤员； 3. 受力解除； 4. 安全脱离	1. 止坠器过低，扣3分； 2. 止坠器过度受力，扣1分； 3. 下降时产生卡顿现象，扣1分/次； 4. 蹬踏、挤压、勾夹伤员，扣3分/次； 5. 救援人员连接伤员保护点缺失，扣3分； 6. 救援人员连接伤员保护点位置错误，扣1分； 7. 救援操作时身体过度旋转，扣0.5分； 8. 解除伤员挂点时产生小冲坠，扣1分； 9. 带人下降时未加附加摩擦，扣1分； 10. 附加摩擦挂点不安全，扣2分； 11. 下降时手升受力无法拆除，扣1分； 12. 制动手脱离制动端时下降器未锁定，扣2分/次； 13. 器械安装错误，扣1分； 14. 下降器连接锁锁门反向、救援人员无法脱离，扣1分； 15. 绳索缠绕，扣1分； 16. 设备解除不彻底，扣1分； 17. 踩踏绳索，扣1分； 18. 未完成或放弃，该项不得分	10		

续表

序号	项目名称	质量要求	评分细则	分值	扣分原因	得分
3	绳结的制作(10 分),计时结束					
3.1	绳结制作	1. 1 号绳结为:双 8 字结、双套结、蝴蝶结、接绳结、布林结; 2 号绳结为:兔耳结、平结、蝴蝶结、双套结、布林结; 3 号绳结为:布林结、双套结、蝴蝶结、平结、双渔人结; 4 号绳结为:意大利半扣、平结、双套结、双渔人结、布林结; 5 号绳结为:普鲁士抓结、接绳结、双套结、布林结、双 8 字结; 2. 所有绳结按规定进行绳尾处理; 3. 需要在配合绳索、物体上完成的绳结在对应物品上完成(双 8 字结、兔耳结、蝴蝶结打好后挂在已备好锁上;双渔人结、平结同根绳首尾相接打好后,挂在已备好的锁上;双套结、布林结直接打在龙门架横梁上;普鲁士抓结打在已备好的悬吊绳索上,其中辅绳绳环已备好;意大利半扣,用锁打在已备好的悬挂绳索上;接绳结,用绳索接在已备好的悬挂绳索上)	1. 绳结制作未完成,扣 1 分/个; 2. 绳结尾绳未做处理,扣 1 分/个; 3. 绳尾预留不符合安全规范,扣 1 分/个; 4. 未按规定在绳索或物体上打结扣 1 分/次; 5. 绳结未收紧,扣 1 分/个; 6. 绳结不平整、平顺,存在压绳,扣 1 分/个; 7. 绳结制作不符合规范,扣 1 分	10		
4	时间(25 分)					
4.1	时间	关门 20min 停止操作	关门(是□ 否□)	实际 完成时间		
得分合计				100		
裁判员签字						
本队最终得分						
参赛人员确认						

成人心肺复苏术(CPR)评分标准(100分)

<table>
<tr><td>项目名称</td><td>成人心肺复苏术(CPR)</td><td>参赛人员</td><td></td><td>比赛时间</td><td colspan="2">2021年
____月____日</td></tr>
<tr><td>任务及要求</td><td colspan="6">根据现场提供的装备、工器具及材料,安全、规范、迅速完成成人心肺复苏术(CPR)操作</td></tr>
<tr><td>考核资源</td><td colspan="6">心肺复苏模拟人、一次性呼吸膜、医用一次性手套</td></tr>
<tr><td>项目总分</td><td>项目内容</td><td colspan="2">技术标准</td><td>分值</td><td>扣分原因</td><td>得分</td></tr>
<tr><td>着装3分</td><td>比赛统一着装,号码背心、运动鞋自备</td><td colspan="2">1. 未穿应急救援服,未扣齐衣、袖口扣,漏项扣1分/处;
2. 未系紧鞋带扣1分/处;
3. 未穿号码背心扣1分;
4. 未戴安全帽扣2分,戴安全帽未系紧帽带扣1分</td><td>3</td><td></td><td></td></tr>
<tr><td rowspan="6">评估病人
15分</td><td rowspan="2">观察环境</td><td colspan="2">观察并报告险情已排除</td><td>2</td><td></td><td></td></tr>
<tr><td colspan="2">戴手套或口述已做好自我保护</td><td>5</td><td></td><td></td></tr>
<tr><td rowspan="2">判断意识</td><td colspan="2">轻拍伤病员双侧肩膀</td><td>2</td><td></td><td></td></tr>
<tr><td colspan="2">俯身高声呼叫伤病员、复苏体位</td><td>2</td><td></td><td></td></tr>
<tr><td rowspan="2">判断呼吸</td><td colspan="2">用扫视方法判断伤病员是否有呼吸、是否能正常呼吸(叹息样呼吸)</td><td>2</td><td></td><td></td></tr>
<tr><td colspan="2">时间5～10 s</td><td>2</td><td></td><td></td></tr>
<tr><td rowspan="9">操作步骤
80分</td><td rowspan="4">确定胸外按压部位</td><td colspan="2">解开伤病员衣服,将一只手的掌根放在伤病员胸部的中央,胸骨下1/2段,两乳头连线中间</td><td>4</td><td></td><td></td></tr>
<tr><td colspan="2">双手掌根重叠,十指相扣,掌心翘起</td><td>4</td><td></td><td></td></tr>
<tr><td colspan="2">肩、肘、腕关节上下垂直,上半身前倾</td><td>3</td><td></td><td></td></tr>
<tr><td colspan="2">以髋关节为轴,向下垂直按压</td><td>3</td><td></td><td></td></tr>
<tr><td>按压频率
(评判5个循环)</td><td colspan="2">以至少100～120次/min的频率、垂直向下按压30次(根据打印的成绩评判,错误扣1分/次)</td><td>20</td><td></td><td></td></tr>
<tr><td>按压深度</td><td colspan="2">按压深度达到5～6 cm。每次按压后,确保胸壁完全回弹,错误扣1分/次</td><td>5</td><td></td><td></td></tr>
<tr><td rowspan="3">打开气道
(仰头举颏法)</td><td colspan="2">观察伤病员口中是否有异物,若有,侧头将异物取出并放好呼吸膜</td><td>3</td><td></td><td></td></tr>
<tr><td colspan="2">一只手掌小鱼际(小手指侧的掌侧缘)压住伤病员额头,另一手食指、中指并拢,托住伤病员下颏(下颌骨处)</td><td>5</td><td></td><td></td></tr>
<tr><td colspan="2">轻轻将气道打开,使头后仰90°</td><td>3</td><td></td><td></td></tr>
</table>

续表

项目总分	项目内容	技术标准	分值	扣分原因	得分
操作步骤 80 分	口对口吹气（评判 5 循环）	张大嘴，包严伤病员口唇，错误扣1 分/次	5		
		捏紧鼻翼，吹气 1 s，可见胸廓轻微隆起，错误扣 1 分/次	5		
		抬头换气，松鼻翼，观察胸廓是否回落，错误扣 1 分/次	5		
	按压与吹气之比	按压 30 次吹 2 口气为 1 组，连续做 5 组，假设 5 组心肺复苏后伤病员救护成功（根据打印的成绩评判，错误扣 1 分/次）	10		
	打开气道，评估循环及呼吸	一只手小鱼际压住伤病员额头，另一只手食指、中指并拢在气管与颈侧肌肉之间沟内触摸其颈动脉搏动，同时用眼睛扫视伤病员的呼吸，不超过 10 s，报告心肺复苏成功	5		
结束 2 分	复苏后护理	整理伤病员衣服，报告操作完毕，	2		
得分合计			100		

比赛用时	
裁判员签字	
本队最终得分	
参赛人员确认	

创伤包扎一：头顶部右侧出血，三角巾头顶帽式包扎分项评分标准（100分）

项目名称	创伤包扎一	参赛人员		比赛时间	2021年____月____日	
任务及要求	根据现场提供的材料，安全、规范、迅速完成头顶部右侧出血，三角巾头顶帽式包扎操作					
考核资源	医用一次性手套、三角巾、敷料、绷带、毛巾、衣物、夹板、矿泉水等					
序号	项目名称	质量要求	评分细则	分值	扣分原因	得分
评估病人（25分）						
1.1	评估病人	1. 观察环境，表明身份，做好自我防护； 2. 安慰伤员，将伤员置于适当体位	1. 未观察并报告险情已排除扣7分； 2. 未戴医用手套扣4分； 3. 未口述已做好自我防护扣4分； 4. 未安慰伤员（不要紧张，我帮您处理伤口）扣5分； 5. 未将伤员置于适当体位扣5分	25		
操作步骤（75分）						
2.1	操作步骤	检查受伤部位	1. 未检查伤员头部伤情扣5分； 2. 未报告伤口有（无）异物扣5分	10		
2.2		直接压迫止血	1. 未用足够大的（大于伤口周边3 cm）敷料压迫在伤口上止血扣10分； 2. 按压位置不正确扣5分	15		
2.3		三角巾头顶帽式包扎	1. 未将三角巾的底边折两横指宽扣3分； 2. 未将三角巾置于伤员前额齐眉处扣3分； 3. 未将两底角经耳上方至枕后压住顶角扣3分； 4. 未左右交叉再返回至齐眉健侧打结，固定底边扣4分； 5. 未在拉紧顶角时压迫伤口辅料扣4分； 6. 未将顶角折叠后塞入底角交叉处固定扣3分； 7. 动作不熟练、不规范扣5分； 8. 包扎松紧不适当扣5分； 9. 包扎不牢固、不整齐扣5分	35		

续表

序号	项目名称	质量要求	评分细则	分值	扣分原因	得分
2.4	操作步骤	1.包扎伤口后伤员体位； 2.观察伤员	1. 未根据伤员病情取坐位或半卧位扣 3 分； 2. 未观察报告伤员面色(有无青紫、苍白)扣 4 分； 3. 未询问伤员有无不适扣 4 分； 4. 未报告操作完毕扣 4 分	15		
得分合计				100		
比赛用时						
裁判员签字						
本队最终得分						
参赛人员确认						

创伤包扎二:左前臂外伤包扎分项评分标准(100 分)

项目名称	创伤包扎二	参赛人员		比赛时间	2021 年 ____月____日
任务及要求	根据现场提供的材料,安全、规范、迅速完成左前臂外伤包扎操作				
考核资源	医用一次性手套、三角巾、敷料、绷带、毛巾、衣物、夹板、矿泉水等				

序号	项目名称	质量要求	评分细则	分值	扣分原因	得分
评估病人(25 分)						
1.1	评估病人	1. 观察环境,表明身份,做好自我防护; 2. 安慰伤员,将伤员置于适当体位	1. 未观察并报告险情已排除扣 7 分; 2. 未戴医用手套扣 4 分; 3. 未口述已做好自我防护扣 4 分; 4. 未安慰伤员(不要紧张,我帮您处理伤口)扣 5 分; 5. 未将伤员置于适当体位扣 5 分	25		
操作步骤(75 分)						
2.1	操作步骤	检查受伤部位	1. 未检查询问伤员左前臂受伤情况扣 3 分; 2. 未报告伤口有(无)异物扣 3 分; 3. 未报告伤情(报告伤员左前臂外伤)扣 4 分	10		
2.2		直接压迫止血	1. 未用足够大而厚的(大于伤口周边 3 cm)敷料压迫在伤口上并施加压力止血扣 6 分; 2. 按压位置不正确扣 4 分	15		
2.3		绷带包扎	1. 未用绷带螺旋返折包扎法包扎伤肢扣 20 分; 2. 包扎方法不正确扣 5 分; 3. 绷带螺旋返折包扎不均匀扣 2 分/处; 4. 绷带螺旋返折包扎不标准扣 4 分; 5. 未对绷带余头进行处理扣 4 分; 6. 绷带松紧不合适扣 4 分; 7. 包扎时辅料掉落扣 10 分; 8. 固定材料选取不正确扣 3 分; 9. 动作不熟练、不规范扣 5 分 (此项分数可在本大项中扣除,直至扣完为止)	30		

续表

<table>
<tr><th>序号</th><th>项目名称</th><th>质量要求</th><th>评分细则</th><th>分值</th><th>扣分原因</th><th>得分</th></tr>
<tr><td>2.4</td><td rowspan="2">操作步骤</td><td>悬吊伤肢</td><td>1. 未用三角巾做大悬带悬吊伤肢扣 15 分；
2. 三角巾结打位置不正确扣 5 分；
3. 伤肢末端未抬高(略高于肘部)扣 5 分；
4. 三角巾底角未处理扣 5 分</td><td>15</td><td></td><td></td></tr>
<tr><td>2.5</td><td>观察伤肢及伤员</td><td>1. 未检查报告伤肢末端血液循环扣 3 分；
2. 未报告操作完毕扣 2 分</td><td>5</td><td></td><td></td></tr>
<tr><td colspan="4">得分合计</td><td>100</td><td colspan="2"></td></tr>
<tr><td colspan="5">比赛用时</td><td colspan="2"></td></tr>
<tr><td colspan="5">裁判员签字</td><td colspan="2"></td></tr>
<tr><td colspan="5">本队最终得分</td><td colspan="2"></td></tr>
<tr><td colspan="5">参赛人员确认</td><td colspan="2"></td></tr>
</table>

创伤包扎三：左大腿中段闭合性骨折，利用健肢固定分项评分标准（100分）

项目名称	创伤包扎三	参赛人员		比赛时间	2021年___月___日
任务及要求	根据现场提供的材料，安全、规范、迅速完成左大腿中段闭合性骨折的包扎，利用健肢固定操作				
考核资源	医用一次性手套、三角巾、敷料、绷带、毛巾、衣物、夹板、矿泉水等				

序号	项目名称	质量要求	评分细则	分值	扣分原因	得分
评估病人（25分）						
1.1	评估病人	1. 观察环境，表明身份，做好自我防护； 2. 安慰伤员，将伤员置于适当体位	1. 未观察并报告险情已排除扣7分； 2. 未戴医用手套扣4分； 3. 未口述已做好自我防护扣4分； 4. 未安慰伤员（不要紧张，我帮您处理伤口）扣5分； 5. 未将伤员置于适当体位扣5分	25		
操作步骤（75分）						
2.1	操作步骤	检查受伤部位	1. 未检查和询问伤员左大腿受伤情况扣5分； 2. 未检查受伤处有无伤口、肿胀扣5分； 3. 未报告伤情（报告伤员左大腿疑似骨折，无伤口）扣5分	15		
2.2		1. 暴露肢体末端； 2. 穿带子； 3. 放衬垫	1. 未将伤员鞋袜脱掉扣3分； 2. 未观察末端血液循环、运动及感觉扣5分； 3. 带子选择、折叠不标准扣2分； 4. 未从伤员右侧膝下放入腿下扣4分； 5. 放置位置不正确扣4分； 6. 未在两下肢间加衬垫扣2分	20		
2.3		固定伤肢	1. 未移动健肢，将双下肢轻轻并拢扣2分； 2. 固定顺序不正确扣3分； 3. 固定位置不正确扣4分； 4. 打结位置不正确扣4分； 5. 松紧不合适扣4分； 6. 固定物余头未处理扣3分； 7. 两足之间未加垫扣2分； 8. 两足踝关节未做“8”字固定扣4分； 9. 动作不熟练、不规范扣4分	30		

续表

序号	项目名称	质量要求	评分细则	分值	扣分原因	得分
2.4	操作步骤	观察伤肢及伤员	1. 未检查和报告伤肢末端血液循环、运动及感觉扣 6 分； 2. 未报告操作完毕扣 4 分	10		
得分合计				100		
比赛用时						
裁判员签字						
本队最终得分						
参赛人员确认						

附录9 体能测试项目及标准

<table>
<tr><th colspan="12">体能测试项目及标准</th></tr>
<tr><th colspan="2" rowspan="2">项目</th><th colspan="10">测试成绩对应分值、测试办法</th></tr>
<tr><th>2分</th><th>4分</th><th>6分</th><th>8分</th><th>10分</th><th>12分</th><th>14分</th><th>16分</th><th>18分</th><th>20分</th></tr>
<tr><td rowspan="8">男性</td><td rowspan="2">单杠引体向上/(次/3 min)</td><td>2及以下</td><td>3</td><td>4</td><td>5</td><td>6</td><td>7</td><td>8</td><td>9</td><td>10</td><td>11</td></tr>
<tr><td colspan="10">1. 单个或分组考核。
2. 按照规定动作要领完成动作。引体时下颌高于杠面、身体不得借助振浪或摆动、悬垂时双肘关节伸直;脚触及地面或立柱,结束考核。
3. 考核以完成次数计算成绩。
4. 得分超出10分的,每递增1次增加2分。</td></tr>
<tr><td rowspan="2">10 m×4往返跑/s</td><td>13″10及以上</td><td>13″7</td><td>13″5</td><td>13″3</td><td>12″9</td><td>12″7</td><td>12″5</td><td>12″3</td><td>11″9</td><td>10″3</td></tr>
<tr><td colspan="10">1. 单个或分组考核。
2. 在10 m长的跑道上标出起点线和折返线,考生从起点线处听到起跑口令后起跑,在折返线处返回跑向起跑线,到达起跑线时完成1次往返。连续完成2次往返,记录时间。
3. 考核以完成时间计算成绩。
4. 得分超出10分的,每递减0.1 s增加2分。
5. 高原地区按照上述内地标准增加1 s</td></tr>
<tr><td rowspan="2">1000米跑/min、s</td><td>4′25″及以上</td><td>4′20″</td><td>4′15″</td><td>4′10″</td><td>4′05″</td><td>4′00″</td><td>3′55″</td><td>3′50″</td><td>3′45″</td><td>3′40″</td></tr>
<tr><td colspan="10">1. 分组考核。
2. 在跑道或平地上标出起点线,考生从起点线处听到起跑口令后起跑,完成1000 m距离到达终点线,记录时间。
3. 考核以完成时间计算成绩。
4. 得分超出10分的,每递减5 s增加2分。
5. 海拔2100～3000 m,每增加100 m高度标准递增3 s,海拔3100～4000 s,每增加100 m高度标准递增4 s</td></tr>
<tr><td rowspan="2">原地跳高/cm</td><td>45及以下</td><td>47</td><td>50</td><td>53</td><td>55</td><td>57</td><td>60</td><td>63</td><td>65</td><td>67</td></tr>
<tr><td colspan="10">1. 单个或分组考核。
2. 考生双脚站立靠墙,单手伸直标记中指最高触墙点(示指高度),双脚立定垂直跳起,以单手指尖触墙,测量示指高度与跳起触墙高度之间的距离。测试两次,记录成绩较好的1次。
3. 考核以完成跳起高度计算成绩。
4. 得分超出10分的,每递增3 cm增加2分</td></tr>
</table>

附录 10　队员体能素质测评评分表

人员姓名：

所属应急救援基干分队名称：　　　　　　　　　　　　　　裁判：

序号	项目	测评标准											测评结果	得分
		2 分	4 分	6 分	8 分	10 分	12 分	14 分	16 分	18 分	20 分	超过 20 分后记分		
1	单杠引体向上/(次/3min)	2及以下	3	4	5	6	7	8	9	10	11	每递增 1 次增加 2 分		
2	10 m×4往返跑/s	13″10及以上	13″7	13″5	13″3	12″9	12″7	12″5	12″3	11″9	10″3	每递减 0.1 s增加 2 分		
3	1000 m 跑/min、s	4′25″及以上	4′20″	4′15″	4′10″	4′05″	4′00″	3′55″	3′50″	3′45″	3′40″	每递减 5 s增加 2 分		
4	原地跳高/cm	45及以下	47	50	53	55	57	60	63	65	67	每递增 3 cm增加 2 分		
总得分														